Tharwat F. Tadros (†)
Emulsionen

Weitere empfehlenswerte Titel

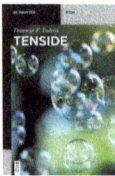

Tenside
Tharwat F. Tadros, 2022
ISBN 978-3-11-079856-2, e-ISBN (PDF) 978-3-11-079857-9

Formulierungen
Tharwat F. Tadros, 2023
ISBN 978-3-11-079852-4, e-ISBN (PDF) 978-3-11-079854-8

Strömungslehre
Heinz Schade, Ewald Kunz, Frank Kameier und Christian Oliver Paschereit, 2022
ISBN 978-3-11-064144-8, e-ISBN (PDF) 978-3-11-064145-5

Thermische Trennverfahren.
Trennung von Gas-, Dampf- und Flüssigkeitsgemischen
Burkhard Lohrengel, 2023
ISBN 978-3-11-103350-1, e-ISBN (PDF) 978-3-11-103351-8

Tharwat F. Tadros (†)

Emulsionen

—

Deutsche Übersetzung
Überarbeitet vom DeGruyter Naturwissenschaftslektorat

DE GRUYTER

Autor
Prof. Dr. Tharwat F. Tadros (†)

ISBN 978-3-11-079858-6
e-ISBN (PDF) 978-3-11-079859-3
e-ISBN (EPUB) 978-3-11-079867-8

Library of Congress Control Number: 2023936380

Bibliografische Information der Deutschen Nationalbibliothek
Die Deutsche Nationalbibliothek verzeichnet diese Publikation in der Deutschen Nationalbibliografie;
detaillierte bibliografische Daten sind im Internet über http://dnb.dnb.de abrufbar.

Vorwort

Emulsionen sind disperse Systeme, die aus Öl, Wasser und einem Emulgator (in der Regel einem Tensid) bestehen. Ist die disperse Phase Öl und die kontinuierliche Phase Wasser, spricht man von einer Öl/Wasser-Emulsion (O/W); ist die disperse Phase Wasser und die kontinuierliche Phase Öl, spricht man von einer Wasser/Öl-Emulsion (W/O). Eine Sonderform ist die Öl/Öl-Emulsion (O/O-Emulsion), wenn die disperse Phase ein polares Öl (z. B. Propylenglycol) und die kontinuierliche Phase ein unpolares Öl (z. B. Paraffinöl) ist – oder umgekehrt. Alle Emulsionen sind thermodynamisch instabil, da ihre freie Bildungsenergie positiv ist (die positive Zunahme der Grenzflächenenergie aufgrund der Ausdehnung der Grenzfläche ist höher als die positive Entropie der Dispersion). Die Emulsion wird also nur in Anwesenheit eines Emulgators kinetisch stabil. Dieser erzeugt durch die abstoßende Wechselwirkung, welche die Van-der-Waals-Anziehung überwindet, eine Energiebarriere. Diese Energiebarriere verhindert den Zerfall der Emulsion durch Ausflockung oder Koaleszenz. Je höher die Energiebarriere ist, desto länger ist die Emulsion haltbar. Um den Prozess der Emulgierung zu verstehen, muss man den Prozess der Verformung von Tröpfchen und deren Aufspaltung in kleinere Tröpfchen berücksichtigen. Ein wichtiger Aspekt, der dabei beachtet werden muss, ist der Laplace-Druck des Tropfens (der durch $2\gamma/R$ gegeben ist, wobei γ die Grenzflächenspannung und R der Tropfenradius ist). Bei einer Verformung des Tropfens erhöht sich der Laplace-Druck und es muss Energie aufgewendet werden, um diesen Druckanstieg zu überwinden. Tenside spielen bei der Emulsionsbildung eine wichtige Rolle, indem sie die Grenzflächenspannung senken. Außerdem verhindert das Tensid die Koaleszenz der Tropfen, indem es eine Grenzflächenspannung und Gibbs-Elastizität erzeugt. Die Tensidmoleküle diffundieren in den unbedeckten Bereich der Grenzfläche und nehmen dabei Flüssigkeit mit, wodurch eine Verdünnung und ein Aufbrechen der Flüssigkeit zwischen den Tröpfchen verhindert wird (Marangoni-Effekt). Dadurch wird die Koaleszenz der Tröpfchen während der Emulgierung verhindert. Es ist wichtig, den Prozess der Adsorption von Tensiden unter dynamischen und Gleichgewichtsbedingungen zu betrachten. Für die Emulgierung können verschiedene Methoden angewandt werden, vor allem kommen Hochgeschwindigkeitsrührer (Rotor-Stator-Mischer), Homogenisatoren und Ultraschalltechniken zum Einsatz. Für die Auswahl des Emulgators können mehrere halbempirische Methoden angewandt werden, von denen das hydrophil-lipophile Gleichgewicht (HLB) und das Prinzip der Phaseninversionstemperatur in der Praxis am häufigsten verwendet werden. Eine quantitativere Methode für die Emulgatorauswahl ist das Konzept des Kohäsionsenergieverhältnisses (CER), das die verschiedenen Wechselwirkungen berücksichtigt, die zwischen dem lipophilen Teil des Tensids auf der Ölseite und dem hydrophilen Teil des Moleküls auf der Wasserseite auftreten. Ein weiteres nützliches Konzept für die Emulgatorauswahl ist das Konzept der kritischen Packungsparameter, das die Form des Tensidmoleküls und das Verhältnis zwischen der Querschnittsfläche des lipophilen Teils des Moleküls und der hydrophilen Kopfgruppe beschreibt. Die verschiedenen Prozesse der Emulsionszersetzung, nämlich Aufrahmung

https://doi.org/10.1515/9783110798593-202

oder Sedimentation, Ausflockung, Ostwald-Reifung, Koaleszenz und Phasenumkehr, müssen auf einer grundlegenden Ebene betrachtet werden, wobei die verschiedenen Methoden zur Verhinderung jedes dieser Zersetzungsprozesse hervorgehoben werden. Aufrahmung oder Sedimentation ist das Ergebnis der Schwerkraft, wenn die Gravitationskraft (die durch das Produkt aus Masse und Erdbeschleunigung gegeben ist) die Brownsche Diffusion (gegeben durch kT, wobei k die Boltzmann-Konstante und T die absolute Temperatur ist) übersteigt. Es gibt Theorien zur Berechnung der Aufrahmungs- oder Sedimentationsrate in sehr verdünnten Emulsionen (mit einem Volumenanteil $\varphi \leq 0,01$) und mäßig konzentrierten Emulsionen ($0,2 > \varphi > 0,01$). Bei stärker konzentrierten Emulsionen ($\varphi > 0,2$) ist die Aufrahmungs- oder Sedimentationsrate eine komplexe Funktion des Volumenanteils, und es stehen nur halbempirische Gleichungen zur Beschreibung der Rate in solchen konzentrierten Emulsionen zur Verfügung. Zur Verhinderung von Aufrahmung oder Sedimentation gibt es zwei Hauptmethoden: (1) Verringerung der Tröpfchengröße (R < 100 nm), so dass die Brownsche Diffusion die Schwerkraft überwindet. (2) Zusatz von Verdickungsmitteln (meist hochmolekulare Polymere), die eine hohe Viskosität bei sehr niedrigen Scherraten (Rest- oder Null-Scher-Viskosität $\eta(0)$) und eine niedrige Viskosität bei hohen Scherraten (scherverdünnende Systeme) erzeugen. Die hohe $\eta(0)$ verringert die Aufrahmungs- oder Sedimentationsrate, die gegen null gehen kann. Die Ausflockung von Emulsionen kann durch die Einführung einer starken Abstoßungsenergie verhindert werden. Letztere kann durch elektrostatische Abstoßung, z. B. in Gegenwart eines ionischen Tensids, und/oder sterische Abstoßung in Gegenwart adsorbierter nichtionischer oder polymerer Tenside erzeugt werden. Die Ostwald-Reifung ergibt sich aus dem Unterschied in der Löslichkeit zwischen kleinen und großen Tröpfchen. Die kleineren Tröpfchen haben eine höhere Löslichkeit als die größeren. Bei der Lagerung findet eine molekulare Diffusion der Ölmoleküle von den kleineren zu den größeren Tröpfchen statt. Mit der Zeit verschiebt sich die Verteilung der Tröpfchengröße zu größeren Werten. Diese größeren Tröpfchen begünstigen das Aufrahmen oder die Sedimentation, die Ausflockung und die Koaleszenz. Die Ostwald-Reifung kann durch die Zugabe eines geringen Prozentsatzes hochunlöslicher Öle (z. B. Squalan) und die Modifizierung des Grenzflächenfilms durch Erhöhung der Gibbs-Elastizität verringert werden. Koaleszenz entsteht durch die Verdünnung und Unterbrechung des Flüssigkeitsfilms zwischen den Tröpfchen bei ihrer Annäherung, in einer Cremeschicht, in einer Flockenbildung oder während der Brownschen Kollision. Ein nützliches Konzept zur Beschreibung des Koaleszenz-Prozesses wurde von Deryaguin eingeführt, der das Konzept des Trennungsdrucks $\pi(h)$ vorstellte. Letzterer ist einfach der Druckunterschied zwischen einem dünnen Film mit der Dicke h, p(h), und dem eines unendlich dicken Films p_o. $\pi(h)$ setzt sich aus drei Beiträgen zusammen, einem anziehenden Term, π_{VDW} (der negativ ist) und zwei abstoßenden Termen, nämlich dem elektrostatischen π_E und dem sterischen π_S, die beide positiv sind. Um einen stabilen Film $\pi_E + \pi_S \gg \pi_{VDW}$ zu erhalten, kann man gemischte Tensidfilme, lamellare flüssigkristalline Phasen oder polymere Tenside verwenden. Es gibt zwei Arten der Phaseninversion: (1) katastrophale Inversion, z. B. durch Erhöhung des Volumenanteils der dispersen Phase über einen kritischen Wert (in der Regel über 0,6 bis 0,7). (2) Übergangsinversion durch Änderung der Emulsionsbedingungen, z. B. durch Erhöhung der Temperatur und/oder Zugabe eines Elektrolyten. Leider gibt es keine Theorie, die die Phaseninversion auf fundamentaler Ebene erklären kann, und es müssen Methoden angewandt werden, um sie zu verhindern.

Das Buch ist wie folgt gegliedert: Kapitel 1 gibt eine allgemeine Einführung, beginnend mit einer Definition von Emulsionen und einer Beschreibung der Rolle des Emulgators. Die Klassifizierung von Emulsionen kann auf der Grundlage der Art des Emulgators oder der Struktur des Systems erfolgen. Es wird eine kurze Beschreibung der allgemeinen Instabilitätsprobleme bei Emulsionen gegeben: Aufrahmung/Sedimentation, Ausflockung, Ostwald-Reifung, Koaleszenz und Phaseninversion. Kapitel 2 beschreibt die Thermodynamik der Emulsionsbildung und -zersetzung. Der zweite Hauptsatz der Thermodynamik wird auf die Emulsionsbildung angewandt, nämlich das Gleichgewicht von Energie und Entropie und die nicht-spontane Bildung von Emulsionen. Der Zerfall der Emulsion durch Ausflockung und Koaleszenz in Abwesenheit eines Emulgators wird beschrieben. Anschließend wird die Rolle des Emulgators bei der Verhinderung von Ausflockung und Koaleszenz dargestellt, indem eine Energiebarriere geschaffen wird, die aus den Abstoßungsenergien zwischen den Tröpfchen resultiert. Kapitel 3 beschreibt die Wechselwirkungskräfte zwischen Emulsionströpfchen. Zunächst wird die Van-der-Waals-Anziehung und ihre Abhängigkeit von der Tröpfchengröße, der Hamaker-Konstante und dem Abstand zwischen den Tröpfchen dargestellt. Anschließend wird die elektrostatische Abstoßung, die sich aus dem Vorhandensein elektrischer Doppelschichten ergibt, und ihre Abhängigkeit vom Oberflächenpotenzial (oder Zeta-Potenzial) und der Konzentration und Wertigkeit des Elektrolyten analysiert. Die Kombination der Van-der-Waals-Anziehung mit der Doppelschichtabstoßung bildet die Grundlage der Theorie der Kolloidstabilität. Die sterische Abstoßung, die sich aus der Anwesenheit adsorbierter nichtionischer Tenside und Polymere ergibt, wird vorgestellt. Die Kombination der Van-der-Waals-Anziehung mit der sterischen Abstoßung und die Theorie der sterischen Stabilisierung werden auf einer grundlegenden Ebene beschrieben. In Kapitel 4 wird die Adsorption von Tensiden an der Öl/Wasser-Grenzfläche erläutert. Die thermodynamische Analyse der Adsorption von Tensiden und die Gibbs'sche Adsorptionsisotherme werden beschrieben. Es folgen die Berechnung der Tensidadsorptionsmenge und der Fläche pro Tensidmolekül an der Grenzfläche. Die verschiedenen experimentellen Techniken zur Messung der Grenzflächenspannung werden ebenfalls vorgestellt. Kapitel 5 beschreibt den Mechanismus der Emulgierung und die Rolle des Emulgators. Die Faktoren, die für die Verformung der Tröpfchen und ihr Auseinanderbrechen verantwortlich sind, werden auf einer grundlegenden Ebene beschrieben. Die Rolle der Tenside bei der Verhinderung der Koaleszenz während der Emulgierung wird anhand der Gibbs'schen Dilatationselastizität und des Marangoni-Effekts gezeigt. Kapitel 6 enthält eine kurze Beschreibung von Emulgiermethoden, nämlich Rohrströmung, statische Mischer und Hochgeschwindigkeitsrührer (Rotor-Stator-Mischer). Die Definition von laminarer und turbulenter Strömung wird mit Hilfe der Reynolds-Zahl beschrieben. Andere Emulgierverfahren wie die

Membranemulgierung, Hochdruckhomogenisatoren und Ultraschallverfahren werden ebenfalls kurz vorgestellt. Kapitel 7 beschreibt dann die verschiedenen Methoden, die zur Auswahl von Emulgatoren angewendet werden können. Eine Darstellung des hydrophil-lipophilen Gleichgewichts (HLB) und seine Anwendung bei der Auswahl von Tensiden wird dabei ergänzt von Methoden zur Berechnung der HLB-Werte und den Auswirkungen der Art der Ölphase. Die Methode der Phaseninversionstemperatur (PIT) zur Emulgatorauswahl wird beschrieben, gefolgt von der Methode des Kohäsionsenergieverhältnisses. Die letzte Methode zur Emulgatorauswahl stellt dann das Konzept der kritischen Packungsparameter dar. Kapitel 8 beschreibt den Prozess der Aufrahmung/Sedimentation von Emulsionen und dessen Verhinderung. Die treibenden Kräfte für die Aufrahmung/Sedimentation, d. h. die Wirkung der Schwerkraft, der Tröpfchengröße und des Dichteunterschieds zwischen der Öl- und der kontinuierlichen Phase, werden vorgestellt. Anschließend wird die Rate der Aufrahmung/Sedimentierung in verdünnten Emulsionen berechnet und der Einfluss einer Erhöhung des Volumenanteils der dispersen Phase auf die Aufrahmungs-/Sedimentierungsrate untersucht. Die Verringerung der Aufrahmung/Sedimentation wird im Hinblick auf das Gleichgewicht der Dichte der beiden Phasen, die Verringerung der Tröpfchengröße und die Wirkung der Zugabe von Verdickungsmitteln beschrieben. Kapitel 9 befasst sich mit dem Prozess der Ausflockung von Emulsionen und ihrer Verhinderung. Die Faktoren, die die Ausflockung beeinflussen, werden vorgestellt, gefolgt von der Berechnung der schnellen und langsamen Ausflockungsrate. Dies führt zur Definition des Stabilitätsverhältnisses und seiner Abhängigkeit von der Elektrolytkonzentration und der Wertigkeit. Die kritische Koagulationskonzentration wird definiert und ihre Abhängigkeit von der Elektrolytvalenz aufgezeigt. Kapitel 10 stellt den Prozess der Ostwald-Reifung vor und zeigt Möglichkeiten für seine Reduzierung. Die Faktoren, die für die Ostwald-Reifung verantwortlich sind, werden anhand des Unterschieds in der Löslichkeit zwischen kleinen und großen Tropfen und der Anwendung der Kelvin-Gleichung beschrieben. Anschließend wird die Rate der Ostwald-Reifung berechnet und experimentell bestimmt. Die Verringerung der Ostwald-Reifung durch Einarbeitung einer kleinen Menge hochunlöslichen Öls und durch die Verwendung stark adsorbierter polymerer Tenside sowie die Erhöhung der Gibbs-Elastizität werden beschrieben. Kapitel 11 befasst sich mit dem Prozess der Emulsionskoaleszenz und seiner Verhinderung. Die treibende Kraft für die Koaleszenz von Emulsionen wird in Form von Verdünnung und Unterbrechung des Flüssigkeitsfilms zwischen den Tröpfchen beschrieben. Das Konzept des Trennungsdrucks zur Verhinderung der Koaleszenz wird analysiert. Es folgen die Methoden, die zur Verringerung oder Beseitigung der Koaleszenz angewandt werden können, nämlich die Verwendung gemischter Tensidfilme, die Verwendung lamellarer flüssigkristalliner Phasen und die Verwendung von polymeren Tensiden. Kapitel 12 beschreibt den Prozess der Phaseninversion und ihre Verhinderung. Es wird zwischen katastrophaler und vorübergehender Phaseninversion unterschieden, wobei der Einfluss des dispersen Volumenanteils und des HLB-Werts des Tensids besonders berücksichtigt wird. Es werden die für die Phaseninversion verantwortlichen Faktoren erläutert. Kapitel 13 gibt einen Überblick über die verschiedenen Methoden, die zur

Charakterisierung von Emulsionen eingesetzt werden können. Besonderes Augenmerk wird auf die Methoden zur Messung der Tröpfchengrößenverteilung gelegt, nämlich optische Mikroskopie und Bildanalyse, Phasenkontrast- und Polarisationsmikroskopie, Beugungsmethoden, konfokale Lasermikroskopie und Rückstreumethoden. In Kapitel 14 werden einige industrielle Anwendungen von Emulsionen beschrieben, mit besonderem Augenmerk auf Lebensmittel, Pharmazie, Kosmetika, Agrochemikalien, Walzöle und Schmiermittel.

Anhand der obigen Beschreibungen wird deutlich, dass dieses Buch ein breites Spektrum an Themen zur Emulsionsbildung und -stabilität sowie zur Anwendung von Emulsionen abdeckt. Die verschiedenen grundlegenden Aspekte, die bei den verschiedenen Zerfallsprozessen von Emulsionen eine Rolle spielen, werden umfassend analysiert. Es werden auch die Aspekte der Emulsionsherstellung und deren Charakterisierung beleuchtet. Darüber hinaus beschreibt das Buch die verschiedenen Methoden, die zur Verhinderung aller Zersetzungsprozesse von Emulsionen angewendet werden können. Es ist zu hoffen, dass dieses Buch eine große Hilfe für Emulsionsforscher sowohl in der Wissenschaft als auch in der Industrie sein wird. Es wird auch für Doktoranden, die in diesem Forschungsbereich tätig sind, äußerst wertvoll sein. Es wäre auch sehr hilfreich für Forscher, die in dieses Forschungsgebiet einsteigen wollen.

März 2016   Tharwat Tadros

Inhaltsverzeichnis

1 Emulsionen – Herstellung, Stabilität, Anwendung in der Industrie

1.1 Allgemeine Einführung

Bei den Emulsionen handelt es sich um disperse Systeme, die aus zwei nicht mischbaren Flüssigkeiten bestehen [1–4]. Die Flüssigkeitströpfchen (die disperse Phase) sind in einem flüssigen Medium (der kontinuierlichen Phase) dispergiert. Es lassen sich mehrere Klassen unterscheiden: Öl-in-Wasser (O/W); Wasser-in-Öl (W/O); Öl-in-Öl (O/O). Die letztgenannte Klasse kann durch eine Emulsion veranschaulicht werden, die aus einem polaren Öl (z. B. Propylenglycol) besteht, das in einem unpolaren Öl (Paraffinöl) dispergiert ist – und umgekehrt. Um zwei nicht mischbare Flüssigkeiten zu dispergieren, benötigt man eine dritte Komponente, nämlich den Emulgator. Die Wahl des Emulgators ist entscheidend für die Bildung der Emulsion und ihre langfristige Stabilität [1–4].

Es gibt viele Beispiele für natürlich vorkommende Emulsionen: Milch und die O/W- bzw. W/O-Emulsionen, die bei ölhaltigem Gestein auftreten, sind nur zwei Beispiele. Die Emulsionstypen lassen sich anhand der Art des Emulgators oder der Struktur des Systems klassifizieren, wie in Tab. 1.1 dargestellt.

Tab. 1.1: Klassifizierung von Emulsionen.

Art des Emulgators	Struktur des Systems
einfache Moleküle und Ionen	Art der inneren und äußeren Phase: O/W, W/O
nichtionische Tenside	mizellare Emulsionen (Mikroemulsionen)
ionische Tenside	Makroemulsionen
Tensidmischungen	Doppelschichttröpfchen
nichtionische Polymere	Doppel- und Mehrfachemulsionen
Polyelektrolyte	gemischte Emulsionen
gemischte Polymere und Tenside	flüssigkristalline Phasen
feste Partikel	

1.2 Art des Emulgators

Der einfachste Typ sind Ionen wie OH⁻, die gezielt an das Emulsionströpfchen adsorbiert werden können und so eine Ladung erzeugen. Es kann eine elektrische Doppelschicht erzeugt werden, die für elektrostatische Abstoßung sorgt. Dies wurde mit sehr verdünnten O/W-Emulsionen demonstriert, indem jegliche Säure entfernt wurde. Dieses Verfahren ist natürlich nicht praktikabel. Die wirksamsten Emulgatoren sind nichtionische Tenside wie Alkoholethoxylate mit der allgemeinen Formel C_xH_{2x+1}–O–$(CH_2$–CH_2–O$)_n$H,

https://doi.org/10.1515/9783110798593-001

die zur Emulgierung von Öl in Wasser oder Wasser in Öl verwendet werden können. Darüber hinaus können sie die Emulsion gegen Ausflockung und Koaleszenz stabilisieren. Ionische Tenside wie Natriumdodecylsulfat können ebenfalls als Emulgatoren (für O/W) verwendet werden, aber das System reagiert empfindlich auf die Anwesenheit von Elektrolyten. Tensidmischungen, z. B. ionische und nichtionische Tenside oder Mischungen nichtionischer Tenside, können bei der Emulgierung und Stabilisierung der Emulsion effektiver sein. Nichtionische Polymere, manchmal auch als polymere Tenside bezeichnet, z. B. Pluronics mit der allgemeinen Formel $HO–(CH_2–CH_2–O)_n–(CH_2–CH(CH_3)–O)_m–(CH_2–CH_2–O)_n–OH$ oder PEO-PPO-PEO sind bei der Emulsionsstabilisierung wirksamer, können aber unter Schwierigkeiten bei der Emulgierung (Bildung kleiner Tröpfchen) leiden, wenn keine hohe Energie für den Prozess eingesetzt wird. Polyelektrolyte wie Polymethacrylsäure können ebenfalls als Emulgatoren eingesetzt werden. Mischungen aus Polymeren und Tensiden sind ideal, um eine leichte Emulgierung und Stabilisierung der Emulsion zu erreichen. Lamellare flüssigkristalline Phasen, die mit Hilfe von Tensidmischungen hergestellt werden können, sind sehr wirksam bei der Emulsionsstabilisierung. Feste Partikel, die sich an der O/W-Grenzfläche anlagern, können ebenfalls zur Emulsionsstabilisierung verwendet werden. Diese werden als Pickering-Emulsionen bezeichnet, wobei die Partikel teilweise von der Ölphase und teilweise von der wässrigen Phase benetzt werden.

1.3 Aufbau des Systems

1. Makroemulsionen O/W und W/O. Diese haben in der Regel eine Tröpfchengröße von 0,1 bis 5 μm mit einem Durchschnitt von 1–2 μm. Diese Systeme sind in der Regel undurchsichtig oder milchig aufgrund der großen Tröpfchen und des erheblichen Unterschieds im Brechungsindex zwischen der Öl- und der Wasserphase.
2. Nanoemulsionen. Diese haben in der Regel eine Tröpfchengröße zwischen 20 und 100 nm. Wie Makroemulsionen sind sie nur kinetisch stabil. Sie können transparent, durchscheinend oder undurchsichtig sein, je nach Tröpfchengröße, Brechungsindexdifferenz zwischen den beiden Phasen und Volumenanteil der dispersen Phase.
3. Doppelte und mehrfache Emulsionen: Dies sind Emulsions-Systeme vom Typ W/O/W oder O/W/O. Sie werden in der Regel in einem zweistufigen Verfahren hergestellt. So wird beispielsweise eine W/O/W-Multifunktionsemulsion durch Bildung einer W/O-Emulsion hergestellt, die dann in Wasser emulgiert wird, um die endgültige Mehrfachemulsion zu bilden.
4. Gemischte Emulsionen: Dies sind Systeme, die aus zwei verschiedenen dispersen Tröpfchen bestehen, die sich in einem kontinuierlichen Medium nicht vermischen.
5. Mizellare Emulsionen oder Mikroemulsionen: Diese haben in der Regel eine Tröpfchengröße zwischen 5 und 50 nm. Sie sind thermodynamisch stabil und sollten streng genommen nicht als Emulsionen bezeichnet werden. Eine bessere Bezeichnung ist „gequollene Mizellen" oder „mizellare Systeme".

Das vorliegende Buch befasst sich ausschließlich mit Makroemulsionen, deren Bildung und Stabilität sowie deren industriellen Anwendungen.

Bei der Lagerung können mehrere Abbauprozesse auftreten, je nach:

– Partikelgrößenverteilung und Dichteunterschied zwischen den Tröpfchen und dem Medium.
– Größe der Anziehungs- und Abstoßungskräfte, die die Ausflockung bestimmen.
– Löslichkeit der dispergierten Tröpfchen und der Partikelgrößenverteilung, die die Ostwald-Reifung bestimmt.
– Stabilität des Flüssigkeitsfilms zwischen den Tröpfchen, die die Koaleszenz bestimmt.
– Phaseninversion, bei der sich die beiden Phasen austauschen, z. B. eine O/W-Emulsion, die sich in eine W/O-Emulsion umwandelt und umgekehrt. Die Phaseninversion kann katastrophale Folgen haben, wenn die Ölphase in einer O/W-Emulsion einen kritischen Wert überschreitet. Die Inversion kann vorübergehend sein, wenn die Emulsion z. B. einem Temperaturanstieg ausgesetzt ist.

1.4 Zerfallsprozesse in Emulsionen

Die verschiedenen Zersetzungsprozesse sind in Abb. 1.1 schematisch dargestellt. Die physikalischen Phänomene, die an den einzelnen Zersetzungsprozessen beteiligt sind, sind nicht einfach und erfordern eine Analyse der verschiedenen beteiligten Oberflächenkräfte. Darüber hinaus können die oben genannten Prozesse gleichzeitig ablaufen, was die Analyse erschwert. Modellemulsionen mit monodispersen Tröpfchen

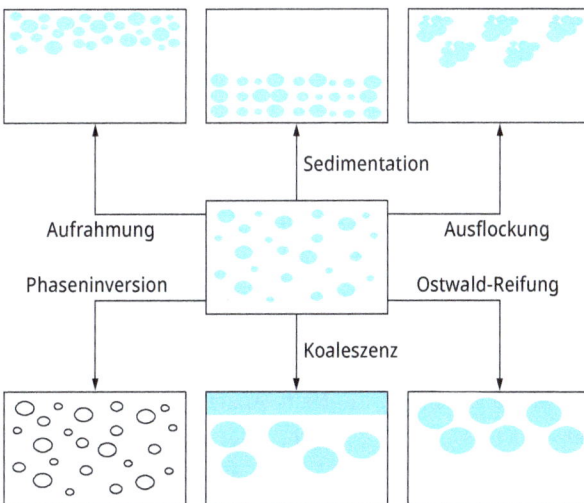

Abb. 1.1: Schematische Darstellung der verschiedenen Zersetzungsprozesse in Emulsionen.

lassen sich nicht ohne weiteres herstellen, so dass bei jeder theoretischen Behandlung die Auswirkungen der Tröpfchengrößenverteilung berücksichtigt werden müssen. Theorien, die die Polydispersität des Systems berücksichtigen, sind komplex und in vielen Fällen sind nur numerische Lösungen möglich. Außerdem ist die Messung der Adsorption von Tensiden und Polymeren in einer Emulsion nicht einfach, und man muss solche Informationen aus Messungen an einer ebenen Grenzfläche gewinnen.

Nachfolgend wird eine Zusammenfassung jedes der oben genannten Abbauprozesse gegeben, und die Einzelheiten jedes Prozesses und der Methoden zu seiner Verhinderung werden in separaten Abschnitten behandelt.

1.5 Aufrahmung und Sedimentation

Dieser Prozess, bei dem sich die Tröpfchengröße nicht ändert, ist das Ergebnis äußerer Kräfte, in der Regel der Schwerkraft oder der Zentrifugalkraft. Wenn diese Kräfte die thermische Bewegung der Tröpfchen (Brownsche Bewegung) übersteigen, baut sich in dem System ein Konzentrationsgefälle auf, wobei sich die größeren Tröpfchen schneller nach oben (wenn ihre Dichte geringer ist als die des Mediums) oder nach unten (wenn ihre Dichte größer ist als die des Mediums) des Behälters bewegen. In den Grenzfällen können die Tröpfchen eine dicht gepackte (zufällige oder geordnete) Anordnung an der Ober- oder Unterseite des Systems bilden, während der Rest des Volumens von der kontinuierlichen flüssigen Phase eingenommen wird.

1.6 Ausflockung

Dieser Prozess beschreibt die Aggregation der Tröpfchen (ohne Veränderung der primären Tröpfchengröße) zu größeren Einheiten. Er ist das Ergebnis der Van-der-Waals-Anziehungskraft, die bei allen dispersen Systemen universell ist. Die Hauptanziehungskraft ergibt sich aus der London-Dispersionskraft, die aus Ladungsschwankungen der Atome oder Moleküle in den dispersen Tröpfchen resultiert. Die Van-der-Waals-Anziehungskraft nimmt mit abnehmendem Abstand zwischen den Tröpfchen zu, und bei kleinen Abständen wird die Anziehungskraft sehr stark, was zur Tröpfchenaggregation oder Ausflockung führt. Letzteres tritt auf, wenn die Abstoßung nicht ausreicht, um die Tröpfchen bis auf Abstände zu bringen, bei denen die Van-der-Waals-Anziehung schwach ist. Die Ausflockung kann „stark" oder „schwach" sein, je nach Größe der beteiligten Anziehungsenergie. In Fällen, in denen die Netto-Anziehungskräfte relativ schwach sind, kann ein Gleichgewichtsgrad der Flockung erreicht werden (sogenannte schwache Flockung), was mit der reversiblen Natur des Aggregationsprozesses zusammenhängt. Die genaue Art des Gleichgewichtszustands hängt von den Eigenschaften des Systems ab. Man kann sich den Aufbau einer Aggregatgrößenverteilung vorstellen, und es kann sich ein Gleichgewicht zwischen einzelnen Tropfen und großen Aggregaten einstellen. Bei einem stark ausgeflockten System handelt es sich um ein System, in dem alle Tröpfchen aufgrund der starken Van-der-Waals-Anziehung zwischen den Tröpfchen in Aggregaten vorliegen.

1.7 Ostwald-Reifung (Disproportionierung)

Die Ostwald-Reifung ist auf die begrenzte Löslichkeit der flüssigen Phasen zurückzuführen. Flüssigkeiten, die als nicht mischbar bezeichnet werden, haben oft gegenseitige Löslichkeiten, die nicht vernachlässigbar sind. Bei Emulsionen, die in der Regel polydispers sind, haben die kleineren Tröpfchen im Vergleich zu den größeren eine größere Löslichkeit (aufgrund von Krümmungseffekten). Mit der Zeit verschwinden die kleineren Tröpfchen und ihre Moleküle diffundieren in die Masse und lagern sich an den größeren Tröpfchen ab. Mit der Zeit verschiebt sich die Größenverteilung der Tröpfchen zu größeren Werten.

1.8 Koaleszenz

Eine Bezeichnung für den Prozess der Verdünnung und Unterbrechung des Flüssigkeitsfilms zwischen den Tropfen, der in einer cremigen oder sedimentierten Schicht, in einer Flockenbildung oder einfach beim Zusammenprall von Tropfen vorhanden sein kann, mit dem Ergebnis der Verschmelzung von zwei oder mehr Tropfen zu größeren Tropfen. Der Koaleszenz-Prozess führt zu einer beträchtlichen Veränderung der Tröpfchengrößenverteilung, die sich zu größeren Größen verschiebt. Der Grenzfall der Koaleszenz ist die vollständige Trennung der Emulsion in zwei getrennte flüssige Phasen. Die Ausdünnung und Unterbrechung des Flüssigkeitsfilms zwischen den Tröpfchen wird durch die relativen Größen der Anziehungs- und Abstoßungskräfte bestimmt. Um eine Koaleszenz zu verhindern, müssen die Abstoßungskräfte die Van-der-Waals-Anziehung übersteigen, damit der Film nicht reißt.

1.9 Phasenumkehrung

Bei der Phasenumkehrung (Phaseninversion) handelt es sich um einen Prozess, bei dem es zum Austausch zwischen der dispersen Phase und dem Medium kommt. Zum Beispiel kann sich eine O/W-Emulsion mit der Zeit oder unter veränderten Bedingungen in eine W/O-Emulsion umwandeln. In vielen Fällen durchläuft die Phaseninversion einen Übergangszustand, bei dem mehrere Emulsionen entstehen. Bei einer O/W-Emulsion zum Beispiel kann die wässrige kontinuierliche Phase in den Öltröpfchen emulgieren und eine W/O/W-Multiemulsion bilden. Dieser Prozess kann sich fortsetzen, bis die gesamte kontinuierliche Phase in die Ölphase emulgiert ist, wodurch eine W/O-Emulsion entsteht.

1.10 Industrielle Anwendungen von Emulsionen

Es gibt mehrere industrielle Anwendungen von Emulsionen, von denen die folgenden erwähnenswert sind:

- Lebensmittelemulsionen, z. B. Mayonnaise, Salatcremes, Desserts, Getränke usw.
- Körperpflege und Kosmetika, z. B. Handcremes, Lotionen, Haarsprays, Sonnenschutzmittel, usw.
- Agrochemikalien, z. B. selbstemulgierende Öle, die bei Verdünnung mit Wasser Emulsionen bilden, Emulsionskonzentrate (EWs) und Pflanzenölsprays.
- Pharmazeutika, z. B. Anästhetika aus O/W-Emulsionen, Lipidemulsionen, Doppel- und Mehrfachemulsionen usw.
- Farben, z. B. Emulsionen von Alkydharzen, Latexemulsionen usw.
- Trockenreinigungsformulierungen. Diese können Wassertröpfchen enthalten, die im Trockenreinigungsöl emulgiert sind, das zur Entfernung von Verschmutzungen erforderlich ist.
- Bitumenemulsionen; dies sind Emulsionen, die in den Behältern stabil sind, aber beim Auftragen auf den Straßensplitt zusammenfließen müssen, um einen einheitlichen Bitumenfilm zu bilden.
- Emulsionen in der Ölindustrie; viele Rohöle enthalten Wassertröpfchen (z. B. das Nordseeöl), die durch Koaleszenz und anschließende Abtrennung entfernt werden müssen.
- Dispersionen von Ölteppichen; das von Tankern ausgelaufene Öl muss emulgiert und anschließend abgetrennt werden.
- Emulgierung von unerwünschtem Öl; dies ist ein wichtiges Verfahren zur Bekämpfung von Verschmutzungen.

Die oben beschriebene Bedeutung von Emulsionen in der Industrie rechtfertigt ein hohes Maß an Grundlagenforschung, um den Ursprung von Instabilitäten und Methoden zur Verhinderung ihres Zusammenbruchs zu verstehen. Leider ist die Grundlagenforschung zu Emulsionen nicht einfach, da Modellsysteme (z. B. mit monodispersen Tröpfchen) nur schwer herzustellen sind. In vielen Fällen sind die Theorien zur Emulsionsstabilität nicht exakt und es werden halbempirische Ansätze verwendet.

1.11 Gliederung des Buchs

Kapitel 2 beschreibt die Thermodynamik der Emulsionsbildung und -zersetzung. Es beginnt mit einem Abschnitt über die Definition des Grenzflächenbereichs unter Verwendung des Gibbs-Konzepts der mathematischen Aufteilung der Grenzfläche. Die Anwendung des zweiten Hauptsatzes der Thermodynamik führt zur Definition der Grenzflächenspannung, die durch die Änderung der Gibbs-Energie mit der Fläche bei konstanter Temperatur und Zusammensetzung gegeben ist (mJm^{-1} oder mNm^{-1}). Die

Anwendung des zweiten Hauptsatzes der Thermodynamik auf die Emulsionsbildung und -zersetzung ist durch das Gleichgewicht von Grenzflächenenergie und Entropie gegeben und zeigt, dass die freie Energie der Emulsionsbildung positiv ist, was erklärt, warum die Bildung von Emulsionen nicht spontan erfolgt. Der Zerfall der Emulsion durch Ausflockung, Ostwald-Reifung und Koaleszenz in Abwesenheit eines Emulgators ist das Ergebnis der Verringerung der Grenzflächenenergie aufgrund der Ausdehnung der Grenzfläche. Es wird beschrieben, welche Rolle der Emulgator bei der Verhinderung von Ausflockung und Koaleszenz spielt, indem er eine Energiebarriere schafft, die aus den Abstoßungsenergien zwischen den Tröpfchen resultiert. Kapitel 3 beschreibt die Wechselwirkungskräfte zwischen Emulsionströpfchen. Es beginnt mit der Van-der-Waals-Anziehung und ihrer Abhängigkeit von der Tröpfchengröße, der Hamaker-Konstante und dem Abstand zwischen den Tröpfchen. Diese Anziehung wird durch die elektrostatische Abstoßung verhindert, die sich aus dem Vorhandensein elektrischer Doppelschichten und ihrer Abhängigkeit vom Oberflächenpotenzial (oder Zeta-Potenzial) und der Konzentration und Wertigkeit des Elektrolyten ergibt. Die Kombination der Van-der-Waals-Anziehung mit der Doppelschichtabstoßung und die Theorie der Kolloidstabilität werden beschrieben. Die sterische Abstoßung, die sich aus dem Vorhandensein adsorbierter nicht-ionischer Tenside und Polymere ergibt, wird durch die ungünstige Vermischung der adsorbierten Schichten (wenn diese sich in einem guten Lösungsmittel befinden) und den Verlust von Konfigurationsentropie bei erheblicher Überlappung der adsorbierten Schichten beschrieben. Die Kombination von Van-der-Waals-Anziehung und sterischer Abstoßung beschreibt die Theorie der sterischen Stabilisierung. Die wichtigsten Faktoren, die für eine effektive sterische Stabilisierung verantwortlich sind, werden erläutert. Kapitel 4 beschreibt die Adsorption und Orientierung von Tensidmolekülen an der Grenzfläche zwischen Öl und Wasser (O/W). Die thermodynamische Analyse der Adsorption von Tensiden wird mit Hilfe des zweiten Hauptsatzes der Thermodynamik analysiert, woraus sich die Gibbs'sche Adsorptionsisotherme ergibt. Die Menge an adsorbiertem Tensid und die Fläche pro Tensidmolekül an der Grenzfläche wird abhängig von der Veränderung der Grenzflächenspannung mit der Tensidkonzentration berechnet. Die Ergebnisse zeigen die Abhängigkeit der Tensidadsorption von der Art des Tensidmoleküls, nämlich der Länge der Kohlenwasserstoffkette und der Art der Kopfgruppe. Die experimentellen Techniken zur Messung der Grenzflächenspannung werden kurz beschrieben. Kapitel 5 befasst sich mit dem Mechanismus der Emulgierung und der Rolle des Emulgators. Es beginnt mit der Beschreibung der Faktoren, die für die Verformung der Tröpfchen und ihr Auseinanderbrechen verantwortlich sind. Die Rolle der Tenside bei der Verhinderung der Koaleszenz während der Emulgierung wird anhand der Gibbs'schen Dilatationselastizität und des Marangoni-Effekts beschrieben. Kapitel 6 beschreibt die Methoden, die zur Emulgierung eingesetzt werden können. Emulgierverfahren mit geringer Energie werden anhand von Rohrströmungen und statischen Mischern beschrieben. Methoden mit mittlerer Energie verwenden Hochgeschwindigkeitsrührer wie den Rotor-Stator-Mischer. Bei der Hochenergie-Emulgierung werden Hochdruckhomogenisatoren und Ultraschalltechniken eingesetzt. Die Unterscheidung zwischen laminarer und turbulenter Strömung lässt sich mit Hilfe der dimensionslosen Reynolds-Zahl beschreiben. Kapitel 7 befasst sich mit den Methoden, die zur Auswahl von Emulgatoren angewendet werden können. Eine halbempirische Methode basiert auf dem hydrophil-lipophilen Gleichgewicht (HLB), das für einfache Tensidmoleküle wie nichtionische Tenside auf der Basis von Alkylpolyethylenoxid leicht berechnet werden kann. Für komplexere Moleküle kann eine auf Gruppenwerten basierende Methode angewendet werden. Die Abhängigkeit des HLB-Werts von der Art des Öls wird beschrieben. Die experimentelle Methode, die zur Auswahl des optimalen HLB-Werts für ein bestimmtes Öl angewendet werden kann, wird zusammen mit ihrer Anwendung bei der Auswahl von Tensiden beschrieben. Die Methode der Phaseninversionstemperatur (PIT) zur Auswahl von Emulgatoren auf der Grundlage von Polyethylenoxid wird ebenfalls dargestellt. Besonderes Augenmerk wird auf die Veränderung der Grenzflächenspannung mit der Temperatur gelegt, die bei der PIT ein Minimum aufweist. Durch die Herstellung der Emulsion bei Temperaturen nahe der PIT können sehr kleine Tröpfchen erzeugt werden, die durch schnelles Abkühlen der Emulsion gegen Koaleszenz stabilisiert werden können. Es wird die Methode des Kohäsionsenergieverhältnisses (CER) für die Emulgatorauswahl vorgestellt, die auf den Dispersionstendenzen an den Öl- und Wassergrenzflächen des Emulgatormoleküls beruht. Das Verfahren zur Berechnung des CER wird beschrieben. Kapitel 8 befasst sich mit dem Prozess der Aufrahmung/Sedimentation von Emulsionen und seiner Verhinderung. Die treibenden Kräfte für Aufrahmung/Sedimentation, nämlich der Einfluss der Schwerkraft, der Tröpfchengröße und des Dichteunterschieds zwischen der Öl- und der kontinuierlichen Phase, werden auf einer grundlegenden Ebene diskutiert. Die Berechnung der Aufrahmungs-/Sedimentationsrate in verdünnten Emulsionen wird anhand des Stokes'schen Gesetzes gezeigt. Der Einfluss der Erhöhung des Volumenanteils der dispersen Phase auf die Aufrahmungs-/Sedimentationsrate wird beschrieben. Es werden die verschiedenen Methoden vorgestellt, die zur Verringerung der Aufrahmung/Sedimentation angewandt werden können: Ausgleich der Dichte der beiden Phasen, Verringerung der Tröpfchengröße und Wirkung der Zugabe von Verdickungsmitteln. Kapitel 9 beschreibt die Ausflockung von Emulsionen und ihre Verhinderung. Es werden die für die Ausflockung verantwortlichen Faktoren vorgestellt. Es folgen Theorien zur Berechnung der schnellen und langsamen Flockungsgeschwindigkeit, k_0 bzw. k. Das Stabilitätsverhältnis W wird durch das Verhältnis k_0/k beschrieben und die Abhängigkeit von W von der Elektrolytkonzentration und der Wertigkeit wird erläutert. Dies führt zur Definition der kritischen Koagulationskonzentration und ihrer Abhängigkeit von der Elektrolytvalenz. Die Verringerung der Ausflockung durch Verstärkung der Abstoßungskräfte wird beschrieben. Kapitel 10 befasst sich mit dem Prozess der Ostwald-Reifung und seiner Verringerung. Es werden die Faktoren beschrieben, die für die Ostwald-Reifung verantwortlich sind, nämlich der Unterschied in der Löslichkeit zwischen kleinen und großen Tropfen, wie er durch die Kelvin- und Ostwald-Gleichungen beschrieben wird. Die Theorie zur Berechnung der Rate der Ostwald-Reifung wird dargelegt. Es werden die Methoden beschrieben, die zur

Verringerung der Ostwald-Reifung angewandt werden können: Einarbeitung einer kleinen Menge hochunlöslichen Öls und Verwendung von stark adsorbierten polymeren Tensiden, die die Gibbs-Elastizität erhöhen. Kapitel 11 beschreibt den Prozess der Emulsionskoaleszenz und seine Verhinderung. Die treibende Kraft für die Emulsionskoaleszenz in Form von Verdünnung und Unterbrechung des Flüssigkeitsfilms zwischen den Tröpfchen wird beschrieben. Das Konzept des Trennungsdrucks zur Beschreibung des Prozesses der Koaleszenzverhinderung wird vorgestellt und außerdem die Methoden zur Verringerung oder Beseitigung der Koaleszenz: Verwendung von gemischten Tensidfilmen, Verwendung von lamellaren flüssigkristallinen Phasen und Verwendung von polymeren Tensiden. Kapitel 12 beschreibt den Prozess der Phaseninversion und ihre Verhinderung. Es wird zwischen katastrophaler und vorübergehender Phaseninversion unterschieden. Eine katastrophale Phaseninversion kann durch eine Erhöhung des Volumenanteils der dispersen Phase über das Packungsmaximum hinaus verursacht werden. Eine vorübergehende Phaseninversion kann auftreten, wenn sich die Eigenschaften des Tensids durch Faktoren wie Temperaturerhöhung und/oder Zugabe von Elektrolyt verändern. Kapitel 13 zeigt die verschiedenen Techniken, die zur Charakterisierung von Emulsionen eingesetzt werden können, nämlich die Messung der Tröpfchengrößenverteilung durch optische Mikroskopie und Bildanalyse, Phasenkontrast- und Polarisationsmikroskopie, Beugungsmethoden, konfokale Lasermikroskopie und Rückstreumethoden. Kapitel 14 enthält einige Beispiele für industrielle Anwendungen von Emulsionen, insbesondere in der Lebensmittelindustrie, Pharmazie, Kosmetik und Körperpflege, Agrochemie sowie bei Walzölemulsionen und Schmierstoffen.

Literatur

[1]   Tadros, Th. F. und Vincent, B., in „Encyclopedia of Emulsion Technology", Becher, P. (Herausgeber), Marcel Dekker, N. Y. (1983).

[2]   Binks, B. P. (Herausgeber), „Modern Aspects of Emulsion Science", The Royal Society of Chemistry Publication (1998).

[3]   Tadros, Th. F., „Applied Surfactants", Wiley-VCH, Deutschland (2005).

[4]   Tadros, Th. F., „Emulsion Formation Stability and Rheology", in „Emulsion Formation and Stability", Tadros, Th. F. (Herausgeber), Wiley-VCH, Deutschland (2013), Kapitel 1.

2 Thermodynamik der Emulsionsbildung und -zersetzung

2.1 Die Schnittstelle (Gibbs'sche Trennlinie)

Wenn zwei nicht mischbare Phasen α und β (Öl und Wasser) in Kontakt kommen, entsteht ein Grenzflächenbereich. Der Grenzflächenbereich ist keine Schicht, die nur ein Molekül dick ist, sondern ein Bereich mit einer Dicke δ, der andere Eigenschaften als die beiden Hauptphasen α und β hat. Wenn die Phasen α und β in Kontakt gebracht werden, verändern sich die Grenzflächenbereiche dieser Phasen, was zu einer Änderung der inneren Energie führt. Würde man eine Sonde aus dem Inneren von α in das Innere von β bewegen, würde man in einiger Entfernung von der Grenzfläche beginnen, Abweichungen in der Zusammensetzung, in der Dichte und in der Struktur zu beobachten; je näher man der Phase β kommt, desto größer werden die Abweichungen, bis die Sonde schließlich in der homogenen Phase β ankommt. Die Dicke der Übergangsschicht hängt von der Art der Grenzflächen und von anderen Faktoren ab. Gibbs [1] ging davon aus, dass die beiden Phasen α und β bis zum Grenzflächenbereich einheitliche thermodynamische Eigenschaften haben. Er nahm eine mathematische Ebene Z^σ im Grenzflächenbereich an, um die Grenzflächenspannung γ zu definieren. Eine schematische Darstellung des Grenzflächenbereichs und der mathematischen Gibbs'-schen Trennebene findet sich in Abb. 2.1.

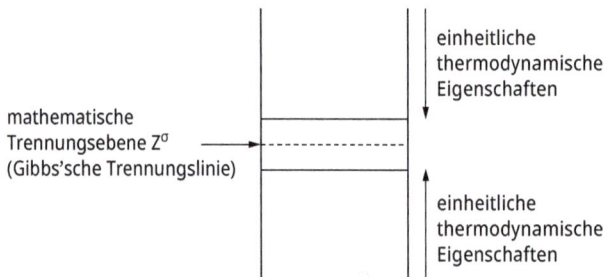

Abb. 2.1: Schematische Darstellung des Modells der Gibbs'schen Trennebene.

Mit Hilfe des Gibbs-Modells ist es möglich, eine Definition der Grenzflächenspannung γ zu erhalten. Die freie Oberflächenenergie dG^σ setzt sich aus drei Komponenten zusammen: einem Entropieterm, $S^\sigma dT$; einem Grenzflächenenergieterm, $Ad\gamma$; einem Zusammensetzungsterm $\Sigma n_i \, d\mu_i$ (n_i ist die Anzahl der Mole der Komponente i mit dem chemischen Potenzial μ_i).

Die Gibbs-Duhem-Gleichung lautet:

https://doi.org/10.1515/9783110798593-002

$$dG^\sigma = -S^\sigma dT + A\, d\gamma + \sum n_i d\mu_i.$$ (2.1)

Bei konstanter Temperatur und Zusammensetzung gilt:

$$dG^\sigma = A\, d\gamma$$

$$\gamma = \left(\frac{\partial G^\sigma}{\partial A}\right)_{T,n_i}$$ (2.2)

Bei einer stabilen Grenzfläche ist γ positiv, d. h. wenn die Grenzfläche zunimmt, nimmt G^σ zu. Man beachte, dass γ die Energie pro Flächeneinheit (mJm^{-2}) ist, die größenordnungsmäßig der Kraft pro Längeneinheit (mNm^{-1}) entspricht, der Einheit, die normalerweise zur Definition der Ober- oder Grenzflächenspannung verwendet wird.

Ein alternativer Ansatz zum Gibbs-Modell wurde von Guggenheim [2] vorgestellt, bei dem zwei Trennebenen eingezeichnet werden, eine in der Phase α, die andere in der Phase β, wie in Abb. 2.2 dargestellt.

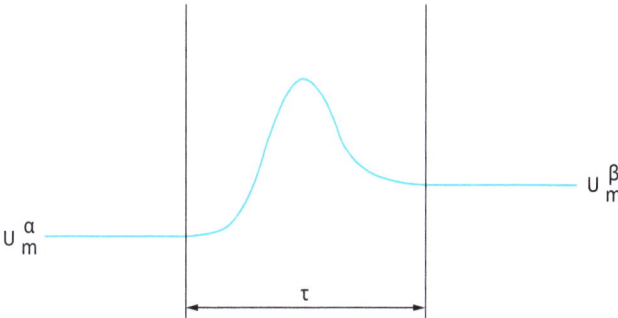

Abb. 2.2: Guggenheim-Konvention für den Grenzflächenbereich.

Die Ebenen liegen so weit außerhalb des Grenzflächenbereichs, dass die beiden Phasen jenseits von ihnen ihre Volumeneigenschaften mit der inneren Energie U_m^α und U_m^β haben. In dieser Konvention wird der Grenzflächenbereich zwischen zwei Ebenen eingeschlossen, die einen Abstand τ voneinander haben. Der Grenzflächenbereich hat nun ein endliches Volumen $A\tau$. Bei dieser Konvention hängt der Wert der Überschussmengen von der Wahl der beiden Ebenen und somit von τ ab, während er bei der Gibbs-Konvention von der Wahl der Lage der Trennebene abhängt. Die Analyse von Guggenheim [2] für den Grenzflächenbereich ist recht komplex und daher wird die einfachere Gibbs-Konvention [1] bei der Analyse von Grenzflächenphänomenen verwendet.

Bei einer gekrümmten Grenzfläche sollte man die Auswirkungen des Krümmungsradius berücksichtigen. Glücklicherweise liegt γ für eine gekrümmte Grenzfläche schätzungsweise sehr nahe an dem Wert für eine ebene Oberfläche, es sei denn, die Tropfen sind sehr klein (<10 nm).

Gekrümmte Grenzflächen führen zu einigen anderen wichtigen physikalischen Phänomenen, die sich auf die Emulsionseigenschaften auswirken. Ein Beispiel ist der Laplace-Druck Δp, der von den Krümmungsradien der Tropfen bestimmt wird:

$$\Delta p = \gamma \left(\frac{1}{r_1} + \frac{1}{r_2} \right), \tag{2.3}$$

wobei r_1 und r_2 die beiden Hauptkrümmungsradien sind.

Für ein perfekt kugelförmiges Tröpfchen $r_1 = r_2 = r$ gilt:

$$\Delta p = \frac{2\gamma}{r} \tag{2.4}$$

Für einen Kohlenwasserstofftropfen mit einem Radius von 100 nm und $\gamma_{O/W} = 50$ mNm^{-1} ergibt sich $\Delta p \approx 10^6$ Pa ($\approx$ 10 atm).

2.2 Thermodynamik der Emulsionsbildung und -zersetzung

Betrachten wir ein System, in dem ein Öl durch einen großen Tropfen 2 mit der Fläche A_1 dargestellt wird, der in eine Flüssigkeit 2 eingetaucht ist, die nun in eine große Anzahl kleinerer Tropfen mit der Gesamtfläche A_2 ($A_2 \gg A_1$) unterteilt ist, wie in Abb. 2.3 gezeigt. Die Grenzflächenspannung γ_{12} ist für die großen und die kleinen Tröpfchen gleich, da letztere im Allgemeinen in der Größenordnung von 0,1 bis wenigen μm liegen.

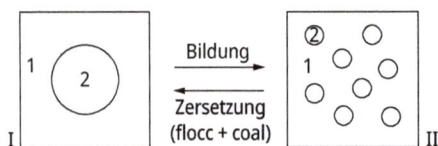

Abb. 2.3: Schematische Darstellung der Emulsionsbildung und -zersetzung.

Die Änderung der freien Energie beim Übergang vom Zustand I zum Zustand II setzt sich aus zwei Beiträgen zusammen: Einem (positiven) Term der Oberflächenenergie, der gleich $\Delta A \gamma_{12}$ ist (wobei $\Delta A = A_2 - A_1$). Einem ebenfalls positiven Dispersionsentropie-Term (da die Erzeugung einer großen Anzahl von Tröpfchen mit einem Anstieg der Konfigurationsentropie einhergeht), der gleich $T\Delta S^{conf}$ ist.

Aus dem zweiten Hauptsatz der Thermodynamik ergibt sich:

$$\Delta G^{form} = \Delta A \gamma_{12} - T\Delta S^{conf}. \tag{2.5}$$

In den meisten Fällen ist $\Delta A \gamma_{12} \gg T\Delta S^{conf}$, was bedeutet, dass ΔG^{form} positiv ist, d. h. die Bildung von Emulsionen erfolgt nicht spontan und das System ist thermodynamisch instabil. Wenn es keinen Stabilisierungsmechanismus gibt, wird die Emulsion durch Ausflockung (flocc) und Koaleszenz (coal) zerbrechen, wie auch in Abb. 2.4 durch die durchgezogene Linie dargestellt. In diesem Fall gibt es weder für die Ausflockung noch für die Koaleszenz freie Energiebarrieren. Die Kinetik beider Zerfallsprozesse ist diffusionsgesteuert: im Falle der Ausflockung durch die Diffusion der Tröpfchen und im Falle der Koaleszenz durch die Diffusion von Molekülen der Flüssigkeit 1 aus dem dünnen Flüssigkeitsfilm, der sich zwischen zwei sich berührenden Flüssigkeitstropfen 2 gebildet hat. Die gestrichelte Linie in Abb. 2.4 entspricht dem Fall, in dem Sedimentation oder Aufrahmung der Ausflockung und Koaleszenz überlagert sind. Der Endzustand des Systems (Zustand III) ist nun der bekanntere Zustand mit zwei flüssigen Phasen, die durch eine flache Grenzfläche getrennt sind. Die gepunktete Linie in Abb. 2.4 stellt die Situation dar, wenn zusätzlich zu den oben genannten Effekten die Ostwald-Reifung berücksichtigt werden muss. Dies ist der Fall, wenn der Ausgangszustand IV polydispers ist und die Flüssigkeiten eine endliche gegenseitige Löslichkeit haben.

Bei Vorhandensein eines Stabilisators (Tensid und/oder Polymer) entsteht eine Energiebarriere zwischen den Tröpfchen, so dass die Umkehrung von Zustand II zu Zustand I aufgrund dieser Energiebarrieren nicht kontinuierlich erfolgt. Dies ist in Abb. 2.5 dargestellt. Bei Vorhandensein der oben genannten Energiebarrieren wird das System kinetisch stabil. Streng genommen handelt es sich bei ΔG_{flocc} und ΔG_{coal} um freie Aktivierungsenergien. Der Zwischenzustand V ist ein metastabiler Zustand und stellt eine ausgeflockte Emulsion dar, in der keine Koaleszenz stattgefunden hat. Wenn ΔG_{coal} ausreichend hoch ist, kann sie unbegrenzt in diesem Zustand verbleiben.

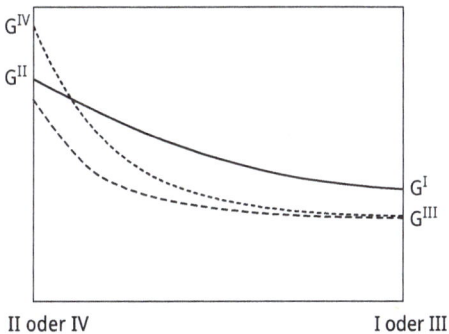

Abb. 2.4: Pfad der freien Energie beim Emulsionsabbau: ____ Ausflockung (flocc) + Koaleszenz (coal); – – Ausflockung (flocc) + Koaleszenz (coal) + Sedimentation; . ... . Ausflockung (flocc) + Koaleszenz (coal) + Sedimentation + Ostwald-Reifung.

Auch der Zustand II ist ein instabiler Zustand, und wenn ΔG_{flocc} ausreichend hoch ist, kann der stabile, dispergierte Zustand auf unbestimmte Zeit bestehen bleiben. Allerdings handelt es sich bei den Zuständen II und V in diesen Fällen um Zustände kinetischer Stabilität und nicht um echte thermodynamische Stabilität. Die gestrichelte Kurve in Abb. 2.5 stellt die Situation dar, wenn es keine Barriere für die freie Energie zur Ausflockung gibt, aber eine große Barriere für die Koaleszenz besteht. Eine solche Situation würde sich bei Tröpfchen ergeben, die z. B. durch ein adsorbiertes (neutrales) Polymer stabilisiert sind. In diesem Fall wirken nur die langreichweitigen Van-der-Waals-Kräfte und die kurzreichweitigen sterischen Abstoßungskräfte (siehe Kapitel 3). Wenn ΔG_{flocc} nicht zu groß ist (z. B. < 10 kT pro Tropfen), dann ist die Ausflockung reversibel und es stellt sich ein Gleichgewicht ein, wie in Kapitel 3 erläutert wird.

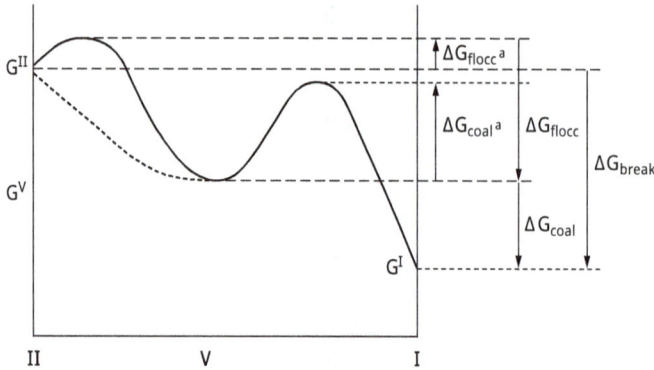

Abb. 2.5: Schematische Darstellung des Weges der freien Energie für die Zersetzung (Ausflockung und Koaleszenz) für Systeme mit einer Energiebarriere.

Aus Abb. 2.5 ist ersichtlich, dass

$$\Delta G_{break} = \Delta G_{flocc} + \Delta G_{coal}. \tag{2.6}$$

Es lohnt sich, die einzelnen Beiträge zu ΔG_{flocc} und ΔG_{coal} im Lichte der Gleichungen (2.5) und (2.6) zu betrachten. Die überschüssige freie Grenzflächenenergie G^{σ}, die mit dem Vorhandensein einer Grenzfläche verbunden ist, ist gegeben durch:

$$G^{\sigma} = \Delta A \gamma_{12} + \sum_i \mu_i n_i^{\sigma}. \tag{2.7}$$

Wenn eine Grenzfläche aufgrund von Koaleszenz verschwindet, ist die Änderung der freien Energie ΔG_{coal} einfach gegeben durch:

$$\Delta G_{coal} = -\Delta(\gamma_{12}\Delta A). \tag{2.8}$$

Der Term $\sum_i \mu_i n_i^{\sigma}$ verschwindet, da das chemische Potenzial des Zustands I in beiden Phasen und an der Grenzfläche das gleiche ist. Die Betrachtung der Gleichungen (2.5), (2.6) und (2.8) führt zu der Schlussfolgerung, dass

$$\Delta G_{flocc} = \Delta A \Delta \gamma_{12} - T\Delta S^{conf}. \tag{2.9}$$

Da

$$\Delta(\Delta A \gamma_{12}) = \gamma_{12} \Delta \Delta A + \Delta A \Delta \gamma_{12}, \tag{2.10}$$

setzt sich ΔG_{flocc} aus zwei Termen zusammen: dem $\Delta A \Delta \gamma_{12}$-Term, der mit der Änderung der Grenzflächenspannung im Kontaktbereich zweier Tröpfchen (d. h. für die beiden Oberflächen im Film, der die Tröpfchen trennt) verbunden ist, und dem $T\Delta S^{conf}$-Term, der mit der Änderung der Konfigurationsentropie verbunden ist. Beide Terme sind negativ und in den meisten Fällen dominiert der $\Delta A \Delta \gamma_{12}$-Term, so dass ΔG_{flocc} negativ ist, d. h. die Flockung ist thermodynamisch spontan. Wenn jedoch $\Delta A \Delta \gamma_{12}$ kleiner ist als

$T\Delta S^{conf}$, dann ist ΔG_{flocc} positiv und die Emulsion ist dann thermodynamisch stabil gegen Ausflockung. Diese Situation ist in Abb. 2.6 schematisch dargestellt.

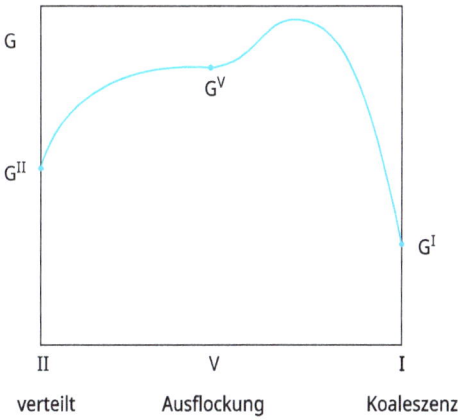

Abb. 2.6: Pfad der freien Energie für eine Emulsion, die thermodynamisch stabil ist, was die Ausflockung betrifft.

Dies bedeutet, dass keine Ausflockung stattfindet und die Emulsion durch Aufrahmung/ Sedimentation oder Zentrifugation aufkonzentriert werden muss, bevor eine Koaleszenz eintreten kann. Die Bedingung $|\Delta A \Delta \gamma_{12}| < |T\Delta S^{conf}|$ kann erfüllt werden, wenn $\Delta \gamma_{12}$ klein ist, d. h. wenn das sekundäre Minimum in der Energie-Abstand-Kurve (siehe Kapitel 3) klein ist. Da $|T\Delta S^{conf}|$ mit zunehmender Tröpfchenzahlkonzentration abnimmt, kann man sich vorstellen, dass bei einer bestimmten anfänglichen Tröpfchenkonzentration $\Delta G_{flocc} = 0$, d. h. unterhalb dieser Konzentration die Emulsion thermodynamisch stabil ist (ΔG_{flocc} positiv), dass aber jenseits dieser Konzentration die Emulsion thermodynamisch instabil wird (ΔG_{flocc} negativ) und eine reversible Ausflockung eintritt.

Literatur

[1]   Gibbs, J. W., „Collected Papers", Vol. 1, „Thermodynamics", Dover (1961).
[2]   Guggenheim, E. A., „Thermodynamics", North Holland, 4. Aufl. (1959).

3 Wechselwirkungskräfte zwischen Emulsionströpfchen

Im Allgemeinen gibt es drei Hauptwechselwirkungskräfte (Energien) zwischen Emulsionströpfchen, die im Folgenden erläutert werden.

3.1 Van-der-Waals-Anziehung

Bekanntlich ziehen sich Atome oder Moleküle bei geringen Abständen immer gegenseitig an. Es sind drei verschiedene Arten von Anziehungskräften: Dipol-Dipol-Wechselwirkung (Keesom), Dipol-induzierte Dipol-Wechselwirkung (Debye) und London-Dispersionskraft. Die London-Dispersionskraft ist die wichtigste, da sie bei polaren und unpolaren Molekülen auftritt. Sie ergibt sich aus Fluktuationen in der Elektronendichteverteilung.

Bei kleinen Trennungsabständen r im Vakuum ist die Anziehungsenergie zwischen zwei Atomen oder Molekülen gegeben durch:

$$G_{aa} = - \frac{\beta_{11}}{r^6},$$
(3.1)

wobei β_{11} die London-Dispersionskonstante ist.

Bei Emulsionströpfchen, die aus Atom- oder Molekülverbänden bestehen, müssen die Anziehungsenergien addiert werden. Dabei müssen nur die London-Wechselwirkungen berücksichtigt werden, da große Ansammlungen weder ein Nettodipolmoment noch eine Nettopolarisation aufweisen. Das Ergebnis beruht auf der Annahme, dass die Wechselwirkungsenergien zwischen allen Molekülen eines Teilchens mit allen anderen einfach additiv sind [1]. Die Wechselwirkung zwischen zwei identischen Kugeln im Vakuum ergibt sich dann als:

$$G_A = - \frac{A_{11}}{6} \left(\frac{2}{s^2 - 4} + \frac{2}{s^2} + \ln \frac{s^2 - 4}{s^2} \right).$$
(3.2)

A_{11} ist bekannt als die Hamaker-Konstante und wird definiert durch [1]:

$$A_{11} = \pi^2 q_{11}^2 \beta_{ii},$$
(3.3)

wobei q_{11} die Anzahl der Atome oder Moleküle des Typs 1 pro Volumeneinheit ist, und $s = (2R + h)/R$. Aus Gleichung (3.2) geht hervor, dass A_{11} die Dimension der Energie hat.

Für sehr kurze Entfernungen (h ≪ R) kann die Gleichung (3.2) wie folgt angenähert werden:

$$G_A = - \frac{A_{11} R}{12\,h}.$$
(3.4)

https://doi.org/10.1515/9783110798593-003

Wenn die Tröpfchen in einem flüssigen Medium dispergiert werden, muss die Van-der-Waals-Anziehungskraft modifiziert werden, um dem Medium-Effekt Rechnung zu tragen. Wenn zwei Tröpfchen in einem Medium aus unendlicher Entfernung nach h gebracht werden, muss eine entsprechende Menge an Medium in die andere Richtung transportiert werden. Die Hamaker-Kräfte in einem Medium sind Überschusskräfte.

Betrachten wir zwei identische Kugeln 1 in einem großen Abstand voneinander in einem Medium 2, wie in Abb. 3.1a dargestellt. In diesem Fall ist die Anziehungsenergie gleich null. Abb. 3.1b zeigt die gleiche Situation mit Pfeilen, die den Austausch von 1 gegen 2 anzeigen. Abb. 3.1c zeigt den vollständigen Austausch, der nun die Anziehung zwischen den beiden Tröpfchen 1 und 1 und äquivalenten Volumina des Mediums 2 und 2 zeigt.

Die effektive Hamaker-Konstante für zwei identische Tropfen 1 und 1 in einem Medium 2 ist gegeben durch:

$$A_{11(2)} = A_{11} + A_{22} - 2A_{12} = \left(A_{11}^{1/2} - A_{22}^{1/2}\right)^2. \tag{3.5}$$

Gleichung (3.5) zeigt, dass sich zwei Teilchen desselben Materials gegenseitig anziehen, es sei denn, ihre Hamaker-Konstante stimmt genau überein. Gleichung (3.4) wird nun zu:

$$G_A = -\frac{A_{11(2)}R}{12h}, \tag{3.6}$$

wobei $A_{11(2)}$ die effektive Hamaker-Konstante von zwei identischen Tropfen mit der Hamaker-Konstante A_{11} in einem Medium mit der Hamaker-Konstante A_{22} ist.

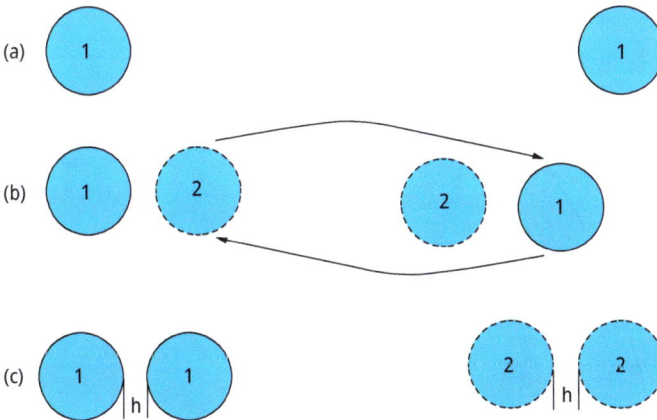

Abb. 3.1: Schematische Darstellung der Wechselwirkung von zwei Tropfen in einem Medium.

In den meisten Fällen ist die Hamaker-Konstante der Tröpfchen höher als die des Mediums. Beispiele für die Hamaker-Konstante einiger Flüssigkeiten sind in Tab. 3.1 aufgeführt. Im Allgemeinen bewirkt das flüssige Medium, dass die Hamaker-Konstante der Tröpfchen unter den Wert im Vakuum (Luft) sinkt.

G_A nimmt mit zunehmendem h ab, wie in Abb. 3.2 schematisch dargestellt. Dies zeigt den raschen Anstieg der Anziehungsenergie mit der Abnahme von h, die bei kurzen h-Werten ein tiefes Minimum erreicht. Bei extrem kurzen h-Werten wirkt die Born-Abstoßung aufgrund der Überlappung der Elektronenwolken bei einem so geringen Abstand (wenige Ångström). In Ermangelung eines Abstoßungsmechanismus werden die Emulsionströpfchen aufgrund der sehr starken Anziehung bei kurzen Abständen stark aggregiert.

Um der Van-der-Waals-Anziehung entgegenzuwirken, muss eine abstoßende Kraft erzeugt werden. Je nach Art des verwendeten Emulgators lassen sich zwei Hauptarten der Abstoßung unterscheiden: elektrostatisch (durch die Bildung von Doppelschichten) und sterisch (durch das Vorhandensein adsorbierter Tensid- oder Polymerschichten).

Tab. 3.1: Hamaker-Konstante einiger Flüssigkeiten.

Flüssigkeit	$A_{22} \cdot 10^{-20}$ J
Wasser	3,7
Ethanol	4,2
Decan	4,8
Hexadecan	5,2
Cyclohexan	5,2

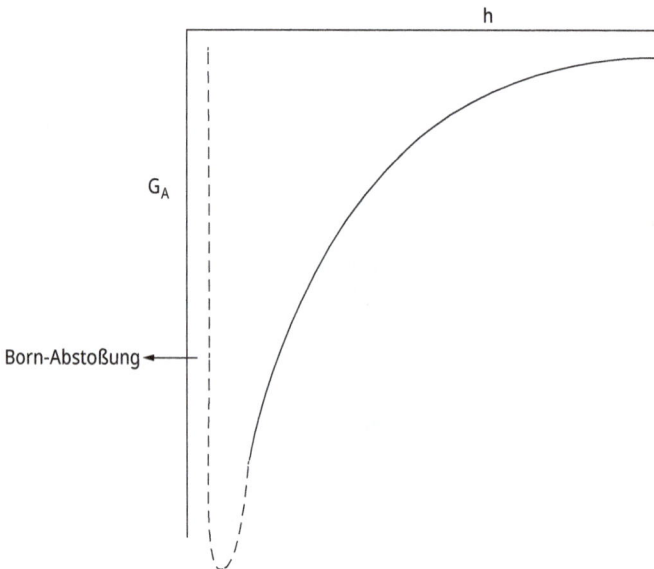

Abb. 3.2: Veränderung von G_A mit h.

3.2 Elektrostatische Abstoßung

Die elektrostatische Abstoßung kann durch Adsorption eines ionischen Tensids erzeugt werden, wodurch eine elektrische Doppelschicht entsteht, deren Struktur von
Gouy, Chapman, Stern und Grahame beschrieben wurde [2–5]. Eine schematische
Darstellung der diffusen Doppelschicht nach Gouy und Chapman [2] ist in Abb. 3.3 zu
sehen.

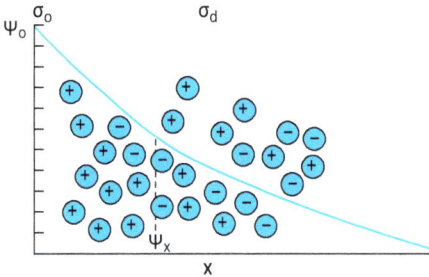

Abb. 3.3: Schematische Darstellung der diffusen
Doppelschicht nach Gouy und Chapman.

Die Oberflächenladung σ_o wird durch die ungleiche Verteilung von Gegenionen (entgegengesetzte Ladung zur Oberfläche) und Co-Ionen (gleiches Vorzeichen wie die
Oberfläche) kompensiert, die sich bis zu einer gewissen Entfernung von der Oberfläche erstrecken [2, 3]. Das Potenzial fällt exponentiell mit der Entfernung x ab. Bei
niedrigen Potenzialen gilt:

$$\psi = \psi_o \exp - (\kappa x). \tag{3.7}$$

Wenn $x = 1/\kappa$, wird $\psi_x = \psi_o/e$, und $1/\kappa$ wird als die „Dicke" der Doppelschicht bezeichnet. Die Ausdehnung der Doppelschicht hängt von der Elektrolytkonzentration und
der Wertigkeit der Gegenionen ab:

$$\left(\frac{1}{\kappa} \right) = \left(\frac{\varepsilon_r \varepsilon_o kT}{2 n_o Z_i^2 e^2} \right)^{1/2}. \tag{3.8}$$

ε_r ist die Dielektrizitätskonstante; 78,6 für Wasser bei 25 °C, ε_o ist die Dielektrizitätskonstante des freien Raums, k ist die Boltzmann-Konstante und T ist die absolute Tempera-
tur, n_o ist die Anzahl der Ionen pro Volumeneinheit jeder Art, die in der Gesamtlösung
vorhanden sind, Z_i ist die Wertigkeit der Ionen, und e ist die elektrische Ladung.

Die Werte von $(1/\kappa)$ bei verschiedenen 1:1-Elektrolytkonzentrationen sind in Tab. 3.2
angegeben. Die Ausdehnung der Doppelschicht nimmt mit abnehmender Elektrolytkonzentration zu.

Stern [4] führte das Konzept des nicht-diffusen Teils der Doppelschicht für spezifisch adsorbierte Ionen ein, der Rest ist diffuser Natur. Dies ist schematisch in Abb. 3.4
dargestellt.

Tab. 3.2: Ungefähre Werte von $(1/\kappa)$ für verschiedene 1:1-Elektrolytkonzentrationen (KCl).

$C/mol\ dm^{-3}$	10^{-5}	10^{-4}	10^{-3}	10^{-2}	10^{-1}
$(1/\kappa)/nm$	100	33	10	3,3	1

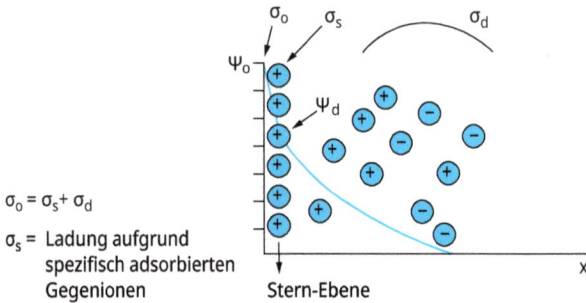

$\sigma_0 = \sigma_s + \sigma_d$

σ_s = Ladung aufgrund spezifisch adsorbierten Gegenionen

Abb. 3.4: Schematische Darstellung der Doppelschicht nach Stern und Grahame.

Das Potenzial fällt in der Stern-Ebene linear und dann exponentiell ab. Grahame [5] unterscheidet zwei Arten von Ionen in der Stern-Ebene: physikalisch adsorbierte Gegenionen (äußere Helmholtz-Ebene) und chemisch adsorbierte Ionen (die einen Teil ihrer Hydratationshülle verlieren) (innere Helmholtz-Ebene).

Wenn sich geladene Tröpfchen in einer Emulsion so weit annähern, dass sich die Doppelschichten zu überlappen beginnen (der Tröpfchenabstand wird kleiner als die doppelte Doppelschichtausdehnung), kommt es zur Abstoßung. Die einzelnen Doppelschichten können sich nicht mehr ungehindert entwickeln, da der begrenzte Raum keinen vollständigen Potenzialabbau zulässt [6]. Dies ist in Abb. 3.5 für zwei flache Platten dargestellt.

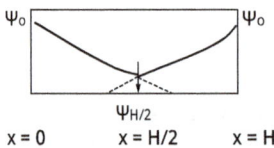

Abb. 3.5: Schematische Darstellung der Doppelschicht-Wechselwirkung für zwei flache Platten.

Das Potenzial $\psi_{H/2}$ auf halber Strecke zwischen den Platten ist nicht mehr null (wie es bei isolierten Teilchen bei $x \to \infty$ der Fall wäre). Die Potenzialverteilung bei einem Zwischentropfenabstand H ist in Abb. 3.5 schematisch durch die durchgezogene Linie dargestellt. Das Stern-Potenzial ψ_d wird als unabhängig vom Tröpfchenabstand betrachtet. Die gestrichelten Kurven zeigen das Potenzial als Funktion des Abstands x zur Helmholtz-Ebene, wenn sich die Teilchen in unendlichem Abstand befänden.

Für zwei kugelförmige Tropfen mit dem Radius R und dem Oberflächenpotenzial ψ_0 und der Bedingung $\kappa R < 3$ wird der Ausdruck für die elektrische Doppelschicht-Abstoßungswechselwirkung wie folgt angegeben [6]:

$$G_{elec} = \frac{4\pi\varepsilon_r\varepsilon_0 R^2\psi_0^2 \exp-(\kappa h)}{2R+h},\qquad(3.9)$$

wobei h der geringste Abstand zwischen den Oberflächen ist.

Der obige Ausdruck zeigt den exponentiellen Abfall von G_{elec} mit h. Je höher der Wert von κ (d. h. je höher die Elektrolytkonzentration), desto steiler ist der Abfall, wie in Abb. 3.6 schematisch dargestellt. Das bedeutet, dass die Abstoßung der Doppelschicht bei jedem gegebenen Abstand h mit zunehmender Elektrolytkonzentration abnimmt.

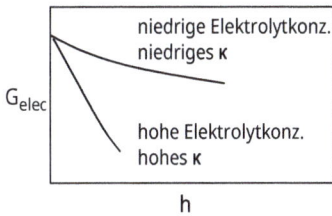

Abb. 3.6: Veränderung von G_{elec} mit h bei verschiedenen Elektrolytkonzentrationen.

Ein wichtiger Aspekt der Doppelschichtabstoßung ist die Situation während der Annäherung der Tröpfchen. Wenn man zu irgendeinem Zeitpunkt davon ausgeht, dass sich die Doppelschichten an neue Bedingungen anpassen, so dass immer ein Gleichgewicht herrscht, dann findet die Wechselwirkung bei konstantem Potenzial statt. Dies wäre der Fall, wenn die Relaxationszeit der Oberflächenladung viel kürzer ist als die Zeit, in der sich ein Teilchen infolge der Brownschen Bewegung in der Wechselwirkungssphäre des anderen befindet. Ist die Relaxationszeit der Oberflächenladung jedoch deutlich länger als die Zeit, in der sich die Teilchen in der Wechselwirkungssphäre befinden, so ist die Ladung – und nicht das Potenzial – der konstante Parameter. Eine konstante Ladung führt zu einer größeren Abstoßung als ein konstantes Potenzial.

Die Kombination von G_{elec} und G_A führt zu der bekannten Theorie der Stabilität von Kolloiden (DLVO-Theorie), die auf Deryaguin, Landau, Verwey und Overbeek zurückzuführen ist [7, 8]:

$$G_T = G_{elec} + G_A.\qquad(3.10)$$

In Abb. 3.7 ist ein Diagramm von G_T gegen h dargestellt, das den Fall niedriger Elektrolytkonzentrationen, d. h. starker elektrostatischer Abstoßung zwischen den Teilchen, darstellt. G_{elec} nimmt exponentiell mit h ab, d. h. $G_{elec} \rightarrow 0$, wenn h groß wird. G_A ist proportional zu 1/h, d. h. G_A fällt bei großem h nicht so schnell auf 0 ab. Bei großen Entfernungen ist $G_A > G_{elec}$, was zu einem flachen Minimum (sekundäres Minimum) führt. Bei sehr kurzen Abständen ist $G_A \gg G_{elec}$, was zu einem tiefen primären Minimum führt. Bei mittleren Abständen führt $G_{elec} > G_A$ zu einem Energiemaximum G_{max}, dessen Höhe von ψ_o (oder ψ_d) und der Elektrolytkonzentration und -wertigkeit abhängt.

Bei niedrigen Elektrolytkonzentrationen ($< 10^{-2}$ mol dm^{-3} für einen 1:1-Elektrolyten) ist G_{max} hoch (> 25 kT), was die Partikelaggregation zum primären Minimum verhindert. Je höher die Elektrolytkonzentration (und je höher die Wertigkeit der Ionen), desto niedriger ist das Energiemaximum. Unter bestimmten Bedingungen (abhängig von der Elektrolytkonzentration und der Partikelgröße) kann es zu einer Ausflockung in das sekundäre Minimum kommen. Diese Ausflockung ist schwach und reversibel. Mit steigender Elektrolytkonzentration nimmt G_{max} ab, bis es bei einer bestimmten Konzentration verschwindet und eine Koagulation der Partikel stattfindet. Dies wird in Abb. 3.8 veranschaulicht, die die Veränderung von G_T mit h bei verschiedenen Elektrolytkonzentrationen zeigt.

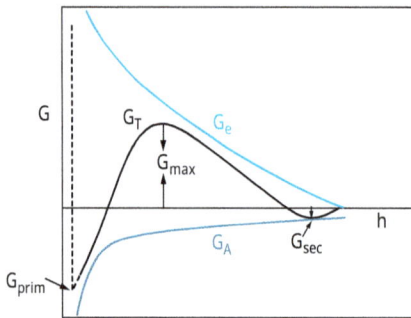

Abb. 3.7: Schematische Darstellung der Variation von G_T mit h nach der DLVO-Theorie.

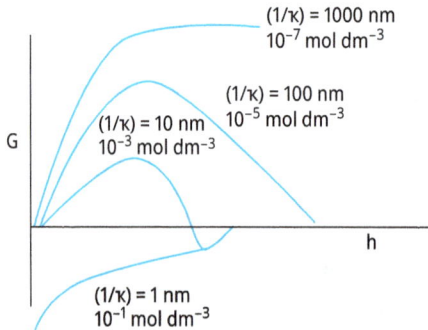

Abb. 3.8: Veränderung von G mit h bei verschiedenen Elektrolytkonzentrationen.

Da für G_{elec} und G_A Näherungsformeln zur Verfügung stehen, können auch quantitative Ausdrücke für $G_T(h)$ formuliert werden. Daraus lassen sich Ausdrücke für die Koagulationskonzentration ableiten, d. h. für die Konzentration, bei der jedes Zusammentreffen zweier Emulsionströpfchen zu einer Destabilisierung führt. Verwey und Overbeek [8] haben die folgenden Kriterien für den Übergang zwischen Stabilität und Instabilität eingeführt:

$$G_T(= G_{elec} + G_A) = 0, \tag{3.11}$$

$$\frac{dG_T}{dh} = 0, \tag{3.12}$$

$$\frac{dG_{elec}}{dh} = -\frac{dG_A}{dh}. \tag{3.13}$$

Mit Hilfe der Gleichungen für G_{elec} und G_A kann die kritische Koagulationskonzentration CCC (engl.: critical coagulation concentration) berechnet werden. Die Theorie sagt voraus, dass die CCC direkt proportional zum Oberflächenpotenzial ψ_o und umgekehrt proportional zur Hamaker-Konstante A und der Elektrolytvalenz Z ist. Die CCC ist bei hohem Oberflächenpotenzial umgekehrt proportional zu Z^6 und bei niedrigem Oberflächenpotenzial umgekehrt proportional zu Z^2.

3.3 Sterische Abstoßung

Diese Abstoßung wird durch die Verwendung nichtionischer Tenside oder Polymere, z. B. Alkoholethoxylate oder A-B-A-Blockcopolymere PEO-PPO-PEO (wobei PEO für Polyethylenoxid und PPO für Polypropylenoxid steht), erzeugt, wie sie in Abb. 3.9 dargestellt sind.

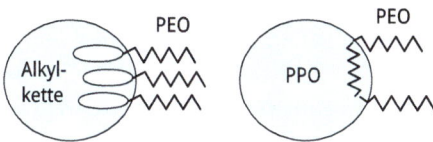

Abb. 3.9: Schematische Darstellung adsorbierter Schichten.

Wenn sich zwei Tröpfchen mit einem Radius R, die eine adsorbierte Polymerschicht mit einer hydrodynamischen Dicke δ_h enthalten, bis zu einem Oberflächenabstand h nähern, der kleiner als $2\delta_h$ ist, treten die Polymerschichten miteinander in Wechselwirkung, was im Wesentlichen zu zwei Situationen führt [9]: (1) Die Polymerketten können sich gegenseitig überlappen. (2) Die Polymerschicht kann eine gewisse Kompression erfahren. In beiden Fällen kommt es zu einer Zunahme der lokalen Segmentdichte der Polymerketten im Interaktionsbereich. Dies ist in Abb. 3.10 schematisch dargestellt. Die tatsächliche Situation liegt vielleicht zwischen den beiden oben genannten Fällen, d. h. die Polymerketten können sich gegenseitig durchdringen und etwas komprimiert werden.

Unter der Voraussetzung, dass sich die baumelnden Ketten (die A-Ketten in A-B-, A-B-A-Block- oder BA_n-Pfropfcopolymeren) in einem guten Lösungsmittel befinden, führt diese lokale Erhöhung der Segmentdichte in der Wechselwirkungszone zu einer starken Abstoßung aufgrund von zwei Haupteffekten [9]: (1) Erhöhung des osmotischen Drucks in der Überlappungsregion als Folge der ungünstigen Vermischung der

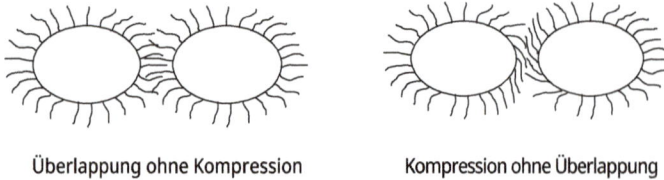

Überlappung ohne Kompression   Kompression ohne Überlappung

Abb. 3.10: Schematische Darstellung der Wechselwirkung zwischen Tröpfchen, die adsorbierte Polymerschichten enthalten.

Polymerketten, wenn sich diese in einem guten Lösungsmittel befinden. Dies wird als osmotische Abstoßung oder Mischungswechselwirkung bezeichnet und durch eine freie Wechselwirkungsenergie G_{mix} beschrieben. (2) Verringerung der Konfigurationsentropie der Ketten in der Wechselwirkungszone; diese Entropiereduzierung ergibt sich aus der Verringerung des für die Ketten verfügbaren Volumens, wenn diese entweder überlappt oder komprimiert werden. Dies wird als volumenbeschränkende, entropische oder elastische Wechselwirkung bezeichnet und durch die freie Energie der Wechselwirkung G_{el} beschrieben.

Die Kombination von G_{mix} und G_{el} wird üblicherweise als freie Energie der sterischen Wechselwirkung G_s bezeichnet, d. h.:

$$G_s = G_{mix} + G_{el}. \tag{3.14}$$

Das Vorzeichen von G_{mix} hängt von der Löslichkeit des Mediums für die Ketten ab. Wenn sich die Ketten in einem guten Lösungsmittel befinden, d. h. wenn der Flory-Huggins-Wechselwirkungsparameter χ kleiner als 0,5 ist, dann ist G_{mix} positiv und die Mischungswechselwirkung führt zu Abstoßung (siehe unten). Ist dagegen $\chi > 0,5$ (d. h. die Ketten befinden sich in einem schlechten Lösungsmittel), ist G_{mix} negativ und die Mischungswechselwirkung wird anziehend. G_{el} ist immer positiv und daher kann man in einigen Fällen stabile Dispersionen in einem relativ schlechten Lösungsmittel herstellen (verstärkte sterische Stabilisierung).

3.3.1 Mischungswechselwirkung G_{mix}

Diese Wechselwirkung resultiert aus der ungünstigen Vermischung der Polymerketten, wenn diese sich in einem guten Lösungsmittel befinden, wie in Abb. 3.11 schematisch dargestellt.

Man betrachte zwei kugelförmige Tröpfchen mit gleichem Radius, die jeweils eine adsorbierte Polymerschicht der Dicke δ enthalten. Vor der Überlappung kann man in jeder Polymerschicht ein chemisches Potenzial für das Lösungsmittel μ_i^α und einen Volumenanteil für das Polymer in der Schicht φ_2^α definieren. Im Überlappungsbereich (Volumenelement dV) wird das chemische Potenzial des Lösungsmittels auf

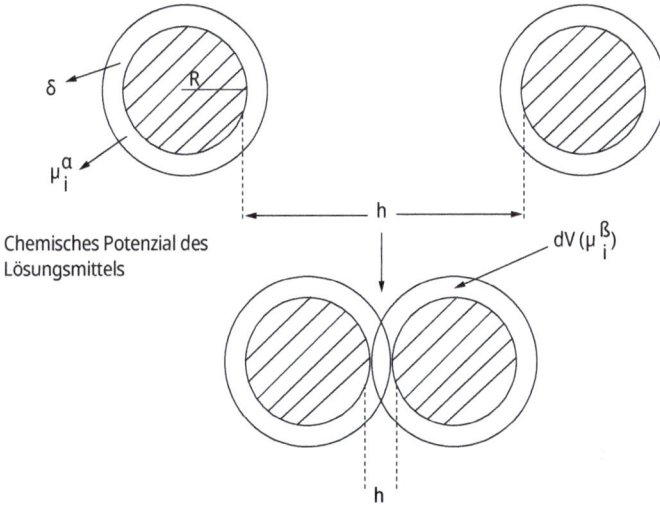

Chemisches Potenzial des
Lösungsmittels

Abb. 3.11: Schematische Darstellung der Überlappung von Polymerschichten.

μ_i^β reduziert. Dies ergibt sich aus der Zunahme der Konzentration der Polymersegmente in diesem Überlappungsbereich, die nun φ_2^β beträgt.

In der Überlappungsregion ist das chemische Potenzial der Polymerketten nun höher als im Rest der Schicht (ohne Überlappung). Dies führt zu einer Erhöhung des osmotischen Drucks in der Überlappungsregion; infolgedessen diffundiert Lösungsmittel aus der Gesamtlösung in die Überlappungsregion und trennt so die Teilchen, so dass sich aus diesem Effekt eine starke Abstoßungsenergie ergibt. Die oben genannte Abstoßungsenergie kann berechnet werden, indem man die freie Energie der Vermischung zweier Polymerlösungen betrachtet, wie sie z. B. von Flory und Krigbaum [10] behandelt wird. Die freie Mischenergie ist durch zwei Terme gegeben: (1) Ein Entropieterm, der vom Volumenanteil des Polymers und des Lösungsmittels abhängt; (2) ein Energieterm, der durch den Flory-Huggins-Wechselwirkungsparameter bestimmt wird:

$$\delta\,(G_{mix}) = kT(n_1 \ln \varphi_1 + n_2 \ln \varphi_2 + \chi\, n_1\, \varphi_2), \tag{3.15}$$

wobei n_1 und n_2 die Anzahl der Mole des Lösungsmittels und des Polymers mit den Volumenanteilen φ_1 und φ_2 sind; k ist die Boltzmann-Konstante und T die absolute Temperatur.

Die Gesamtänderung der freien Mischenergie für die gesamte Wechselwirkungszone V, erhält man durch Summierung aller Elemente in V,

$$G_{mix} = \frac{2kTV_2^2}{V_1}\, v\,_2 \left(\frac{1}{2} - \chi\right) R_{mix}\,(h), \tag{3.16}$$

wobei V_1 und V_2 die Molvolumina des Lösungsmittels bzw. des Polymers sind, ν_2 die Anzahl der Ketten pro Flächeneinheit angibt und $R_{mix}(h)$ eine geometrische Funktion ist, die von der Form der Segmentdichteverteilung der Kette senkrecht zur Oberfläche, $\rho(z)$, abhängt. k ist die Boltzmann-Konstante und T ist die absolute Temperatur.

Mit Hilfe der obigen Theorie kann man einen Ausdruck für die freie Energie der Vermischung zweier Polymerschichten (unter der Annahme einer gleichmäßigen Segmentdichteverteilung in jeder Schicht), die zwei kugelförmige Tröpfchen umgeben, als Funktion des Trennungsabstands h zwischen den Teilchen herleiten [11].

Der Ausdruck für G_{mix} lautet:

$$G_{mix} = \left(\frac{2\,V_2^2}{V_1}\right)\nu_2\left(\frac{1}{2}-\chi\right)\left(\delta-\frac{h}{2}\right)^2\left(3R+2\delta+\frac{h}{2}\right). \tag{3.17}$$

Das Vorzeichen von G_{mix} hängt vom Wert des Flory-Huggins-Wechselwirkungsparameters χ ab: Ist $\chi < 0{,}5$, so ist G_{mix} positiv und die Wechselwirkung ist abstoßend; ist $\chi > 0{,}5$, dann ist G_{mix} negativ und die Wechselwirkung ist anziehend. Die Bedingung $\chi = 0{,}5$ und $G_{mix} = 0$ wird als θ-Bedingung bezeichnet. Letztere entspricht dem Fall, in dem sich die Polymermischung ideal verhält, d. h. die Vermischung der Ketten führt nicht zu einer Erhöhung oder Verringerung der freien Energie.

3.3.2 Elastische Interaktion G_{el}

Diese ergibt sich aus dem Verlust der Konfigurationsentropie der Ketten bei der Annäherung an einen zweiten Tropfen. Durch diese Annäherung wird das für die Ketten verfügbare Volumen eingeschränkt, was zu einem Verlust der Anzahl der Konfigurationen führt. Dies lässt sich anhand eines einfachen Moleküls veranschaulichen, das durch einen Stab dargestellt wird, der sich frei in einer Halbkugel auf einer Oberfläche dreht (Abb. 3.12).

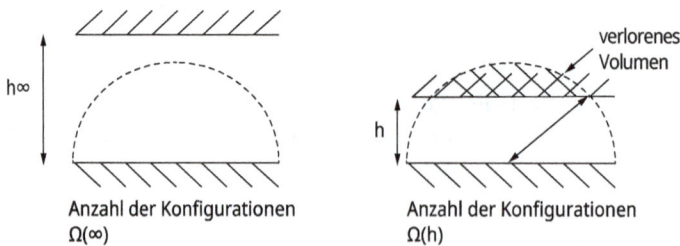

Abb. 3.12: Schematische Darstellung des Konfigurationsentropieverlustes bei Annäherung an einen zweiten Tropfen.

Wenn die beiden Oberflächen durch einen unendlichen Abstand h∞ getrennt sind, beträgt die Anzahl der Konfigurationen des Stabes $\Omega(\infty)$, was proportional zum Volumen der Halbkugel ist. Nähert sich ein zweiter Tropfen bis auf eine Entfernung h, so dass er die Halbkugel schneidet (und dabei etwas Volumen verliert), verringert sich das für die Ketten verfügbare Volumen und die Anzahl der Konfigurationen wird zu $\Omega(h)$, was kleiner als $\Omega(\infty)$ ist. Für zwei flache Platten ist G_{el} durch den folgenden Ausdruck gegeben:

$$\frac{G_{el}}{kT} = -2\nu_2 \ln\left[\frac{\Omega(h)}{\Omega(\infty)}\right] = -2\nu_2 R_{el}(h), \tag{3.18}$$

wobei $R_{el}(h)$ eine geometrische Funktion ist, deren Form von der Segmentdichteverteilung abhängt. Es sollte betont werden, dass G_{el} immer positiv ist und eine wichtige Rolle bei der sterischen Stabilisierung spielen könnte. Die Wechselwirkung wird sehr stark, wenn der Abstand zwischen den Partikeln mit der Dicke der adsorbierten Schicht δ vergleichbar ist.

3.3.3 Gesamtenergie der Interaktion

Die Kombination von G_{mix} und G_{el} mit G_A ergibt die Gesamtenergie der Wechselwirkung G_T (unter der Annahme, dass es keinen Beitrag einer restlichen elektrostatischen Wechselwirkung gibt), d. h.:

$$G_T = G_{mix} + G_{el} + G_A. \tag{3.19}$$

Eine schematische Darstellung der Variation von G_{mix}, G_{el}, G_A und G_T mit dem Abstand h zwischen Oberfläche und Oberfläche ist in Abb. 3.13 zu sehen.

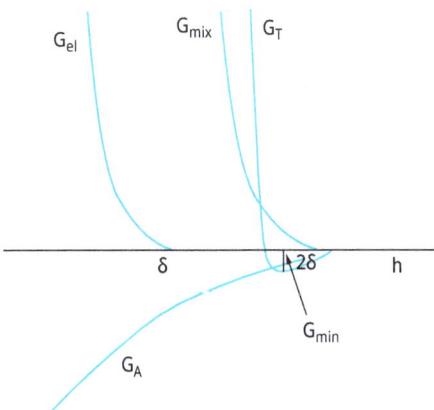

Abb. 3.13: Schematische Darstellung der Energie-Abstands-Kurven für eine sterisch stabilisierte Emulsion.

G_{mix} steigt sehr stark mit der Abnahme von h, wenn $h < 2\delta$. G_{el} nimmt sehr stark mit der Abnahme von h zu, wenn $h < \delta$ ist. G_T in Abhängigkeit von h zeigt ein Minimum, G_{min}, bei Abständen vergleichbar mit 2δ. Wenn $h < 2\delta$ ist, zeigt G_T einen schnellen Anstieg mit Abnahme von h. Die Tiefe des Minimums hängt von der Hamaker-Konstante A, dem Partikelradius R und der Dicke der adsorbierten Schicht δ ab. G_{min} nimmt mit der Zunahme von A und R zu. Bei einem gegebenen A und R nimmt G_{min} mit der Zunahme von δ ab (d. h. mit der Zunahme des Molekulargewichts des Stabilisators). Dies wird in Abb. 3.14 veranschaulicht, die die Energie-Abstands-Kurven als Funktion von δ/R zeigt. Je größer der Wert von δ/R ist, desto kleiner ist der Wert von G_{min}. In diesem Fall kann sich das System der thermodynamischen Stabilität nähern, wie es bei Nanoemulsionen der Fall ist.

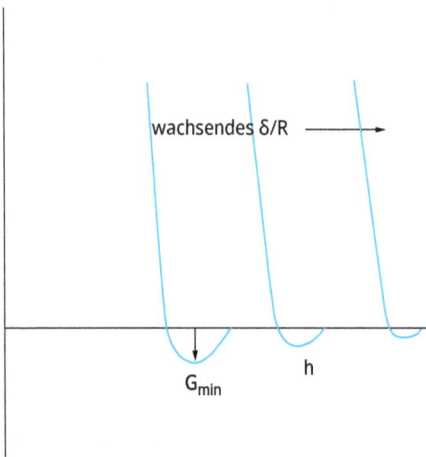

Abb. 3.14: Veränderung von G_T mit h bei verschiedenen δ/R-Werten.

3.3.4 Kriterien für eine wirksame sterische Stabilisierung

Es lassen sich folgende Kriterien für die sterische Stabilisierung festhalten:
(1) Die Tropfen sollten vollständig mit dem Polymer bedeckt sein (die Polymermenge sollte dem Plateauwert entsprechen). Unbedeckte Stellen können entweder durch Van-der-Waals-Anziehung (zwischen den unbedeckten Stellen) oder durch Brückenflockung (wobei ein Polymermolekül gleichzeitig an zwei oder mehr Tropfen adsorbiert wird) zur Ausflockung führen.
(2) Das Polymer sollte fest an den Tröpfchenoberflächen „verankert" sein, um eine Verschiebung während der Annäherung der Tropfen zu verhindern. Dies ist besonders wichtig für konzentrierte Emulsionen. Zu diesem Zweck sind A-B-, A-B-A-Block- und BA_n-Pfropfcopolymere am besten geeignet, wobei die Kette B so gewählt wird, dass sie im Medium sehr unlöslich ist und eine starke Affinität zur Oberfläche aufweist oder im Öl löslich ist. Beispiele für B-Gruppen für unpolare Öle in wässrigen Medien sind Polystyrol, Polypropylenoxid und Polymethylmethacrylat.

(3) Die stabilisierende Kette A sollte in dem Medium gut löslich sein und von ihren Molekülen stark solvatisiert werden. Beispiele für A-Ketten in wässrigen Medien sind Polyethylenoxid und Polyvinylalkohol.

(4) δ sollte ausreichend groß sein (> 5 nm), um eine schwache Ausflockung zu verhindern.

Literatur

[1]   Hamaker, H. C., Physica (Utrecht) 4, 1058 (1937).

[2]   Gouy, G., J. Phys., 9, 457 (1910); Ann. Phys., 7, 129 (1917).

[3]   Chapman, D. L., Phil. Mag., 25, 475 (1913).

[4]   Stern, O. Z., Elektrochem., 30, 508 (1924).

[5]   Grahame, D. C., Chem. Rev., 41, 44 (1947).

[6]   Bijesterbosch, B. H., „Stability of Solid/Liquid Dispersions", in „Solid/Liquid Dispersions", Tadros, Th. F. (Herausgeber), Academic Press, London (1987).

[7]   Deryaguin, B. V. und Landau, L., Acta Physicochem. USSR 14, 633 (1941).

[8]   Verwey, E. J. W. und Overbeek, J. Th. G., „Theory of Stability of Lyophobic Colloids", Elsevier, Amsterdam (1948).

[9]   Napper, D. H., „Polymeric Stabilisation of Dispersions", Academic Press, London (1983).

[10] Flory, P. J. und Krigbaum, W. R., J. Chem. Phys. 18, 1086 (1950).

[11] Fischer, E. W., Kolloid Z. 160, 120 (1958).

4 Adsorption von Tensiden an der Öl/Wasser-Grenzfläche

4.1 Einleitung

Wie in Kapitel 2 erwähnt, definiert das Gibbs-Modell [1, 2] die Grenzflächenspannung als die Änderung der freien Energie mit der Fläche bei konstanter Temperatur und Zusammensetzung der Grenzfläche (d. h. ohne jegliche Adsorption):

$$\gamma = \left(\frac{\partial G^{\sigma}}{\partial A}\right)_{T,n_i}. \tag{4.1}$$

Aus Gleichung (4.1) geht hervor, dass für eine stabile Grenzfläche γ positiv sein sollte und die Grenzflächenspannung die Energie pro Flächeneinheit, gemessen in mJm^{-2}, oder die Kraft pro Längeneinheit tangential zur Grenzfläche, gemessen in Einheiten von mNm^{-1}, ist.

Es gibt im Allgemeinen zwei Ansätze zur Behandlung der Adsorption von Tensiden an der L/L-Grenzfläche. Der erste Ansatz, der von Gibbs übernommen wurde, behandelt die Adsorption als ein Gleichgewichtsphänomen, wobei der zweite Hauptsatz der Thermodynamik unter Verwendung von Oberflächengrößen angewendet werden kann. Der zweite Ansatz, der als Zustandsgleichungsansatz bezeichnet wird, behandelt den Tensidfilm als zweidimensionale Schicht mit einem Oberflächendruck π, der mit dem Oberflächenüberschuss Γ (Menge des pro Flächeneinheit adsorbierten Tensids) in Beziehung gesetzt werden kann. Im Folgenden werden diese beiden Ansätze zusammengefasst.

4.2 Die Gibbs'sche Adsorptionsisotherme

Gibbs [2] leitete eine thermodynamische Beziehung zwischen der Oberflächen- oder Grenzflächenspannung γ und dem Oberflächenüberschuss Γ (Adsorption pro Flächeneinheit) ab. Ausgangspunkt dieser Gleichung ist die Gibbs-Duhem-Gleichung, wie sie in Gleichung (4.2) wiedergegeben ist. Im Gleichgewicht (wo die Adsorptionsrate gleich der Desorptionsrate ist) gilt $dG^{\sigma} = 0$. Bei konstanter Temperatur, aber in Anwesenheit von Adsorption ergibt sich also:

$$dG^{\sigma} = -S^{\sigma}\, dT + A\, d\gamma + \sum n_i\, d\mu_i = 0 \tag{4.2}$$

oder

$$d\gamma = -\sum \frac{n_i^{\sigma}}{A}\, d\mu_i = -\sum \Gamma_i\, d\mu_i, \tag{4.3}$$

https://doi.org/10.1515/9783110798593-004

wobei $\Gamma_i = n_i^\sigma / A$ die Anzahl der Mole der Komponente i und die adsorbierte Menge pro Flächeneinheit ist.

Gleichung (4.3) ist die allgemeine Form für die Gibbs-Adsorptionsisotherme. Der einfachste Fall dieser Isotherme ist ein System aus zwei Komponenten, in dem der gelöste Stoff (2) die oberflächenaktive Komponente ist, d. h. er wird an der Oberfläche des Lösungsmittels (1) adsorbiert. Für einen solchen Fall kann Gleichung (4.3) wie folgt geschrieben werden:

$$-d\gamma = \Gamma_1^\sigma d\mu_1 + \Gamma_2^\sigma d\mu_2 \tag{4.4}$$

und wenn die Gibbs'sche Trennungsebene verwendet wird, ist $\Gamma_1 = 0$ und

$$-d\gamma = \Gamma_{2,1}^\sigma d\mu_2 \tag{4.5}$$

wobei $\Gamma_{2,1}^\sigma$ die relative Adsorption von (2) in Bezug auf (1) ist.

Da

$$\mu_2 = \mu_2^0 + RT \ln a_2^L \tag{4.6}$$

oder

$$d\mu_2 = RT \, d \ln a_2^L, \tag{4.7}$$

ist dann

$$-d\gamma = \Gamma_{2,1}^\sigma RT \, d \ln a_2^L \tag{4.8}$$

oder

$$\Gamma_{2,1}^\sigma = -\frac{1}{RT}\left(\frac{d\gamma}{d \ln a_2^L}\right), \tag{4.9}$$

wobei a_2^L die Aktivität des Tensids in der Gesamtlösung ist, die gleich $C_2 f_2$ oder $x_2 f_2$ ist, wobei C_2 die Konzentration des Tensids in mol dm^{-3} und x_2 sein Molenbruch ist.

Mit Gleichung (4.9) lässt sich der Oberflächenüberschuss (abgekürzt Γ_2) aus der Veränderung der Oberflächen- oder Grenzflächenspannung mit der Tensidkonzentration ableiten. Man beachte, dass $a_2 \approx C_2$ ist, da in verdünnten Lösungen $f_2 \approx 1$ ist. Diese Näherung ist gültig, da die meisten Tenside eine niedrige CMC (kritische Mizellbildungskonzentration) haben (normalerweise weniger als 10^{-3} mol dm^{-3}) und die Adsorption bei oder knapp unter der CMC vollständig ist.

Der Oberflächenüberschuss Γ_2 kann aus dem linearen Teil der γ-logC_2-Kurven vor der CMC berechnet werden. Solche γ-log$C$-Kurven sind in Abb. 4.1 für die Luft/Wasser- und die O/W-Grenzfläche dargestellt; [C_{SAA}] bezeichnet die Konzentration des Tensids in der Hauptlösung. Es ist zu erkennen, dass für die Luft/Wasser-Grenzfläche γ von dem Wert für Wasser (72 mNm^{-1} bei 20 °C) abnimmt und in der Nähe des CMC-Werts etwa 25 bis 30 mNm^{-1} erreicht. Für den O/W-Fall nimmt γ von einem Wert von etwa 50 mNm^{-1} (für eine reine Kohlenwasserstoff/Wasser-Grenzfläche) auf ca. 1 bis 5 mNm^{-1} in der Nähe des CMC-Werts ab (wiederum abhängig von der Art des Tensids).

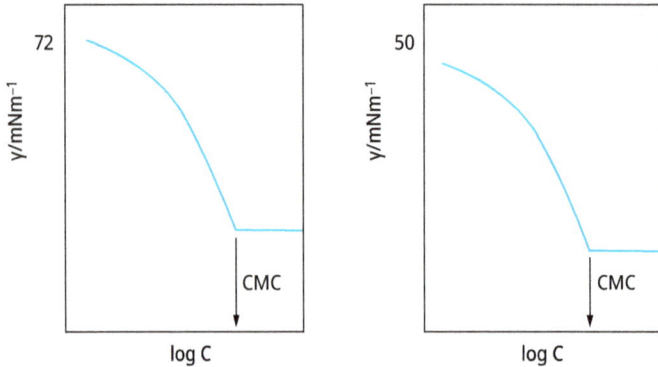

Abb. 4.1: Veränderung der Oberflächen- und Grenzflächenspannung mit log[C_{SAA}] an der Luft/Wasser- bzw. Öl/Wasser-Grenzfläche.

Wie bereits erwähnt, kann Γ_2 aus der Steigung des linearen Teils der in Abb. 4.1 gezeigten Kurven kurz vor Erreichen des CMC-Werts berechnet werden. Aus Γ_2 lässt sich die Fläche pro Tensid-Ion oder -Molekül berechnen, da gilt:

$$\text{Fläche/Molekül} = \frac{1}{\Gamma_2 N_{av}} \qquad (4.10)$$

wobei N_{av} die Avogadro-Konstante ist. Die Bestimmung der Fläche pro Tensidmolekül ist sehr nützlich, da sie Aufschluss über die Orientierung des Tensids an der Grenzfläche gibt. Bei ionischen Tensiden, wie z. B. Alkylsulfaten, wird die Fläche pro Tensid durch die von der Alkylkette und der Kopfgruppe eingenommene Fläche bestimmt, wenn diese Moleküle flach an der Grenzfläche liegen. In diesem Fall nimmt die Fläche pro Molekül mit zunehmender Länge der Alkylkette zu. Bei vertikaler Ausrichtung wird die Fläche pro Tensidion durch die Fläche der geladenen Kopfgruppe bestimmt, die bei niedriger Elektrolytkonzentration im Bereich von 0,40 nm^2 liegt. Diese Fläche ist größer als die geometrische Fläche, die von einer Sulfatgruppe eingenommen wird, was auf die seitliche Abstoßung zwischen den Kopfgruppen zurückzuführen ist. Bei Zugabe von Elektrolyten verringert sich diese seitliche Abstoßung und die Fläche/Tensid-Ion für die vertikale Ausrichtung liegt unter 0,4 nm^2 (in einigen Fällen bei 0,2 nm).

Ein weiterer wichtiger Punkt lässt sich aus den γ-logC-Kurven ablesen. Bei einer Konzentration kurz vor dem Knickpunkt liegt eine konstante Steigung vor, was bedeutet, dass die Sättigungsadsorption erreicht ist:

$$\left(\frac{\partial \gamma}{\partial \ln a_2}\right)_{p,T} = \text{const.} \tag{4.11}$$

Knapp über dem Knickpunkt gilt:

$$\left(\frac{\partial \gamma}{\partial \ln a_2}\right)_{p,T} = 0, \tag{4.12}$$

was die Konstanz von γ mit $\log C$ oberhalb der CMC anzeigt. Die Integration von Gleichung (4.12) ergibt:

$$\gamma = \text{const.} \cdot \ln a_2 \tag{4.13}$$

Da γ in diesem Bereich konstant ist, muss auch a_2 konstant bleiben. Dies bedeutet, dass die Zugabe von Tensidmolekülen oberhalb der CMC zu einer Assoziation zu Einheiten (Mizellen) mit geringer Aktivität führen muss.

Die hydrophile Kopfgruppe kann unionisiert sein, z. B. Alkohole oder Polyethylenoxidalkan- oder Alkylphenolverbindungen, schwach ionisiert wie Carbonsäuren oder stark ionisiert wie Sulfate, Sulfonate oder quaternäre Ammoniumsalze. Die Adsorption dieser verschiedenen Tenside an der Grenzfläche Luft/Wasser oder Öl/Wasser hängt von der Art der Kopfgruppe ab. Bei nichtionischen Tensiden ist die Abstoßung zwischen den Kopfgruppen gering, und diese Tenside werden in der Regel aus sehr verdünnten Lösungen stark an der Wasseroberfläche adsorbiert. Nichtionische Tenside haben im Vergleich zu ionischen Tensiden mit der gleichen Alkylkettenlänge wesentlich niedrigere CMC-Werte. Typischerweise liegt die CMC im Bereich von 10^{-5} bis 10^{-4} mol dm^{-3}. Solche nichtionischen Tenside bilden dicht gepackte adsorbierte Schichten bei Konzentrationen, die unter ihrem CMC-Wert liegen. Der Aktivitätskoeffizient solcher Tenside liegt nahe bei 1 und wird durch die Zugabe mäßiger Mengen von Elektrolyten (oder die Änderung des pH-Werts der Lösung) nur geringfügig beeinflusst. Die Adsorption nichtionischer Tenside ist somit der einfachste Fall, da die Lösungen durch ein Zweikomponentensystem dargestellt werden können und die Adsorption mit Hilfe von Gleichung (4.9) genau berechnet werden kann.

Bei ionischen Tensiden hingegen ist der Adsorptionsprozess relativ komplizierter, da die Abstoßung zwischen den Kopfgruppen und die Auswirkungen des Vorhandenseins eines indifferenten Elektrolyten berücksichtigt werden müssen. Außerdem muss die Gibbs'sche Adsorptionsgleichung unter Berücksichtigung der Tensid-Ionen, des Gegenions und der eventuell vorhandenen indifferenten Elektrolyt-Ionen gelöst werden. Für einen starken Tensid-Elektrolyten, wie z. B. Na$^+$ R$^-$ ergibt sich:

$$\Gamma_2 = \frac{1}{2RT}\frac{\partial \gamma}{\partial \ln a_\pm} \tag{4.14}$$

Der Faktor 2 in Gleichung (4.14) ergibt sich daraus, dass sowohl das Tensid-Ion als auch das Gegen-Ion adsorbiert werden müssen, um die Neutralität aufrechtzuerhalten, und dass dγ/d\ln a ± doppelt so groß ist wie bei einem unionisierten Tensid.

Wenn ein nicht adsorbierter Elektrolyt, wie z. B. NaCl, in großem Überschuss vorhanden ist, führt jede Erhöhung der Konzentration von $Na^+ R^-$ zu einer vernachlässigbaren Erhöhung der Na +-Ionenkonzentration, so dass $d\mu_{Na}$ vernachlässigbar wird. Außerdem ist $d\mu_{Cl}$ ebenfalls vernachlässigbar, so dass sich die Gibbs-Adsorptionsgleichung auf folgende Gleichung reduziert:

$$\Gamma_2 = -\frac{1}{RT}\left(\frac{\partial\gamma}{\partial\ln C_{NaR}}\right) \tag{4.15}$$

d. h. sie ist identisch mit der für ein nichtionisches Tensid.

Die obige Erörterung zeigt deutlich, dass bei der Berechnung von Γ_2 aus der γ-logC-Kurve die Art des Tensids und die Zusammensetzung des Mediums berücksichtigt werden müssen. Für nichtionische Tenside kann die Gibbs-Adsorptionsgleichung (4.9) direkt verwendet werden. Bei ionischen Tensiden sollte in Abwesenheit von Elektrolyten die rechte Seite der Gleichung (4.9) durch 2 geteilt werden, um die Dissoziation des Tensids zu berücksichtigen. Dieser Faktor verschwindet in Gegenwart einer hohen Konzentration eines indifferenten Elektrolyten.

4.3 Ansatz der Zustandsgleichung

Bei diesem Ansatz setzt man den Oberflächendruck π mit dem Oberflächenüberschuss Γ_2 in Beziehung. Der Oberflächendruck wird durch die folgende Gleichung [3–5] definiert:

$$\pi = \gamma_0 - \gamma, \tag{4.16}$$

wobei γ_0 die Oberflächen- oder Grenzflächenspannung vor der Adsorption und γ die nach der Adsorption ist.

Für einen idealen Oberflächenfilm, der sich wie ein zweidimensionales Gas verhält, ist der Oberflächendruck π mit dem Oberflächenüberschuss Γ_2 durch die folgende Gleichung verbunden:

$$\pi A = n_2 RT \tag{4.17}$$

oder

$$\pi = (n_2/A)RT = \Gamma_2 RT. \tag{4.18}$$

Differenzieren wir Gleichung (4.16) bei konstanter Temperatur, so erhalten wir:

$$d\pi = RT\, d\Gamma_2. \tag{4.19}$$

Anwendung der Gibbs-Gleichung ergibt:

$$d\pi = -d\gamma = \Gamma_2 RT \, d \ln a_2 \approx \Gamma_2 RT \, d \ln C_2. \tag{4.20}$$

Kombination der Gleichungen (4.19) und (4.20) ergibt:

$$d \ln \Gamma_2 = d \ln C_2 \tag{4.21}$$

oder

$$\Gamma_2 = K C_2^{\alpha} \tag{4.22}$$

Gleichung (4.22) wird als Isotherme nach dem Henry-Gesetz bezeichnet, die eine lineare Beziehung zwischen Γ_2 und C_2 vorhersagt.

Es ist klar, dass die Gleichungen (4.16) und (4.19) auf einem idealisierten Modell beruhen, bei dem die seitliche Wechselwirkung zwischen den Molekülen nicht berücksichtigt wurde. Außerdem werden in diesem Modell die Moleküle als dimensionslos betrachtet. Dieses Modell kann nur bei sehr geringer Oberflächenbedeckung angewandt werden, wenn die Tensidmoleküle so weit voneinander entfernt sind, dass die seitliche Wechselwirkung vernachlässigt werden kann. Außerdem ist unter diesen Bedingungen die Gesamtfläche, die von den Tensidmolekülen eingenommen wird, im Vergleich zur gesamten Grenzfläche relativ klein.

Bei erheblicher Oberflächenbedeckung müssen die obigen Gleichungen modifiziert werden, um sowohl die seitliche Wechselwirkung zwischen den Molekülen als auch die von ihnen belegte Fläche zu berücksichtigen. Die seitliche Wechselwirkung kann π verringern, wenn zwischen den Ketten eine Anziehung besteht (z. B. bei den meisten nichtionischen Tensiden), oder sie kann π infolge der Abstoßung zwischen den Kopfgruppen im Falle ionischer Tenside erhöhen.

Es wurden verschiedene Zustandsgleichungen vorgeschlagen, die die beiden oben genannten Effekte berücksichtigen, um die π-A-Daten anzupassen. Die zweidimensionale Van-der-Waals-Zustandsgleichung ist wahrscheinlich die geeignetste für die Anpassung dieser Adsorptionsisothermen, d. h.:

$$\left(\pi + \frac{(n_2)^2 \alpha}{A_2} \right) (A - n_2 A_2^0) = n_2 RT, \tag{4.23}$$

wobei A_2^0 die ausgeschlossene Fläche oder Co-Fläche des Moleküls vom Typ 2 an der Grenzfläche ist, und α ein Parameter ist, der eine seitliche Wechselwirkung ermöglicht.

Gleichung (4.22) führt zu folgender theoretischer Adsorptionsisotherme unter Verwendung der Gibbs'schen Gleichung:

$$C_2^{\alpha} = K_1 \left(\frac{\theta}{1-\theta} \right) \exp \left(\frac{\theta}{1-\theta} - \frac{2\alpha \theta}{a_2^0 RT} \right), \tag{4.24}$$

wobei θ die Oberflächenbedeckung ist ($\theta = \Gamma_2/\Gamma_{2,max}$), K_1 ist eine Konstante, die mit der freien Adsorptionsenergie der Tensidmoleküle an der Grenzfläche zusammenhängt ($K_1 \sim \exp(-\Delta G_{ads}/kT)$) und a_2^0 die Fläche pro Molekül ist.

Für eine geladene Tensidschicht muss Gleichung (4.24) modifiziert werden, um den elektrischen Beitrag der ionischen Kopfgruppen zu berücksichtigen, d. h.:

$$C_2^\alpha = K_1 \left(\frac{\theta}{1-\theta} \right) \exp \left(\frac{\theta}{1-\theta} \right) \exp \left(\frac{e\psi_o}{kT} \right), \tag{4.25}$$

wobei ψ_o das Oberflächenpotenzial ist. Gleichung (4.25) zeigt, wie die elektrische potenzielle Energie (ψ_o/kT) der adsorbierten Tensid-Ionen den Oberflächenüberschuss beeinflusst. Unter der Annahme, dass die Massenkonzentration konstant bleibt, nimmt Ψ_o mit zunehmendem θ zu. Das bedeutet, dass $[\theta/(1-\theta)]\exp[\theta/(1-\theta)]$ mit C_2 weniger schnell ansteigt, d. h. die Adsorption wird durch die Ionisierung gehemmt.

4.4 Die Gleichungen von Langmuir, Szyszkowski und Frumkin

Neben der Gibbs-Gleichung wurden drei weitere Gleichungen vorgeschlagen, die den Oberflächenüberschuss Γ_1, die Oberflächen- oder Grenzflächenspannung und die Gleichgewichtskonzentration in der flüssigen Phase C_1 in Beziehung setzen. Die Langmuir-Gleichung [6] setzt Γ_1 mit C_1 folgendermaßen in Beziehung:

$$\Gamma_1 = \frac{\Gamma_m C_1}{C_1 + a}, \tag{4.26}$$

wobei Γ_m die Sättigungsadsorption bei einschichtiger Bedeckung durch Tensidmoleküle ist. a ist eine Konstante, die sich auf die freie Adsorptionsenergie ΔG_{ads}^0 bezieht:

$$a = 55{,}3 \exp \left(\frac{\Delta G_{ads}^o}{RT} \right), \tag{4.27}$$

wobei R die Gaskonstante und T die absolute Temperatur sind.

Eine lineare Form der Gibbs-Gleichung lautet:

$$\frac{1}{\Gamma_1} = \frac{1}{\Gamma_m} + \frac{a}{\Gamma_m C_1}. \tag{4.28}$$

Gleichung (4.28) zeigt, dass ein Diagramm von $1/\Gamma_1$ gegen $1/C_1$ eine gerade Linie ergibt, aus der Γ_m und a aus dem Schnittpunkt und der Steigung der Linie berechnet werden können.

Die Gleichung von Szyszkowski [7] stellt eine Beziehung zwischen dem Oberflächendruck π und der Tensidkonzentration C_1 her; sie ist eine Form der Zustandsgleichung:

$$\gamma_0 - \gamma = \pi = 2{,}303 RT\,\Gamma_m\,\log\left(\frac{C_1}{a} + 1\right). \tag{4.29}$$

Die Frumkin-Gleichung [8] ist eine weitere mögliche Zustandsgleichung:

$$\gamma_0 - \gamma = \pi = -2{,}303 RT\,\Gamma_m\,\log\left(1 - \frac{\Gamma_1}{\Gamma_m}\right). \tag{4.30}$$

4.5 Effektivität der Adsorption von Tensiden an der Flüssig/flüssig-Grenzfläche

Die überschüssige Oberflächenkonzentration bei Oberflächensättigung, Γ_m, ist ein nützliches Maß für die Wirksamkeit des Tensids an der Flüssig/flüssig-Grenzfläche [9]. Dies ist ein wichtiger Faktor bei der Bestimmung der Eigenschaften des Tensids in verschiedenen Prozessen wie Emulgierung und Emulsionsstabilität. In den meisten Fällen ist ein dicht gepackter, kohärenter Film erforderlich, der durch vertikal ausgerichtete Tensidmoleküle entsteht. Die von einem Tensidmolekül, das aus einer linearen Alkylkette und einer hydrophilen Gruppe – ionisch oder nichtionisch – besteht, eingenommene Fläche ist größer als die Querschnittsfläche einer aliphatischen Kette (die 0,2 nm^2 beträgt), was darauf hinweist, dass die von einem Tensidmolekül eingenommene Fläche durch die von der hydratisierten hydrophilen Kette eingenommene Fläche bestimmt wird. Bei einer Reihe von Alkylsulfaten beispielsweise liegt die von dem Tensidmolekül belegte Fläche im Bereich von 0,5 nm^2, was der Querschnittsfläche einer Sulfatgruppe entspricht. Wie bereits erwähnt, verringert sich die vom Tensidmolekül belegte Fläche durch den Zusatz von Elektrolyten aufgrund der Ladungsabschirmung durch die Sulfatgruppe. Bei nichtionischen Tensiden auf der Grundlage einer hydrophilen Polyethylenoxid-Gruppe (PEO) nimmt die Adsorptionsmenge bei Sättigung Γ_m mit zunehmender PEO-Kettenlänge ab, was zu einer Vergrößerung der von einem einzelnen Tensidmolekül belegten Fläche führt.

4.6 Effizienz der Adsorption von Tensiden an der Grenzfläche zwischen Flüssigkeit und Flüssigkeit

Die Effizienz der Tensidadsorption an der Flüssig/flüssig-Grenzfläche kann durch Messung der Tensidkonzentration bestimmt werden, die eine bestimmte Menge an Adsorption an der Grenzfläche bewirkt [9]. Dies kann auch mit der freien Energieänderung bei der Adsorption in Verbindung gebracht werden. Ein geeignetes Maß für die Effizienz der Adsorption ist der negative Logarithmus der Tensidkonzentration C in der Gesamtlösung, die erforderlich ist, um eine Verringerung der Grenzflächenspannung γ um 20 mNm^{-1} zu bewirken:

$$-\log C_{(-\Delta\gamma=20)} \equiv pC_{20}. \tag{4.31}$$

Die Betrachtung verschiedener γ-logC-Ergebnisse für verschiedene Tenside an der Öl/Wasser-Grenzfläche zeigt, dass bei einer Verringerung von γ um 20 mNm^{-1} die Oberflächenüberschusskonzentration Γ_1 nahe ihrem Sättigungswert Γ_m liegt. Dies wird durch die Verwendung der Frumkin-Gleichung (4.30) bestätigt. Für viele Tensidsysteme liegt Γ_m im Bereich von 1 bis 4,4 x 10^{-6} mol m^{-2}. Die Lösung von Γ_1 in der Frumkin-Gleichung ergibt bei $\pi = \gamma_0 - \gamma = 20$ mNm^{-1}, $\Gamma_m = 1$–4,4 x 10^{-6} mol m^{-2}: $\Gamma_1 = 0,84$ bis 0,99 Γ_m bei 25° C, was bedeutet, dass die Oberflächenkonzentration zu 84 bis 99 % gesättigt ist, wenn γ um 20 mNm^{-1} reduziert wird.

pC$_{20}$ kann durch Anwendung der Gleichungen (4.26) und (4.29) von Langmuir [6] und Szyszkowski [7] mit der freien Energieänderung bei der Adsorption bei unendlicher Verdünnung $\Delta G°$ in Beziehung gesetzt werden. Wie oben für $\pi = 20$ mNm^{-1} erwähnt, ist $\Gamma_1 = 0,84$–0,99 Γ_m. Aus der Langmuir-Gleichung ergibt sich C$_1 = 5,2$–99,9 x a. Somit:

$$\log\left[\left(\frac{C_1}{a}\right) + 1\right] \approx \log\left(\frac{C_1}{a}\right). \tag{4.32}$$

Die Szyszkowski-Gleichung lautet dann:

$$\pi = \gamma_0 - \gamma = -2,303 RT \Gamma_m \log\left(\frac{C_1}{a}\right), \tag{4.33}$$

und

$$\log\left(\frac{1}{C_1}\right)_{\pi=20} = -\left(\log a + \frac{\gamma_0 - \gamma}{2,303 RT \Gamma_m}\right). \tag{4.34}$$

Und

$$a = 55 \exp\left(\frac{\Delta G°}{RT}\right), \tag{4.35}$$

$$\log a = 1,74 + \frac{\Delta G°}{2,303 RT}, \tag{4.36}$$

$$\log\left(\frac{1}{C_1}\right)_{\pi=20} \equiv pC_{20} \equiv -\left(\frac{\Delta G_0}{2,303 RT} + 1,74 + \frac{20}{2,303 RT \Gamma_m}\right). \tag{4.37}$$

Für ein geradkettiges Tensidmolekül, das aus m CH$_2$-Gruppen und einer hydrophilen Kopfgruppe (h) besteht, kann $\Delta G°$ in die freie Standardenergie zerlegt werden, die mit dem Transfer der endständigen CH$_3$-, der CH$_2$-Gruppen der Kohlenwasserstoffkette und der hydrophilen Gruppe h aus dem Inneren der flüssigen Phase zur Grenzfläche bei $\pi = 20$ mNm^{-1} verbunden ist:

$$\Delta G° = m\Delta G°(-CH_2-) + \Delta G°(h) + \text{const.} \tag{4.38}$$

Für eine homologe Reihe von Tensiden mit der gleichen hydrophilen Gruppe h ändern sich der Wert von Γ_m und die Fläche pro Tensidmolekül mit zunehmender Anzahl von C-Atomen kaum, und $\Delta G°(h)$ kann als konstant angesehen werden. In diesem Fall kann pC_{20} mit der Änderung der freien Energie pro CH_2-Gruppe wie folgt in Beziehung gesetzt werden:

$$pC_{20} = \left[\frac{-\Delta G°(-CH_2-)}{2{,}303RT}\right] m + \text{const.} \tag{4.39}$$

Gleichung (4.39) zeigt, dass pC_{20} eine lineare Funktion der Anzahl der C-Atome m in der Tensidkette ist. Je größer der Wert von pC_{20} ist, desto effizienter wird das Tensid an der Grenzfläche adsorbiert und desto wirksamer verringert es die Grenzflächenspannung.

Die Effizienz der Tensidadsorption an der Flüssig/flüssig-Grenzfläche, gemessen durch pC_{20}, steigt mit der Anzahl der C-Atome im Tensid. Gerade Alkylketten sind im Allgemeinen effizienter als verzweigte Ketten mit der gleichen C-Zahl. Eine einzelne hydrophile Gruppe am Ende der hydrophoben Kette führt zu einer effizienteren Adsorption als eine hydrophile Gruppe in der Mitte der Kette. Nichtionische und zwitterionische Tenside bewirken im Allgemeinen eine effizientere Adsorption als ionische Tenside. Bei ionischen Tensiden erhöht eine Erhöhung der Ionenstärke der wässrigen Lösung die Effizienz der Tensidadsorption.

4.7 Adsorption von Gemischen aus zwei Tensiden

Mischungen aus zwei oder mehr verschiedenen Arten von Tensiden zeigen häufig eine „synergistische" Wechselwirkung [10, 11]. Mit anderen Worten: Die Grenzflächeneigenschaften des Gemischs sind ausgeprägter als die der einzelnen Komponenten selbst. Diese Mischungen werden in vielen industriellen Anwendungen, z. B. bei der Emulgierung und der Emulsionsstabilisierung, eingesetzt. Eine Untersuchung der Adsorption der einzelnen Komponenten in der Mischung und der Wechselwirkung zwischen ihnen ermöglicht es, die Rolle der einzelnen Komponenten zu verstehen. Dies ermöglicht es auch, die richtige Auswahl von Tensidmischungen für eine bestimmte Anwendung zu treffen.

Die Gibbs'sche Adsorptionsgleichung (4.9) für zwei Tenside in verdünnter Lösung kann wie folgt geschrieben werden:

$$d\gamma = RT(\Gamma_1 \, d\ln a_1 + \Gamma_2 RT \, d\ln a_2), \tag{4.40}$$

wobei Γ_1 und Γ_2 die Oberflächenüberschusskonzentrationen der beiden Tenside an der Grenzfläche und a_1 und a_2 ihre jeweiligen Aktivitäten in Lösung sind. Da die Lösungen verdünnt sind, können a_1 und a_2 durch die molaren Konzentrationen C_1 und C_2 ersetzt werden.

Unter Verwendung von Gleichung (4.11) ergibt sich:

$$\Gamma_1 = \frac{1}{RT}\left(\frac{-\partial\gamma}{\partial\ln C_1}\right)_{C_2} = \frac{1}{2{,}303RT}\left(\frac{-\partial y}{\partial\log C_1}\right)_{C_2}, \tag{4.41}$$

$$\Gamma_2 = \frac{1}{RT}\left(\frac{-\partial\gamma}{\partial\ln C_2}\right)_{C_1} = \frac{1}{2{,}303RT}\left(\frac{-\partial\gamma}{\partial\log C_2}\right)_{C_1}. \tag{4.42}$$

Daher kann die Konzentration jedes Tensids an der Grenzfläche anhand der Steigung des γ-logC-Plots jedes Tensids berechnet werden, wobei die Lösungskonzentration des zweiten Tensids konstant gehalten wird.

Für eine ideale Mischung von zwei Tensiden (ohne Netto-Wechselwirkung) sind C_1 und C_2 durch die folgenden Ausdrücke gegeben [12]:

$$C_1 = C_1^0 f_1 X_1, \tag{4.43}$$

$$C_2 = C_2^0 f_2 X_2, \tag{4.44}$$

wobei f_1 und f_2 die Aktivitätskoeffizienten von Tensid 1 bzw. 2 sind. X_1 ist der Molanteil von Tensid 1 an der Grenzfläche, d. h. $X_1 = 1 - X_2$, C_1^0 ist die molare Konzentration, die erforderlich ist, um eine bestimmte Grenzflächenspannung in einer Lösung von reinem Tensid 1 zu erreichen, und C_2^0 ist die molare Konzentration, die erforderlich ist, um eine bestimmte Grenzflächenspannung in einer Lösung von reinem Tensid 2 zu erreichen.

Bei einer nicht-idealen Vermischung, d. h. wenn eine Wechselwirkung zwischen den Tensidmolekülen besteht, muss der Aktivitätskoeffizient den Wechselwirkungsparameter β^σ enthalten:

$$\ln f_1 = \beta^\sigma (1 - X_1)^2, \tag{4.45}$$

$$\ln f_2 = \beta^\sigma (X_1)^2. \tag{4.46}$$

Kombination der Gleichungen (4.43) bis (4.45) ergibt:

$$\frac{(X_1)^2 \ln(C_1/C_1^0 X_1)}{(1-X_1)^2 \ln\left[\frac{C_2}{C_2^0(1-X_1)}\right]} = 1. \tag{4.47}$$

Die Kurven der Grenzflächenspannung und der gesamten Tensidkonzentration (C_t) für zwei reine Tenside und ihr Gemisch bei einem festen Wert α, dem Molanteil des Tensids 1 am gesamten Tensid in der Lösungsphase, werden verwendet (Abb. 4.2), um C_1 (= αC_{12}), C_1^0, C_2 [= $(1 - \alpha)C_{12}$] und C_2^0, die molare Konzentration bei gleicher Oberflächenspannung zu bestimmen. Die Gleichung (4.47) erlaubt es, sie iterativ für X_1 und X_2 (= $1 - X_1$) zu lösen. Das Verhältnis von Tensid 1 zu Tensid 2 an der Grenzfläche bei diesem bestimmten Wert von α ist dann X_1/X_2.

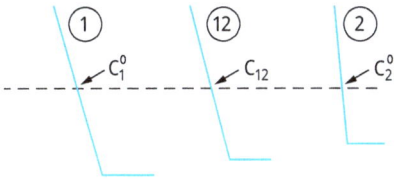

Abb. 4.2: Bewertung von X_1 und X_2. (1) reines Tensid 1; (2) reines Tensid 2; (12) Gemisch aus 1 und 2 bei einem festen Wert von α.

4.8 Adsorption von Makromolekülen

Die meisten Theorien und experimentellen Ergebnisse zur Adsorption von Makromolekülen beziehen sich auf die Fest/flüssig-Grenzfläche. Es wird allgemein angenommen, dass das Polymer an einer solchen Grenzfläche in einer Art Schleifen-Zug-Konformation adsorbiert, wobei sich die Schwänze am Ende des Moleküls befinden [13]. Die Segmente in Zügen sind in Kontakt mit der festen Oberfläche, während die Segmente in Schleifen oder Schwänzen in die flüssige Phase eingetaucht sind. An einer Flüssig/flüssig-Grenzfläche teilen sich die Segmente eines bestimmten Homopolymers zwischen den beiden flüssigen Phasen auf, und zwar in einer Weise, wie sie die beiden Segment-Lösungsmittel-Wechselwirkungsparameter ε_{13} und ε_{23} widerspiegeln (wobei sich 1 und 2 auf die beiden Flüssigkeiten und 3 auf die Polymersegmente beziehen). Eine typische Situation für ein adsorbiertes Homopolymer ist in Abb. 4.3 dargestellt.

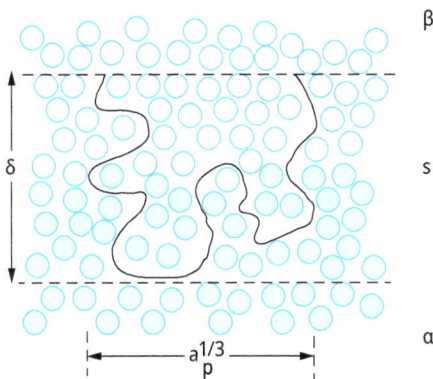

Abb. 4.3: Typische Konformation einer Homopolymerkette an einer Flüssig/flüssig-Grenzfläche (α/β).

Die im Zeitdurchschnitt angenommene Konformation wird durch die Netto-Energie-Entropie-Bilanz für das Polymer an der Grenzfläche bestimmt. Der Grenzflächenbereich mit der Dicke δ ist der Bereich, der in Abb. 4.3 durch s dargestellt ist. Beim Vergleich der Adsorption von Makromolekülen mit der Adsorption kleiner Moleküle sind zwei wesentliche Unterscheidungen zu treffen. Erstens muss zwischen der Adsorption des gesamten Moleküls Γ_p^s und der Adsorption von Segmenten (mit 3 bezeichnet) Γ_3^s unterschieden werden. Zweitens ist die Adsorption von Makromolekülen irreversibel [13], so dass der oben beschriebene zweite Hauptsatz der Thermodynamik nicht angewendet werden kann.

Γ_p^s hängt mit der Konzentration des Polymers in den beiden Phasen C_p^α und C_p^β zusammen:

$$\Gamma_p^s = \frac{n_p^s}{\Delta A} = \frac{n_p - \left(C_p^\alpha V^\alpha + C_p^\beta V^\beta\right)}{\Delta A}. \tag{4.48}$$

Die effektive Fläche pro Polymermolekül a_p ist einfach gegeben durch:

$$a_p = \frac{1}{\Gamma_p^s}. \tag{4.49}$$

Die Bestimmung von Γ_p^s als Funktion von C_p^α oder C_p^β ist eine der wichtigsten Überlegungen bei jeder Untersuchung der Polymeradsorption an der Flüssig/flüssig-Grenzfläche. Die Ermittlung von Polymeradsorptionsisothermen ist für die Flüssig/flüssig-Grenzfläche komplexer als für die Fest/flüssig-Grenzfläche. Zum einen werden die beiden Gleichgewichtswerte C_p^α und C_p^β benötigt und zum anderen muss ΔA bekannt sein. Wenn eine Emulsion verwendet wird, um einen hohen Wert von ΔA zu erreichen, wird dieser erst bestimmt, nachdem die Emulsion in Gegenwart des Polymers gebildet wurde. Dies bedeutet, dass man Γ_p^s bei maximaler Bedeckungskonzentration effektiv bestimmen kann. Die Bestimmung eines niedrigen Bedeckungswerts kann nur an einer ebenen Flüssig/flüssig-Grenzfläche durchgeführt werden.

Bei der Verwendung von Blockcopolymeren des Typs A-B oder A-B-A und Pfropfcopolymeren des Typs BA_n (wobei B die hydrophobe Kette und A die hydrophile Kette ist) befindet sich in einer O/W-Emulsion die lipophile B-Kette in der Ölphase, während sich die hydrophile(n) A-Kette(n) in der wässrigen Phase befinden. In diesem Fall muss man die Wechselwirkung zwischen der B-Kette und dem Öl und die Wechselwirkung zwischen der/den A-Kette(n) und der wässrigen Phase kennen. Eine nützliche Methode ist die Anwendung des Konzepts der Löslichkeitsparameter, das in Kapitel 7 erörtert wird.

4.9 Messungen der Grenzflächenspannung

Die hierzu verwendeten Methoden können in zwei Kategorien eingeteilt werden: Methoden, bei denen die Eigenschaften des Meniskus im Gleichgewicht gemessen werden, z. B. Pendent-Drop- oder Sessile-Drop- und Wilhelmy-Platten-Methode, und Methoden, bei denen die Messung unter Nicht-Gleichgewichts- oder Quasi-Gleichgewichtsbedingungen erfolgt, wie z. B. die Tropfenvolumen-Methode (Gewichts-Methode) oder die Du-Noüy-Ring-Methode. Die letztgenannten Methoden sind schneller, haben jedoch den Nachteil, dass sie zu einem vorzeitigen Bruch und einer Ausdehnung der Grenzfläche führen, was eine Verarmung der Adsorption zur Folge hat. Sie sind auch ungeeignet für die Messung der Grenzflächenspannung in Anwesenheit makromolekularer Spezies, wo die Adsorption langsam ist. Für die Messung niedriger Grenzflächenspannungen ($< 0{,}1$ mNm^{-1}) wird die Spinning-Drop-Technik eingesetzt. Nachfolgend wird jede dieser Techniken kurz beschrieben.

4.9.1 Das Wilhelmy-Platten-Verfahren

Bei dieser Methode [14] wird eine dünne Platte aus Glas (z. B. ein Objektträger für ein Mikroskop) oder Platinfolie entweder von der Grenzfläche abgelöst (Nicht-Gleichgewichtszustand) oder ihr Gewicht mit einer genauen Mikrowaage statisch gemessen. Bei der Ablösemethode ist die Gesamtkraft F durch das Gewicht der Platte W und die Grenzflächenspannung gegeben:

$$F = W + \gamma p, \tag{4.50}$$

wobei p die „Kontaktlänge" der Platte mit der Flüssigkeit ist, d. h. der Umfang der Platte. Solange der Kontaktwinkel der Flüssigkeit gleich null ist, ist keine Korrektur der Gleichung (4.50) erforderlich. Die Wilhelmy-Platten-Methode kann also auf die gleiche Weise angewendet werden wie die weiter unten beschriebene Du-Noüy-Ring-Methode.

Die statische Technik kann angewandt werden, um die Grenzflächenspannung als Funktion der Zeit zu verfolgen (um die Kinetik der Adsorption zu verfolgen), bis ein Gleichgewicht erreicht ist. In diesem Fall wird die Platte (die aufgeraut ist, um einen Kontaktwinkel von null zu gewährleisten) an einem Arm einer Mikrowaage aufgehängt und die obere Flüssigkeitsschicht (in der Regel das Öl) in die wässrige Phase eindringen gelassen, um die Benetzung der Platte sicherzustellen. Das gesamte Gefäß wird dann abgesenkt, um die Platte in die Ölphase zu bringen. An diesem Punkt wird die Mikrowaage so eingestellt, dass sie dem Gewicht der Platte entgegenwirkt (d. h., ihr Gewicht wird jetzt null). Das Gefäß wird dann angehoben, bis die Platte die Grenzfläche berührt. Die Gewichtszunahme ΔW ergibt sich aus der folgenden Gleichung:

$$\Delta W = \gamma p \cos \theta, \tag{4.51}$$

wobei θ der Kontaktwinkel ist. Wenn die Platte beim Eindringen der unteren Flüssigkeit vollständig benetzt wird, ist $\theta = 0$ und γ kann direkt aus ΔW berechnet werden. Es sollte immer darauf geachtet werden, dass die Platte vollständig von der wässrigen Lösung benetzt wird. Zu diesem Zweck wird eine aufgeraute Platin- oder Glasplatte verwendet, um einen Kontaktwinkel von null zu gewährleisten. Ist das Öl jedoch dichter als Wasser, wird eine hydrophobe Platte verwendet, so dass die Platte, wenn sie durch die obere wässrige Schicht hindurchdringt und die Grenzfläche berührt, vollständig von der Ölphase benetzt wird.

4.9.2 Die Methode des hängenden Tropfens (Pendent-Drop-Methode)

Lässt man einen Öltropfen am Ende einer Kapillare hängen, die in die wässrige Phase eingetaucht ist, so nimmt er das in Abb. 4.4 dargestellte Gleichgewichtsprofil an, das eine eindeutige Funktion des Rohrradius, der Grenzflächenspannung, der Dichte und des Gravitationsfeldes ist.

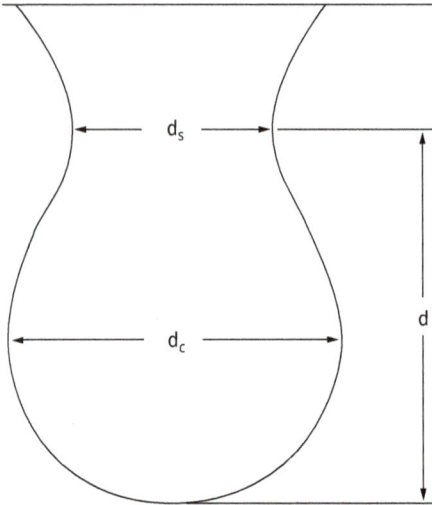

Abb. 4.4: Schematische Darstellung des Profils eines hängenden Tropfens.

Die Form der begrenzten Menisken (mit nur einer festen Oberfläche, die die den Meniskus bildende Flüssigkeit trägt, wie es beim hängenden Tropfen der Fall ist) kann durch einen einzigen Parameter β beschrieben werden, der von Bashforth und Adams [15] abgeleitet wurde als:

$$\beta = \frac{\Delta\rho g b^2}{\gamma}, \tag{4.52}$$

wobei $\Delta\rho$ der Dichteunterschied zwischen den beiden Phasen ist, g ist die Schwerkraft, und b ist der Radius eines Tropfens an seiner Spitze.

Andreas et al. [16] schlugen vor, dass die am einfachsten zu messende formabhängige Größe S ist:

$$S = \frac{d_s}{d_e}, \tag{4.53}$$

wobei d_e der Äquatorialdurchmesser ist und d_s der Durchmesser, der in einem Abstand d vom Boden des Tropfens gemessen wird. Die Schwierigkeit bei der Messung von b wird überwunden, indem man es mit β kombiniert und eine neue Größe H definiert, die gegeben ist durch:

$$H = -\beta \left(\frac{d_e}{b}\right)^2.$$

$$(4.54)$$

Die Grenzflächenspannung wird durch die folgende Gleichung bestimmt:

$$\gamma = \frac{\Delta\rho g d_e^2}{H}.$$

$$(4.55)$$

Die Beziehung zwischen H und den experimentellen Werten von d_s/d_e wurde empirisch mit hängenden Wassertropfen ermittelt. Genaue Werte für H wurden von Niederhauser und Bartell [17] ermittelt.

Die Technik des hängenden Tropfens wird für genaue Messungen der Grenzflächenspannung (± 0,1 %) verwendet, insbesondere seit der Entwicklung von Bildanalysemethoden zur Ermittlung der Tropfenform. Die Technik kann nach der Kinetik der Adsorption von Tensiden und insbesondere für den langsamen Prozess der makromolekularen Adsorption eingesetzt werden.

4.9.3 Methode des sitzenden Tropfens (Sessile-Drop-Methode)

Die Sessile-Drop-Methode ähnelt der Methode des hängenden Tropfens, mit dem Unterschied, dass in diesem Fall ein Tropfen der Flüssigkeit mit der höheren Dichte auf eine flache Platte gelegt wird, die in die zweite Flüssigkeit eingetaucht ist, wie in Abb. 4.5 schematisch dargestellt.

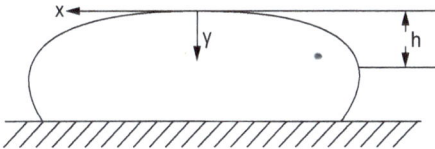

Abb. 4.5: Schematische Darstellung eines sessilen Tropfens.

Die Grenzflächenspannung γ wird wie folgt berechnet:

$$\gamma = \frac{\Delta\rho g b^2}{\beta},$$

$$(4.56)$$

Während β schwer zu bestimmen ist, geben die Bashforth-Adam-Tabellen [15] x_e/b als eine Funktion von β an, wobei x_e der Äquatorradius ist, so dass Gleichung (4.56) in der folgenden Form geschrieben werden kann:

$$\gamma = \Delta\rho \frac{g x_e^2}{[f(\beta)]^2},$$

$$(4.57)$$

mit $f(\beta) = x_e/b$.

Da x_e genau bestimmt werden kann, reduziert sich das experimentelle Problem auf die Bestimmung von β. Dies wird durch den Vergleich des Tropfenprofils mit einer theoretischen Reihe von Profilen für verschiedene Werte von β erreicht, wie sie in den Tabellen angegeben sind.

Die Sessile-Drop-Methode hat die gleiche Genauigkeit (± 0,1 %) wie die Pendent-Drop-Methode und ermöglicht die Messung der Grenzflächenspannung als Funktion der Zeit (d. h. die Messung der Kinetik der Tensidadsorption).

4.9.4 Die Du-Noüy-Ring-Methode

Grundsätzlich misst man hierzu die Kraft, die erforderlich ist, um einen Ring oder eine Drahtschleife mit dem Radius R von der Flüssigkeitsgrenzfläche abzulösen [18]. In erster Näherung wird die Ablösekraft als gleich der Grenzflächenspannung γ multipliziert mit dem Umfang des Rings angenommen. Die Gesamtkraft F beim Ablösen des Rings von der Grenzfläche ist die Summe aus seinem Gewicht W und der Grenzflächenkraft:

$$F = W + 4\pi R\gamma. \tag{4.58}$$

Harkins und Jordan [19] führten einen Korrekturfaktor f ein (der eine Funktion des Meniskusvolumens V und des Radius r des Drahtes ist), um eine genauere Berechnung von γ aus F zu ermöglichen, d. h.:

$$f = \frac{\gamma}{\gamma_{ideal}} = f\left(\frac{R^3}{V}, \frac{R}{r}\right). \tag{4.59}$$

Die Werte des Korrekturfaktors f wurden von Harkins und Jordan [20] aufgelistet. Eine theoretische Darstellung von f wurde von Freud und Freud [20] gegeben.

Bei der Verwendung der Du-Noüy-Ring-Methode zur Messung von γ muss sichergestellt werden, dass der Ring während der Messung horizontal gehalten wird. Außerdem sollte der Ring frei von jeglichen Verunreinigungen sein. Dies wird in der Regel durch die Verwendung eines Platinrings erreicht, der vor der Verwendung abgeflammt wird.

4.9.5 Die Methode des Tropfenvolumens (Gewichtsmethode)

Hier bestimmt man das Volumen V (oder das Gewicht W) eines Flüssigkeitstropfens (eingetaucht in die zweite, weniger dichte Flüssigkeit), der sich von einer senkrecht montierten Kapillarspitze mit einem kreisförmigen Querschnitt des Radius r ablöst. Das ideale Tropfengewicht W_{ideal} ist durch den folgenden Ausdruck gegeben:

$$W_{ideal} = 2\pi r\gamma. \tag{4.60}$$

In der Praxis ergibt sich ein Gewicht W, das geringer ist als W_{ideal}, weil ein Teil des Tropfens an der Rohrspitze haften bleibt. Daher sollte Gleichung (4.60) einen Korrekturfaktor φ enthalten, der eine Funktion des Rohrradius r und einer linearen Abmessung des Tropfens, d. h. $V^{1/3}$, ist. Daraus folgt:

$$W = 2\pi r \gamma \varphi \left(\frac{r}{V^{1/3}} \right). \tag{4.61}$$

Werte von ($r/V^{1/3}$) wurden von Harkins und Brown [21] aufgelistet. Lando und Oakley [22] verwendeten eine quadratische Gleichung zur Anpassung der Korrekturfunktion an ($r/V^{1/3}$). Eine bessere Anpassung wurde von Wilkinson und Kidwell [23] vorgenommen.

4.9.6 Die Spinning-Drop-Methode

Diese Methode ist besonders nützlich für die Messung sehr niedriger Grenzflächenspannungen ($< 10^{-1}$ mNm^{-1}), die bei Anwendungen wie der spontanen Emulgierung und der Bildung von Mikroemulsionen besonders wichtig sind. Solch niedrige Grenzflächenspannungen können auch bei Emulsionen erreicht werden, insbesondere wenn gemischte Tensidfilme verwendet werden. Ein Tropfen der weniger dichten Flüssigkeit A schwebt in einem Rohr, das die zweite Flüssigkeit B enthält. Bei Drehung der gesamten Masse (Abb. 4.6) bewegt sich der Flüssigkeitstropfen zur Mitte. Mit zunehmender Umdrehungsgeschwindigkeit dehnt sich der Tropfen aus, da die Zentrifugalkraft der Grenzflächenspannung entgegenwirkt, die darauf abzielt, die kugelförmige Form, d. h. diejenige mit minimaler Oberfläche, beizubehalten.

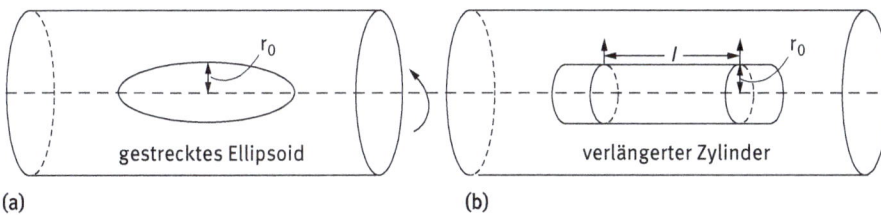

Abb. 4.6: Schematische Darstellung eines rotierenden Tropfens (spinning drop): (a) gestrecktes Ellipsoid; (b) verlängerter Zylinder.

Eine Gleichgewichtsform wird bei jeder beliebigen Rotationsgeschwindigkeit erreicht. Bei mäßigen Rotationsgeschwindigkeiten nähert sich der Tropfen einem gestreckten Ellipsoid, während er sich bei sehr hohen Rotationsgeschwindigkeiten einem verlängerten Zylinder annähert. Dies ist in Abb. 4.6 schematisch dargestellt.

Wenn sich die Form des Tropfens einem Zylinder annähert (Abb. 4.6b), ist die Grenzflächenspannung durch den folgenden Ausdruck gegeben [24]:

$$\gamma = \frac{\omega^2 \Delta \rho r_0^4}{4}, \tag{4.62}$$

wobei ω die Rotationsgeschwindigkeit, $\Delta\rho$ der Dichteunterschied zwischen den beiden Flüssigkeiten A und B und r_0 der Radius des länglichen Zylinders ist. Gleichung (4.62) ist gültig, wenn die Länge des länglichen Zylinders viel größer ist als r_0.

Literatur

[1]   Guggenheim, E. A., „Thermodynamics", North Holland, Amsterdam, 5. Auflage (1967), p. 45.
[2]   Gibbs, J. W., „Collected Works", Longman, New York, Vol. 1 (1928), p. 219.
[3]   Aveyard, R. und Briscoe, B. J., Trans. Faraday Soc., **66**, 2911 (1970).
[4]   Aveyard, R., Briscoe, B. J. und Chapman, J., Trans. Faraday Soc., **68**, 10 (1972).
[5]   Aveyard, R. und Chapman, J., Can. J. Chem., **53**, 916 (1975).
[6]   Langmuir, I., J. Amer. Chem. Soc., **39**, 1848 (1917).
[7]   Szyszkowski, B., Z. Phys. Chem., **64**, 385 (1908).
[8]   Frumkin, A., Z. Phys. Chem., **116**, 466 (1925).
[9]   Rosen, M. J. und Kunjappu, J. T., „Surfactants and Interfacial Phenomena", John Wiley and Sons, New Jersey (2012).
[10] de Lisi, R., Inglese, A., Milioto, S. und Pellento, A., Langmuir, **13**, 192 (1997).
[11] Nakano, T. Y., Sugihara, G., Nakashima, T. und Yu, S. C., Langmuir, **18**, 8777 (2002).
[12] Rosen, M. J. und Hua, X. Y., J. Colloid Interface Sci., **86**, 164 (1982).
[13] Fleer, G. J., Cohen-Stuart, M. A., Scheutjens, J. M. H. M., Cosgrove, T. und Vincent, B., „Polymers at Interfaces", Chapman und Hall, London (1993).
[14] Wilhelmy, L., Ann. Phys., **119**, 177 (1863).
[15] Bashforth, F. und Adams, J. C., „An Attempt to Test the Theories of Capillary Action", University Press, Cambridge (1883).
[16] Andreas, J. M., Hauser, E. A. und Tucker, W. B., J. Phys. Chem., **42**, 1001 (1938).
[17] Niederhauser, D. O. und Bartell, F. E., „Report of Progress, Fundamental Research on Occurence of Petroleum", Publication of the American Petroleum Institute, Lord Baltimore Press, Baltimore, Md. (1950), p. 114.
[18] Du Noüy, P. L., J. Gen. Physiol. **1**, 521 (1919).
[19] Harkins, W. D. und Jordan, H. F., J. Amer. Chem. Soc., **52**, 1715 (1930).
[20] Freud, B. B. und Freud, H. Z., J. Amer. Chem. Soc., **52**, 1772 (1930).
[21] Harkins, W. D. und Brown, F. E., J. Amer. Chem. Soc., **41**, 499 (1919).
[22] Lando, J. L. und Oakley, H. T., J. Colloid Interface Sci., **25**, 526 (1967).
[23] Wilkinson, M. C. und Kidwell, R. L., J. Colloid Interface Sci., **35**, 114 (1971).
[24] Vonnegut, B., Rev. Sci. Instrum., **13**, 6 (1942).

5 Mechanismus der Emulgierung und die Rolle des Emulgators

5.1 Einleitung

Wie in Kapitel 1 erwähnt, werden zur Herstellung einer Emulsion Öl, Wasser, Tensid und Energie benötigt. Die Zusammensetzung des Systems und seine Beschaffenheit (Öl-in-Wasser, O/W, oder Wasser-in-Öl, W/O) wird durch die Art des Emulgators und das angewandte Verfahren bestimmt [1–5]. Parameter wie der Volumenanteil der dispersen Phase, φ, und die Tröpfchengrößenverteilung werden durch die Zusammensetzung der Emulgatorschicht um die Tröpfchen sowie durch den Emulgierprozess bestimmt (siehe Kapitel 6). Darüber hinaus bestimmen die Emulgatorzusammensetzung und die Art des Emulgators die physikalische Stabilität der Emulsion, wie z. B. ihr Ausflockungsverhalten, die Ostwald-Reifung und die Koaleszenz. Wie in Kapitel 2 erläutert, erfolgt die Emulsionsbildung nicht spontan und das System ist thermodynamisch instabil. Die kinetische Stabilität der Emulsion wird durch das Gleichgewicht der anziehenden und abstoßenden Kräfte bestimmt (siehe Kapitel 3). Es ist wichtig, den Prozess der Emulsionsbildung und den Mechanismus der Emulgierung zu kennen. Die Rolle des Emulgators bei der Verformung und dem Zerfall der Tröpfchen muss auf einer grundlegenden Ebene berücksichtigt werden. Alle diese Faktoren werden im Folgenden erörtert.

5.2 Mechanismus der Emulgierung

Dieser Mechanismus lässt sich aus der Betrachtung der zur Ausdehnung der Grenzfläche erforderlichen Energie $\Delta A\gamma$ ableiten (wobei ΔA die Vergrößerung der Grenzfläche ist, wenn die Ölmasse mit der Fläche A_1 eine große Anzahl von Tröpfchen mit der Fläche A_2 erzeugt; $A_2 \gg A_1$ und γ ist die Grenzflächenspannung). Da γ positiv ist, ist die Energie zur Ausdehnung der Grenzfläche groß und positiv; dieser Energieterm kann nicht durch die kleine Dispersionsentropie $T\Delta S^{conf}$ (die ebenfalls positiv ist) kompensiert werden, und die gesamte freie Energie der Bildung einer Emulsion, ΔG^{form}, die durch Gleichung (5.1) gegeben ist, ist positiv:

$$\Delta G^{form} = \Delta A\gamma_{12} - T\Delta S^{conf}. \tag{5.1}$$

Die Emulsionsbildung erfolgt also nicht spontan, und es ist Energie erforderlich, um die Tröpfchen zu erzeugen.

Die Bildung großer Tröpfchen (einige µm), wie sie bei Makroemulsionen der Fall ist, ist relativ einfach und daher reichen Hochgeschwindigkeitsrührer wie der Ultra-Turrax® oder der Silverson-Mixer aus, um die Emulsion herzustellen. Im Gegensatz

https://doi.org/10.1515/9783110798593-005

dazu ist die Bildung kleiner Tropfen (im Submikronbereich wie bei Nanoemulsionen) schwierig und erfordert eine große Menge an Tensid und/oder Energie. Der hohe Energieaufwand, der für die Bildung von Nanoemulsionen erforderlich ist, lässt sich aus der Betrachtung des Laplace-Drucks Δp (der Druckunterschied zwischen dem Inneren und dem Äußeren des Tropfens) gemäß den Gleichungen (5.2) und (5.3) erklären:

$$\Delta p = \gamma \left(\frac{1}{r_1} + \frac{1}{r_2} \right), \tag{5.2}$$

wobei r_1 und r_2 die beiden Hauptkrümmungsradien sind.

Für ein perfekt kugelförmiges Tröpfchen gilt $r_1 = r_2 = r$ und:

$$\Delta p = \frac{2\gamma}{r}. \tag{5.3}$$

Um einen Tropfen in kleinere Teile zu zerlegen, muss er stark verformt werden, und diese Verformung erhöht Δp. Dies wird in Abb. 5.1 veranschaulicht, die die Situation zeigt, wenn sich ein kugelförmiger Tropfen zu einem gestreckten Ellipsoid verformt [2].

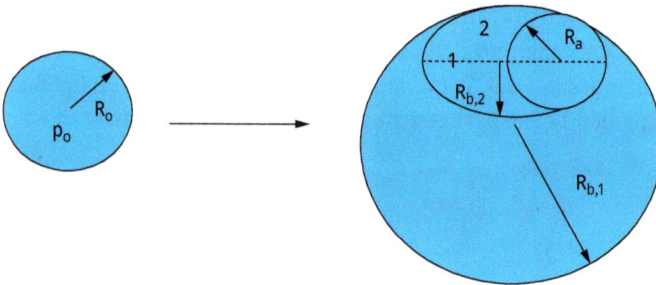

Abb. 5.1: Illustration des Anstiegs des Laplace-Drucks bei der Verformung eines kugelförmigen Tropfens zu einem gestreckten Ellipsoid.

In der Nähe von 1 gibt es nur einen Krümmungsradius R_o, während es in der Nähe von 2 zwei Krümmungsradien $R_{b,1}$ und $R_{b,2}$ gibt. Der Laplace-Druck in der Nähe von 1 ist daher größer als in der Nähe von 2 und auch größer als beim unverformten Tropfen. Folglich ist die zur Verformung des Tropfens erforderliche Spannung bei einem kleineren Tropfen höher. Da die Spannung im Allgemeinen von der umgebenden Flüssigkeit durch Bewegung übertragen wird, erfordern höhere Spannungen eine stärkere Bewegung und somit mehr Energie, um kleinere Tropfen zu erzeugen.

Tenside spielen eine wichtige Rolle bei der Bildung von Emulsionen: Durch die Senkung der Grenzflächenspannung wird Δp reduziert und damit die zum Aufbrechen eines Tropfens erforderliche Spannung verringert. Tenside verhindern auch die Koaleszenz von neu gebildeten Tropfen (siehe unten).

Abb. 5.2 zeigt die verschiedenen Prozesse, die während der Emulgierung ablaufen: Aufbrechen der Tröpfchen, Adsorption von Tensiden und Zusammenstoß der Tröpfchen (der zur Koaleszenz führen kann oder auch nicht) [2].

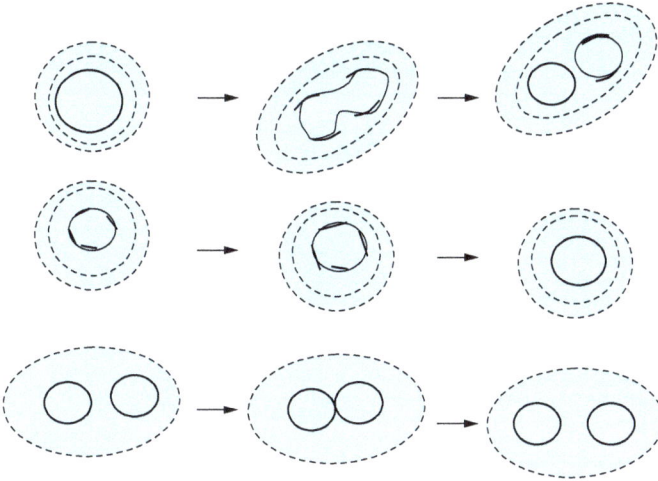

Abb. 5.2: Schematische Darstellung der verschiedenen Prozesse, die bei der Emulsionsbildung ablaufen. Die Tropfen sind durch dünne Linien und das Tensid durch dicke Linien und Punkte dargestellt.

Jeder der oben genannten Prozesse läuft während der Emulgierung mehrmals ab, und die Zeitskala jedes Prozesses ist sehr kurz, typischerweise eine Mikrosekunde. Dies zeigt, dass der Emulgierprozess ein dynamischer Prozess ist und Ereignisse, die im Mikrosekundenbereich stattfinden, sehr wichtig sein können.

Um die Emulsionsbildung zu beschreiben, müssen zwei Hauptfaktoren berücksichtigt werden: Hydrodynamik und Grenzflächenkunde. Bei der Hydrodynamik muss man die Art der Strömung berücksichtigen: Laminare Strömung und turbulente Strömung. Dies hängt von der Reynolds-Zahl ab, wie in Kapitel 6 erläutert wird.

Um die Emulsionsbildung zu beurteilen, wird in der Regel die Tröpfchengrößenverteilung gemessen, z. B. mit Hilfe von Laserbeugungstechniken. Wenn die Häufigkeit der Tröpfchen als Funktion des Tröpfchendurchmessers d durch f(d) gegeben ist, ist das n-te Moment der Verteilung:

$$S_n - \int_0^\infty d^n f(d) \partial d. \tag{5.4}$$

Die mittlere Tröpfchengröße ist definiert als das Verhältnis der ausgewählten Momente der Größenverteilung:

$$d_{nm} = \left[\frac{\int_0^\infty d^n f(d) \partial d}{\int_0^\infty d^m f(d) \partial d} \right]^{1/(n-m)} , \qquad (5.5)$$

wobei n und m ganze Zahlen sind, mit n > m und n in der Regel nicht größer als 4.

Mit Hilfe von Gleichung (5.5) kann man mehrere mittlere Durchmesser definieren. Der mittlere Durchmesser nach Sauter mit n = 3 und m = 2 ergibt sich als:

$$d_{32} = \left[\frac{\int_0^\infty d^3 f(d) \partial d}{\int_0^\infty d^2 f(d) \partial d} \right] ; \qquad (5.6)$$

der Massendurchschnittsdurchmesser ist:

$$d_{43} = \left[\frac{\int_0^\infty d^4 f(d) \partial d}{\int_0^\infty d^3 f(d) \partial d} \right] ; \qquad (5.7)$$

der Größendurchschnittsdurchmesser ist:

$$d_{10} = \left[\frac{\int_0^\infty d^1 f(d) \partial d}{\int_0^\infty f(d) \partial d} \right] . \qquad (5.8)$$

In den meisten Fällen wird d_{32} (der Volumen/Oberflächen-Mittelwert oder Sauter-Mittelwert) verwendet. Die Breite der Größenverteilung kann als Variationskoeffizient c_m angegeben werden, der die mit d_m gewichtete Standardabweichung der Verteilung geteilt durch den entsprechenden Mittelwert d ist. Im Allgemeinen wird ein c_2 verwendet, das d_{32} entspricht.

Eine andere wichtige Größe ist die spezifische Oberfläche A (Oberfläche aller Emulsionströpfchen pro Volumeneinheit der Emulsion):

$$A = \pi\, S_2 = \frac{6\varphi}{d_{32}} . \qquad (5.9)$$

Eine typische Tröpfchengrößenverteilung einer Emulsion, die mit der Lichtbeugungstechnik (Malvern Mastersizer) gemessen wurde, ist in Abb. 5.3 dargestellt.

5.3 Die Rolle von Tensiden bei der Emulsionsbildung

5.3.1 Die Rolle der Tenside bei der Verringerung der Tröpfchengröße

Tenside senken die Grenzflächenspannung γ, was zu einer Verringerung der Tröpfchengröße führt. Letztere nimmt mit der Abnahme von γ ab. Bei laminarer Strömung ist der Tröpfchendurchmesser proportional zu γ; bei turbulentem Trägheitsregime ist der Tröpfchendurchmesser proportional zu $\gamma^{3/5}$.

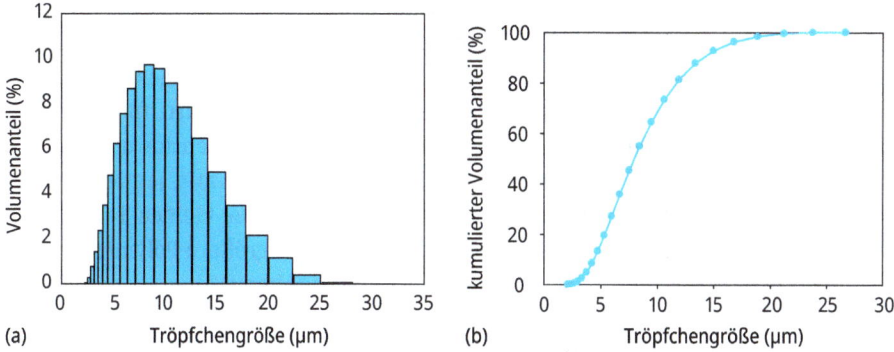

Abb. 5.3: Tröpfchengrößenverteilung einer Emulsion: (a) Volumenanteil in diskreten Klassen; (b) kumulative Volumenverteilung.

Das Tensid kann die Grenzflächenspannung γ_0 einer sauberen Öl/Wasser-Grenzfläche auf einen Wert γ senken, und es gilt:

$$\pi = \gamma_0 - \gamma, \tag{5.10}$$

wobei π der Oberflächendruck ist. Die Abhängigkeit von π von der Tensidaktivität a oder der Konzentration C wird durch die in Kapitel 4 erörterte Gibbs-Gleichung beschrieben:

$$d\pi = -d\gamma = RT\,\Gamma\,d\ln a = RT\,\Gamma\,d\ln C, \tag{5.11}$$

wobei R die Gaskonstante, T die absolute Temperatur und Γ der Oberflächenüberschuss (Anzahl der adsorbierten Mole pro Flächeneinheit der Grenzfläche) sind.

Bei hohem a erreicht der Oberflächenüberschuss Γ einen Plateauwert; bei vielen Tensiden liegt er in der Größenordnung von $3\ \text{mg m}^{-2}$. Γ steigt mit zunehmender Tensidkonzentration und erreicht schließlich einen Plateauwert (Sättigungsadsorption). Dies ist in Abb. 5.4 für verschiedene Emulgatoren dargestellt.

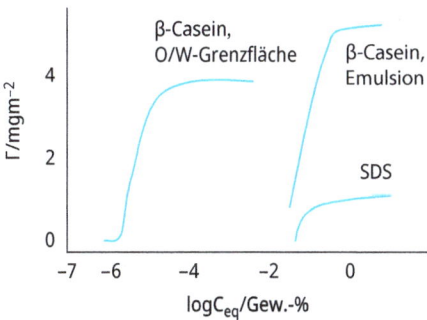

Abb. 5.4: Variation von Γ (mg m^{-2}) mit $\log C_{eq}$ (Gew.-%); die Öle sind: bei β-Casein (O/W-Grenzfläche) Toluol; bei β-Casein (Emulsion) Sojaöl; bei SDS Benzol.

Aus Abb. 5.4 ist ersichtlich, dass das Polymer (β-Casein) oberflächenaktiver ist als das Tensid (SDS). Der Wert von C, der erforderlich ist, um denselben Γ-Wert zu erhalten, ist für das Polymer im Vergleich zum Tensid viel kleiner. Im Gegensatz dazu ist der Wert von γ, der bei voller Sättigung der Grenzfläche erreicht wird, für ein Tensid niedriger (meist im Bereich von 1 bis 3 mNm^{-1}, je nach Art des Tensids und des Öls) als für ein Polymer (mit γ-Werten im Bereich von 10 bis 20 mNm^{-1}, je nach Art des Polymers und des Öls). Dies ist darauf zurückzuführen, dass die kleinen Tensidmoleküle an der Grenzfläche viel enger gepackt sind als das viel größere Polymermolekül, das eine Schwanz-Zug-Schleife-Schwanz-Konformation annimmt.

Die Auswirkung der Verringerung von γ auf die Tropfengröße wird in Abb. 5.5 veranschaulicht, die eine Darstellung der Tropfenoberfläche A und der mittleren Tropfengröße d_{32} als Funktion der Tensidkonzentration m für verschiedene Systeme zeigt. Die Menge des Tensids, die erforderlich ist, um die kleinste Tropfengröße zu erzeugen, hängt von seiner Aktivität a (Konzentration) in der Gesamtlösung ab, die – wie oben erläutert – die Verringerung von γ bestimmt.

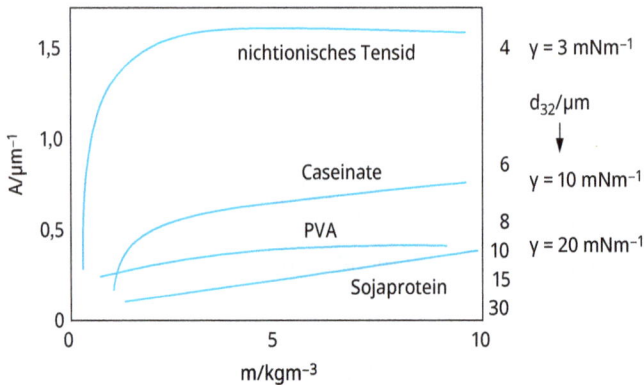

Abb. 5.5: Variation von A und d_{32} mit m für verschiedene Tensidsysteme.

Eine weitere wichtige Rolle des Tensids ist seine Wirkung auf den Grenzflächendilatationsmodul ε:

$$\varepsilon = \frac{d\gamma}{d\ln A}.$$ (5.12)

ε ist der Absolutwert einer komplexen Größe, die sich aus einem elastischen und einem viskosen Term zusammensetzt.

Während der Emulgierung kommt es zu einer Vergrößerung der Grenzfläche A und damit zu einer Verringerung von Γ. Das Gleichgewicht wird durch Adsorption von Tensid aus der Gesamtlösung wiederhergestellt, was jedoch Zeit erfordert (bei höherer Tensidaktivität treten kürzere Zeiten auf). Daher ist ε sowohl bei kleinem a als auch bei großem a klein. Da sich das Gleichgewicht bei polymeren Tensiden nicht oder nur langsam einstellt, ist ε bei Expansion oder Stauchung der Grenzfläche nicht gleich groß.

In der Praxis werden Emulgatoren in der Regel aus Tensidmischungen hergestellt, die oft verschiedene Komponenten enthalten, die sich deutlich auf γ und ε auswirken. Einige spezifische Tensidmischungen ergeben niedrigere γ-Werte als die beiden Einzelkomponenten. Das Vorhandensein von mehr als einem Tensidmolekül an der Grenzfläche führt bei hohen Tensidkonzentrationen tendenziell zu einer Erhöhung von ε. Die verschiedenen Komponenten weisen eine unterschiedliche Oberflächenaktivität auf. Diejenigen mit dem niedrigsten γ neigen dazu, an der Grenzfläche zu überwiegen, aber wenn sie in niedrigen Konzentrationen vorhanden sind, kann es lange dauern, bis der niedrigste Wert erreicht wird. Polymer/Tensid-Gemische können eine gewisse synergetische Oberflächenaktivität aufweisen.

Während der Emulgierung werden Tensidmoleküle aus der Lösung an die Grenzfläche übertragen, was eine immer geringere Tensidaktivität zur Folge hat [2]. Betrachten wir zum Beispiel eine O/W-Emulsion mit einem Volumenanteil φ = 0,4 und einem Sauter-Durchmesser d_{32} = 1 μm. Nach Gleichung (5.9) beträgt die spezifische Oberfläche 2,4 m^2 ml^{-1}, und bei einem Oberflächenüberschuss Γ von 3 mg m^{-2} beträgt die Menge an Tensid an der Grenzfläche 7,2 mg ml^{-1} Emulsion, was 12 mg ml^{-1} wässriger Phase (oder 1,2 %) entspricht. Unter der Annahme, dass die Tensidkonzentration C_{eq} (die nach der Emulgierung verbleibende Konzentration), die zu einem Plateauwert von Γ führt, gleich 0,3 mg ml^{-1} ist, sinkt die Tensidkonzentration während der Emulgierung von 12,3 auf 0,3 mg ml^{-1}. Dies bedeutet, dass der effektive γ-Wert während des Prozesses zunimmt. Wenn nicht genügend Tensid vorhanden ist, um nach der Emulgierung eine Konzentration C_{eq} zu hinterlassen, würde sogar der Gleichgewichtswert von γ ansteigen.

Ein weiterer Aspekt ist, dass sich die Zusammensetzung der Tensidmischung in Lösung während der Emulgierung ändern kann [2]. Wenn einige kleinere Komponenten vorhanden sind, die einen relativ kleinen γ-Wert ergeben, werden diese an einer makroskopischen Grenzfläche vorherrschen, aber während der Emulgierung wird die Lösung mit zunehmender Grenzfläche bald an diesen Komponenten verarmt sein. Folglich wird der Gleichgewichtswert von γ während des Prozesses ansteigen, und der Endwert kann deutlich größer sein als der aufgrund der makroskopischen Messung erwartete Wert.

5.3.2 Die Rolle der Tenside bei der Tröpfchenverformung

Während der Verformung des Tropfens wird seine Grenzfläche vergrößert [2]. Der Tropfen hat in der Regel etwas Tensid aufgenommen und kann sogar einen Wert Γ nahe dem Gleichgewicht bei der vorherrschenden (lokalen) Oberflächenaktivität haben. Die Tensidmoleküle können sich durch Oberflächendiffusion oder durch Ausbreitung gleichmäßig über die vergrößerte Grenzfläche verteilen. Die Geschwindigkeit der Oberflächendiffusion wird durch den Oberflächendiffusionskoeffizienten D_s bestimmt, der umgekehrt proportional zur molaren Masse des Tensidmoleküls und ebenfalls umgekehrt proportional zur gefühlten effektiven Viskosität ist. D_s nimmt außerdem mit der Zunahme von Γ ab. Eine plötzliche Ausdehnung der Grenzfläche oder eine plötzliche Aufbringung eines Tensids auf eine Grenzfläche kann einen großen Grenzflächenspannungsgradienten erzeugen, und in einem solchen Fall kann es zur Ausbreitung des Tensids kommen.

Tenside ermöglichen das Vorhandensein von Grenzflächenspannungsgradienten, die für die Bildung stabiler Tröpfchen entscheidend sind. In Abwesenheit von Tensiden (saubere Grenzfläche) kann die Grenzfläche keiner tangentialen Spannung standhalten; die Flüssigkeitsbewegung erfolgt kontinuierlich über eine Flüssigkeitsgrenzfläche (Abb. 5.6a).

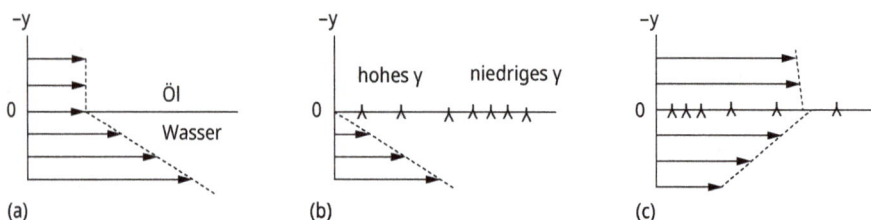

Abb. 5.6: Grenzflächenspannungsgradienten und Strömung in der Nähe einer Öl/Wasser-Grenzfläche: (a) kein Tensid; (b) Geschwindigkeitsgradient verursacht einen Grenzflächenspannungsgradienten; (c) Grenzflächenspannungsgradient verursacht Strömung (Marangoni-Effekt).

Wenn eine Flüssigkeit entlang der Grenzfläche mit Tensiden fließt, werden letztere stromabwärts gespült, wodurch ein Grenzflächenspannungsgradient entsteht (Abb. 5.6b). Es stellt sich ein Gleichgewicht der Kräfte ein:

$$\eta \left[\frac{dV_x}{dy}\right]_{y=0} = -\frac{dy}{dx}. \tag{5.13}$$

Wenn der γ-Gradient groß genug werden kann, wird er die Grenzfläche aufhalten. Der größte Wert, der für $d\gamma$ erreicht werden kann, entspricht etwa π_{eq}, d. h. $\gamma_0 - \gamma_{eq}$. Wirkt er über eine kleine Distanz, kann sich eine beträchtliche Spannung in der Größenordnung von 10 kPa entwickeln.

Wenn das Tensid an einer Stelle der Grenzfläche aufgebracht wird, bildet sich ein γ-Gefälle, das dazu führt, dass sich die Grenzfläche ungefähr mit der Geschwindigkeit bewegt, die durch folgende Gleichung gegeben ist:

$$v = 1{,}2[\eta\rho z]^{-1/3}|\Delta\gamma|^{2/3}. \tag{5.14}$$

Die Grenzfläche zieht dann einen Teil der angrenzenden Flüssigkeit mit sich (Abb. 5.6c). Dies wird als Marangoni-Effekt bezeichnet [2].

Grenzflächenspannungsgradienten sind sehr wichtig für die Stabilisierung des dünnen Flüssigkeitsfilms zwischen den Tröpfchen, was zu Beginn der Emulgierung sehr wichtig ist, wenn Filme der kontinuierlichen Phase durch die disperse Phase gezogen werden können oder wenn die Kollision der noch großen verformbaren Tropfen zur Bildung des Films zwischen ihnen führt. Die Größe der γ-Gradienten und des Marangoni-Effekts hängt vom Oberflächendilatationsmodul ε ab, das für eine ebene Grenzfläche mit einer tensidhaltigen Phase durch die folgenden Ausdrücke gegeben ist:

$$\varepsilon = \frac{-d\gamma / d\ln\Gamma}{\left(1 + 2\xi + 2\xi^2\right)^{1/2}}, \tag{5.15}$$

$$\xi = \frac{dm_C}{d\Gamma}\left(\frac{D}{2\omega}\right)^{1/2}, \tag{5.16}$$

$$\omega = \frac{d\ln A}{dt}, \tag{5.17}$$

wobei D der Diffusionskoeffizient des Tensids ist und ω eine Zeitskala darstellt (Zeit, die für die Verdoppelung der Oberfläche benötigt wird), die ungefähr gleich τ_{def} ist.

Während der Emulgierung wird ε von der Größe des Zählers in Gleichung (5.15) dominiert, da ξ klein bleibt. Der Wert von $dm_C/d\Gamma$ neigt dazu, sehr hohe Werte anzunehmen, wenn Γ seinen Plateauwert erreicht; ε erreicht ein Maximum, wenn m_C erhöht wird. Während der Verformung des Tropfens wird Γ jedoch immer kleiner bleiben. Nimmt man vernünftige Werte für die Variablen: $dm_C/d\Gamma = 10^2$–10^4 m^{-1}, $D = 10^{-9}$–10^{-11} m^{2}s^{-1} und $\tau_{def} = 10^{-2}$–10^{-6} s, so ist ξ unter allen Bedingungen < 0,1. Die gleiche Schlussfolgerung lässt sich für Werte von ε in dünnen Filmen ziehen, z. B. zwischen eng beieinander liegenden Tropfen. Daraus lässt sich schließen, dass unter den Bedingungen, die während der Emulgierung herrschen, ε mit m_C zunimmt und der Beziehung folgt:

$$\varepsilon \approx \frac{d\pi}{d\ln\Gamma} \tag{5.18}$$

außer bei sehr hoher Tensidkonzentration, wobei π der Oberflächendruck ist ($\pi = \gamma_0 - \gamma$). Abb. 5.7 zeigt die Veränderung von π mit $\ln\Gamma$; ε ist durch die Steigung der Linie gegeben.

Das SDS weist während der Emulgierung einen viel höheren ε-Wert auf als die Polymere β-Casein und Lysozym. Dies liegt daran, dass der Wert von Γ für SDS höher ist. Die beiden Proteine weisen unterschiedliche ε-Werte auf, was auf die Konformationsänderung bei der Adsorption zurückzuführen sein könnte.

Das Vorhandensein eines Tensids bedeutet, dass die Grenzflächenspannung während der Emulgierung nicht überall gleich sein wird (siehe Abb. 5.6). Dies hat zwei Konsequenzen: (1) die Gleichgewichtsform des Tropfens wird beeinträchtigt; (2) jeder γ-Gradient, der sich bildet, verlangsamt die Bewegung der Flüssigkeit im Inneren des

Tropfens (dies verringert die Energiemenge, die zur Verformung und zum Aufbrechen des Tropfens benötigt wird).

Eine weitere wichtige Aufgabe des Emulgators besteht darin, die Koaleszenz während der Emulgierung zu verhindern. Dies ist sicherlich nicht auf die starke Abstoßung zwischen den Tropfen zurückzuführen, da der Druck, mit dem zwei Tropfen zusammengepresst werden, viel größer ist als die Abstoßungsspannungen. Die gegenläufigen Spannungen müssen auf die Bildung von γ-Gradienten zurückzuführen sein. Wenn zwei Tropfen zusammengedrückt werden, fließt die Flüssigkeit aus der dünnen Schicht zwischen ihnen heraus, und die Strömung erzeugt ein γ-Gefälle. Dies wird in Abb. 5.6c gezeigt. Dadurch entsteht eine Gegenspannung, die gegeben ist durch:

$$\tau_{\Delta\gamma} \approx \frac{2|\Delta\gamma|}{(1/2)d}. \tag{5.19}$$

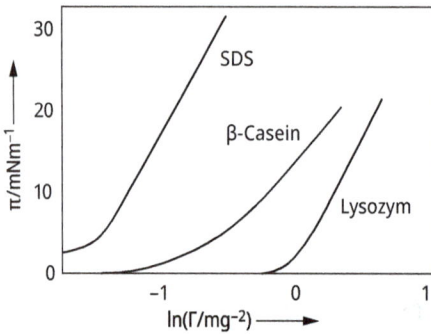

Abb. 5.7: Oberflächendruck π aufgetragen versus lnΓ für verschiedene Emulgatoren.

Der Faktor 2 ergibt sich aus der Tatsache, dass es sich um zwei Grenzflächen handelt. Bei einem Wert von $\Delta\gamma = 10$ mNm^{-1} beträgt die Spannung 40 kPa (in der gleichen Größenordnung wie die externe Spannung). Die Spannung aufgrund des γ-Gefälles kann die Koaleszenz als solche nicht verhindern, da sie nur für kurze Zeit wirkt, aber sie verlangsamt die gegenseitige Annäherung der Tröpfchen erheblich. Die äußere Spannung wirkt ebenfalls nur für kurze Zeit, und es kann durchaus sein, dass sich die Tropfen auseinander bewegen, bevor eine Koaleszenz eintreten kann. Der effektive γ-Gradient hängt vom Wert von ε ab, wie in Gleichung (5.18) angegeben.

Eng verwandt mit dem obigen Mechanismus ist der Gibbs-Marangoni-Effekt [6–8], der in Abb. 5.8 schematisch dargestellt ist. Die Verarmung des Tensids in dem dünnen Film zwischen den sich nähernden Tropfen führt zu einem γ-Gefälle, ohne dass ein Flüssigkeitsstrom beteiligt ist. Dies führt zu einer Flüssigkeitsströmung nach innen, die die Tropfen auseinandertreibt. Ein solcher Mechanismus würde nur wirken, wenn die Tropfen nicht ausreichend mit Tensid bedeckt sind (Γ unterhalb des Plateauwerts), wie es bei der Emulgierung der Fall ist.

Der Gibbs-Marangoni-Effekt erklärt auch die Bancroft-Regel, die besagt, dass die Phase, in der das Tensid am löslichsten ist, die kontinuierliche Phase bildet. Befindet sich das Tensid in den Tröpfchen, kann sich kein γ-Gefälle entwickeln und die Tropfen würden zur Koaleszenz neigen. Daher neigen Tenside mit einem HLB > 7 zur Bildung von O/W-Emulsionen und solche mit HLB < 7 zur Bildung von W/O-Emulsionen.

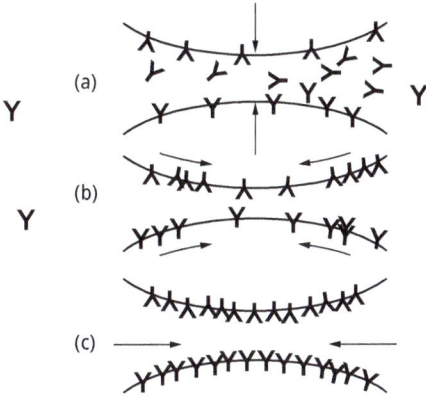

Abb. 5.8: Schematische Darstellung des Gibbs-Marangoni-Effekts für zwei sich nähernde Tropfen.

Der Gibbs-Marangoni-Effekt erklärt auch den Unterschied zwischen Tensiden und Polymeren bei der Emulgierung. Polymere ergeben im Vergleich zu Tensiden größere Tropfen. Polymere ergeben im Vergleich zu Tensiden bei kleinen Konzentrationen einen kleineren Wert von ε (Abb. 5.7).

Bei der Emulgierung sind auch verschiedene andere Faktoren zu berücksichtigen, die in Kapitel 6 ausführlich behandelt werden: Der Volumenanteil der dispersen Phase φ. Eine Erhöhung von φ führt zu einer Zunahme der Tröpfchenkollisionen und damit der Koaleszenz während der Emulgierung. Mit der Erhöhung von φ nimmt die Viskosität der Emulsion zu und dies könnte die Strömung von einer turbulenten zu einer laminaren verändern. Die Anwesenheit vieler Partikel führt zu einem lokalen Anstieg der Geschwindigkeitsgradienten. In einer turbulenten Strömung führt die Erhöhung von φ zu einem Turbulenzabfall (siehe Kapitel 6). Dies führt zu größeren Tröpfchen. Die Turbulenzunterdrückung durch zugesetzte Polymere führt dazu, dass die kleinen Wirbel entfernt werden, was zur Bildung größerer Tröpfchen führt.

Wird das Massenverhältnis von Tensid zu kontinuierlicher Phase konstant gehalten, führt eine Erhöhung von φ zu einer Verringerung der Tensidkonzentration und damit zu einer Erhöhung von $γ_{eq}$, was zu größeren Tröpfchen führt. Wird das Massenverhältnis von Tensid zu disperser Phase konstant gehalten, kehren sich die oben genannten Veränderungen um.

Literatur

[1] Tadros, Th. F. und Vincent, B., in „Encyclopedia of Emulsion Technology", Becher, P. (Herausgeber), Marcel Dekker, N. Y. (1983).

[2] Walstra, P. und Smolders, P. E. A., in „Modern Aspects of Emulsions", Binks, B. P. (Herausgeber), The Royal Society of Chemistry, Cambridge (1998).

[3] Tadros, Th. F., „Applied Surfactants", Wiley-VCH, Deutschland (2005).

[4] Tadros, Th. F., „Emulsion Formation Stability and Rheology", in „Emulsion Formation and Stability", Tadros, Th. F. (Herausgeber), Wiley-VCH, Deutschland (2013), Kapitel 1.

[5] Tadros, Th. F. (Herausgeber), „Encyclopedia of Colloid and Interface Science", Springer, Deutschland (2013).

[6] Lucassen-Reynders, E. H., Colloids und Surfaces, A91, 79 (1994).

[7] Lucassen, J., in „Anionic Surfactants", Lucassen-Reynders, E. H. (Herausgeber), Marcel Dekker, N. Y. (1981).

[8] van den Tempel, M., Proc. Int. Congr. Surf. Act., 2, 573 (1960).

6 Methoden der Emulgierung

6.1 Einleitung

Für die Emulsionsherstellung können verschiedene Verfahren angewandt werden, die von einfachen Rohrströmungen (niedrige Rührenergie; L), statischen Mischern (gezahnte Geräte wie der Ultra-Turrax® und Chargen-Radialmischer wie die Silverson-Mischer) und allgemeinen Rührern (niedrige bis mittlere Energie; L–M), Kolloidmühlen und Hochdruckhomogenisatoren (hohe Energie; H), Ultraschallgeneratoren (M–H) und Membranemulgierverfahren reichen. Die Zubereitungsmethode kann kontinuierlich (C) oder chargenweise (B) erfolgen: Rohrströmung – C; statische Mischer und allgemeine Rührwerke – B, C; Kolloidmühle und Hochdruckhomogenisatoren – C; Ultraschall – B, C.

Bei allen Methoden gibt es eine Flüssigkeitsströmung, eine nicht begrenzte und eine stark begrenzte Strömung. Bei der uneingeschränkten Strömung ist jeder Tropfen von einer großen Menge strömender Flüssigkeit umgeben (die begrenzenden Wände der Apparatur sind weit von den meisten Tropfen entfernt). Die Kräfte können Reibungskräfte (meist viskos) oder Trägheitskräfte sein. Viskose Kräfte verursachen Scherspannungen an der Grenzfläche zwischen den Tropfen und der kontinuierlichen Phase (hauptsächlich in Richtung der Grenzfläche). Die Scherspannungen können durch laminare Strömung (LV) oder turbulente Strömung (TV) erzeugt werden; dies wird von der dimensionslosen Reynolds-Zahl Re beschrieben:

$$Re = \frac{v\,l\,\rho}{\eta}, \tag{6.1}$$

wobei v die lineare Flüssigkeitsgeschwindigkeit ist, ρ die Flüssigkeitsdichte und η die Viskosität. l ist eine charakteristische Länge, die durch den Durchmesser der Strömung durch ein zylindrisches Rohr und durch das Doppelte der Spaltbreite in einem engen Spalt gegeben ist.

Bei laminarer Strömung ist Re < ≈ 1000, während bei turbulenter Strömung Re > ≈ 2000 ist. Ob es sich um eine lineare oder turbulente Strömung handelt, hängt also von der Größe des Geräts, der Strömungsgeschwindigkeit und der Viskosität der Flüssigkeit ab [1–4].

Im Folgenden werden die am häufigsten verwendeten Emulgiermethoden kurz beschrieben, gefolgt von einer Analyse der laminaren und turbulenten Strömung.

6.2 Rotor-Stator-Mischer

Dies sind die am häufigsten verwendeten Mischer für die Emulgierung. Es gibt zwei Haupttypen, die im Folgenden beschrieben werden [5].

https://doi.org/10.1515/9783110798593-006

6.2.1 Gezahnte Geräte

Das am häufigsten verwendete gezahnte Gerät (schematisch dargestellt in Abb. 6.1) ist der Ultra-Turrax® (IKA-Werke, Deutschland).

Abb. 6.1: Schematische Darstellung eines gezahnten Mischers (Ultra-Turrax®).

Gezahnte Rührwerke sind sowohl als Inline- als auch als Chargenmischer erhältlich. Aufgrund ihrer offenen Struktur haben sie eine relativ gute Pumpleistung, so dass sie bei Chargenanwendungen häufig kein zusätzliches Rührwerk benötigen, um selbst in relativ großen Mischbehältern eine Massenströmung zu erzeugen. Diese Mischer werden in der Lebensmittelindustrie zur Herstellung von Speiseeis, Margarine und Salatdressings, in der Kosmetik- und Körperpflegeindustrie zur Herstellung von Cremes und Lotionen sowie in der Herstellung von Spezialchemikalien zur Mikroverkapselung von Wachsen und Paraffin eingesetzt. Sie werden auch in der Papierindustrie zur Verarbeitung von hochviskosem und nicht-Newtonschem Papierbrei und bei der Herstellung von Farben und Lacken eingesetzt. Ultra-Turrax®-Mischer werden auch zur Herstellung von Lipidträgern auf Emulsionsbasis mit Tropfengrößen unter 1 μm und bei der Emulsionspolymerisation zur Herstellung von Tropfen in der Größenordnung von 300 nm eingesetzt.

6.2.2 Chargen-Radialmischer

Chargen-Radialmischer wie z. B. Silverson-Mischer (Abb. 6.2) besitzen eine relativ einfache Konstruktion mit einem Rotor, der mit vier Schaufeln ausgestattet ist und die Flüssigkeit durch einen stationären Stator pumpt, der mit Löchern oder Schlitzen unterschiedlicher Form und Größe perforiert ist.

Abb. 6.2: Schematische Darstellung eines Chargen-Radialentleerungsmischers (Silverson-Mischer).

Sie werden häufig mit einem Satz leicht austauschbarer Statoren geliefert, so dass ein und dieselbe Maschine für eine Reihe von Verfahren wie Emulgieren, Homogenisieren, Mischen, Partikelzerkleinerung und Desagglomeration verwendet werden kann. Der Wechsel von einem Sieb zum anderen ist schnell und einfach. Die verschiedenen Statoren/Siebe, die in Silverson-Chargenmischern verwendet werden, sind in Abb. 6.3 dargestellt. Der universelle Zerkleinerungsstator (Abb. 6.3a) wird für die Zubereitung von dicken Emulsionen (Gelen) empfohlen, während der geschlitzte Zerkleinerungsstator (Abb. 6.3b) für Emulsionen mit elastischen Materialien wie Polymeren konzipiert ist. Siebe mit quadratischen Löchern (Abb. 6.3c) werden für die Herstellung von Emulsionen empfohlen, während das Standard-Emulgatorsieb (Abb. 6.3d) für die Flüssig/flüssig-Emulgierung verwendet wird.

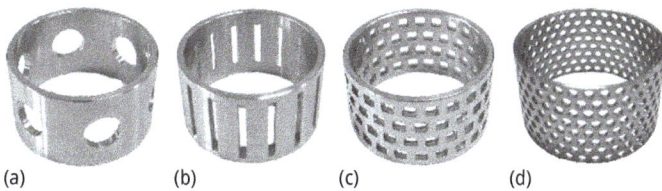

(a)   (b)   (c)   (d)

Abb. 6.3: Statoren, die in Silverson-Radialentleerungsmischern verwendet werden.

Radialentleerungsmischer mit hoher Scherkraft werden in einer Vielzahl von Industriezweigen eingesetzt, von der Lebensmittel- bis zur Chemie-, Kosmetik- und Pharmaindustrie. Silverson-Rotor-Stator-Mischer werden in der kosmetischen und pharmazeutischen Industrie eingesetzt, um sowohl konzentrierte Flüssig/flüssig- als auch Flüssig/fest-Emulsionen wie Cremes, Lotionen, Mascaras und Deodorants herzustellen, um nur die häufigsten Anwendungen zu nennen.

6.2.3 Gestaltung und Anordnung

Zahnrad- und Radialauslass-Rotor-Stator-Mischer werden in verschiedenen Größen hergestellt, die vom Labor- bis zum Industriemaßstab reichen. Bei Laboranwendungen können die Mischköpfe (bestehend aus Rotor und Stator) bis zu 0,01 m klein sein (Ultra-Turrax®, Silverson) und das Volumen der verarbeiteten Flüssigkeit kann von einigen Millilitern bis zu einigen Litern reichen. Bei Modellen, die in der Industrie eingesetzt werden, können die Mischköpfe einen Durchmesser von bis zu 0,5 m haben, so dass mehrere Kubikmeter Flüssigkeit in einer Charge verarbeitet werden können.

In der Praxis hängt die Wahl des Rotor-Stator-Mischers für ein bestimmtes Emulgierverfahren von der gewünschten Morphologie des Produkts ab, die häufig in Form der durchschnittlichen Tropfengröße oder der Tropfengrößenverteilung quantifiziert wird, sowie von der Größe des Verfahrens. Es gibt nur sehr wenige Informationen, die eine Berechnung der durchschnittlichen Tropfengröße in Rotor-Stator-Mischern ermöglichen, und es gibt keine Methoden, die eine Schätzung der Tropfengrößenverteilungen erlauben. Daher erfolgt die Auswahl eines geeigneten Mischers und der Verarbeitungsbedingungen für eine gewünschte Formulierung häufig durch Versuch und Irrtum. Zunächst kann man die Emulgierung bestimmter Formulierungen im Labormaßstab durchführen und dabei verschiedene Typen/Geometrien der Mischer für ihre Herstellung testen. Sobald der Mischertyp und seine Betriebsparameter im Labormaßstab bestimmt sind, muss der Prozess hochskaliert werden. Die meisten Labortests zur Emulgierung werden in kleinen Chargenbehältern durchgeführt, da dies einfacher und billiger ist als kontinuierliche Prozesse. Daher muss vor dem Hochskalieren des Rotor-Stator-Mischers entschieden werden, ob die industrielle Emulgierung als Chargenprozess oder als kontinuierlicher Prozess durchgeführt werden soll. Chargenmischer werden für Prozesse empfohlen, bei denen die Formulierung eines Produkts lange Verarbeitungszeiten erfordert, die typischerweise mit langsamen chemischen Reaktionen verbunden sind. Sie erfordern einfache Kontrollsysteme, aber die räumliche Homogenität kann in großen Behältern ein Problem darstellen, was zu einer längeren Verarbeitungszeit führen kann. In Prozessen, in denen die Qualität des Produkts durch mechanische/hydrodynamische Wechselwirkungen zwischen kontinuierlichen und dispergierten Phasen oder durch schnelle chemische Reaktionen kontrolliert wird, aber große Mengen an Energie erforderlich sind, um eine angemessene Durchmischung zu gewährleisten, werden In-Line-Rotor-Stator-Mischer empfohlen. Inline-Mischer werden auch empfohlen, um große Flüssigkeitsmengen effizient zu verarbeiten.

Bei der Chargenverarbeitung sind Rotor-Stator-Geräte, die als Top-Entry-Mischer eingetaucht werden, mechanisch die einfachste Anordnung, aber bei einigen Prozessen sorgen Bottom-Entry-Mischer für eine bessere Durchmischung des Schüttguts; in diesem Fall ist die Abdichtung jedoch komplexer. Im Allgemeinen nimmt die Effizienz von Chargen-Rotor-Stator-Mischern mit zunehmender Behältergröße und mit zunehmender Viskosität der zu verarbeitenden Flüssigkeit ab, da die Durchmischung des Schüttguts durch Rotor-Stator-Mischer begrenzt ist. Während die offene Struktur von

Ultra-Turrax®-Mischern häufig eine ausreichende Durchmischung auch in relativ großen Behältern ermöglicht, ist für die Verarbeitung von sehr viskosen Emulsionen ein zusätzliches Laufrad (in der Regel ein Ankerrad) erforderlich, um eine Massenströmung zu erzeugen und die Emulsion durch den Rotor-Stator-Mischer zu zirkulieren, wenn die Flüssigkeit/Emulsion erkennbar eine niedrige Viskosität aufweist. Andererseits haben Silverson-Rotor-Stator-Mischer eine sehr begrenzte Pumpleistung, und selbst im Labormaßstab werden sie außerhalb der Mitte des Behälters montiert, um die Durchmischung zu verbessern. Im Großmaßstab ist immer mindestens ein zusätzliches Laufrad erforderlich, und bei sehr großen Anlagen werden mehrere Laufräder auf derselben Welle montiert.

Die oben beschriebenen Probleme, die mit dem Einsatz von Chargen-Rotor-Stator-Mischern für die Verarbeitung großer Flüssigkeitsmengen verbunden sind, können vermieden werden, indem die Chargenmischer durch Inline-Mischer (kontinuierliche Mischer) ersetzt werden. Es gibt viele Konstruktionen, die von verschiedenen Anbietern (Silverson, IKA usw.) angeboten werden, und die Hauptunterschiede liegen in der Geometrie der Rotoren und Statoren, wobei Statoren und Rotoren für verschiedene Anwendungen ausgelegt sind. Der Hauptunterschied zwischen Chargen- und Inline-Rotor-Stator-Mischern besteht darin, dass letztere eine hohe Pumpleistung haben und daher direkt in die Rohrleitung eingebaut werden. Einer der Hauptvorteile von Inline-Mischern gegenüber Chargenmischern besteht darin, dass für die gleiche Leistung ein viel kleinerer Mischer erforderlich ist, weshalb sie besser für die Verarbeitung großer Flüssigkeitsmengen geeignet sind. Mit zunehmender Größe des Verarbeitungsbehälters wird ein Punkt erreicht, an dem es effizienter ist, einen Inline-Rotor-Stator-Mischer anstelle eines Chargenmischers mit großem Durchmesser einzusetzen. Da die Leistungsaufnahme mit dem Rotordurchmesser stark ansteigt (in fünfter Potenz), ist bei großem Maßstab ein übermäßig großer Motor erforderlich. Dieser Übergangspunkt hängt von der Rheologie des Fluids ab, aber für ein Fluid mit einer wasserähnlichen Viskosität wird empfohlen, bei einem Volumen von etwa 1 bis 1,5 Tonnen von einem Chargen- zu einem Inline-Rotor-Stator-Verfahren zu wechseln. Die meisten Hersteller bieten sowohl ein- als auch mehrstufige Mischer für die Emulgierung von hochviskosen Flüssigkeiten an.

6.3 Abflussregime

Wie bereits erwähnt, gibt es bei allen Methoden eine Flüssigkeitsströmung, eine nicht begrenzte (uneingeschränkte) oder eine stark begrenzte Strömung. Bei der uneingeschränkten Strömung ist jeder Tropfen von einer großen Menge strömender Flüssigkeit umgeben (die begrenzenden Wände der Apparatur sind weit von den meisten Tropfen entfernt); die Kräfte können Reibungskräfte (meist viskos) oder Trägheitskräfte sein. Viskose Kräfte verursachen Scherspannungen an der Grenzfläche zwischen den Tropfen und der kontinuierlichen Phase (hauptsächlich in Richtung der Grenzfläche). Die Scherspannungen können durch laminare Strömung (LV) oder turbulente Strömung

(TV) erzeugt werden; dies hängt von der Reynolds-Zahl Re ab, wie sie in Gleichung (6.1) wiedergegeben ist. Bei laminarer Strömung ist Re < ≈ 1000, während bei turbulenter Strömung Re > ≈ 2000 ist. Ob es sich also um eine lineare oder turbulente Strömung handelt, hängt von der Größe des Geräts, der Durchflussmenge und der Viskosität der Flüssigkeit ab. Wenn die turbulenten Wirbel viel größer als die Tropfen sind, üben sie Scherspannungen auf die Tropfen aus. Sind die turbulenten Wirbel viel kleiner als die Tröpfchen, verursachen Trägheitskräfte eine Störung (TI). In einer begrenzten Strömung gelten andere Verhältnisse; auch wenn die kleinste Abmessung des Teils der Apparatur, in dem die Tropfen aufgerissen werden (z. B. ein Spalt), mit der Tropfengröße vergleichbar ist, gelten andere Verhältnisse (die Strömung ist immer laminar).

Ein anderes Regime herrscht vor, wenn die Tröpfchen direkt durch eine enge Kapillare in die kontinuierliche Phase injiziert werden (Injektionsregime), z. B. bei Membranemulgierung.

Innerhalb jedes Regimes ist eine wesentliche Variable die Intensität der wirkenden Kräfte; die viskose Spannung bei laminarer Strömung σ_{viskos} ist gegeben durch:

$$\sigma_{viskos} = \eta G, \tag{6.2}$$

wobei G der Geschwindigkeitsgradient ist.

Die Intensität in einer turbulenten Strömung wird durch die Leistungsdichte ε (die Menge an Energie, die pro Volumeneinheit und Zeiteinheit abgeführt wird) ausgedrückt; bei einer turbulenten Strömung gilt:

$$\varepsilon = \eta G^2. \tag{6.3}$$

Die wichtigsten Regime sind: Laminar/Viskos (LV) – Turbulent/Viskos (TV) – Turbulent/Inertial (TI). Für Wasser als kontinuierliche Phase ist das Regime immer TI. Bei höherer Viskosität der kontinuierlichen Phase ($\eta_C = 0{,}1$ Pas) ist das Regime TV. Für eine noch höhere Viskosität oder einen kleinen Apparat (kleines l) ist das Regime LV. Bei sehr kleinen Apparaten (wie es bei den meisten Laborhomogenisatoren der Fall ist), ist das Regime fast immer LV.

Für die oben genannten Bereiche gibt es eine halbquantitative Theorie, die die Zeitskala und die Größe der lokalen Spannung σ_{ext}, den Tröpfchendurchmesser d, die Zeitskala der Tröpfchenverformung τ_{def}, die Zeitskala der Tensidadsorption τ_{ads} und die gegenseitige Kollision der Tröpfchen angeben kann, wie in Tab. 6.1 dargestellt.

6.3.1 Laminare Strömung

Die laminare Strömung kann verschiedene Formen annehmen, von reiner Rotation bis zu reiner Dehnung, wie in Abb. 6.4 dargestellt. Bei einfacher Scherung besteht die Strömung zu gleichen Teilen aus Rotation und Dehnung. Der Geschwindigkeitsgradient G (in reziproken Sekunden) ist gleich der Scherrate γ. Bei hyperbolischer Strö-

Tab. 6.1: Verschiedene Regime für die Emulgierung.

Regime	Laminar/Viskos; LV	Turbulent/Viskos; TV	Turbulent/Inertial; TI
Re_{flow}	$< \approx 1000$	$> \approx 2000$	$> \approx 2000$
Re_{drop}	< 1	< 1	> 1
$\sigma_{ext} \sim$	$\eta_C G$	$\varepsilon^{1/2}\eta_C^{1/2}$	$\varepsilon^{2/3}d^{2/3}\rho^{1/3}$
$d \sim$	$(2\gamma We_{cr}\eta_C G)$	$\left(\gamma/\varepsilon^{1/2}\eta_C^{1/2}\right)$	$\left(\gamma^{3/5}/\varepsilon^{2/5}\rho^{1/5}\right)$
τ_{def}	$(\eta_D/\eta_C G)$	$\left(\eta_D/\varepsilon^{1/2}\eta_C^{1/2}\right)$	$\left(\eta_D/\varepsilon^{2/3}d^{2/3}\rho^{1/3}\right)$
$\tau_{ads} \sim$	$(6\pi\Gamma/dm_C G)$	$\left(6\pi\Gamma\eta_C/dm_C\varepsilon^{1/2}\right)$	$\left(\Gamma\rho^{1/3}/d^{1/3}m_C\varepsilon^{1/3}\right)$

mung ist G gleich der Dehnungsrate. Die Stärke einer Strömung wird im Allgemeinen durch die Spannung ausgedrückt, die sie auf eine beliebige Ebene in Strömungsrichtung ausübt – sie ist einfach gleich $G\eta$ (η ist die Scherviskosität).

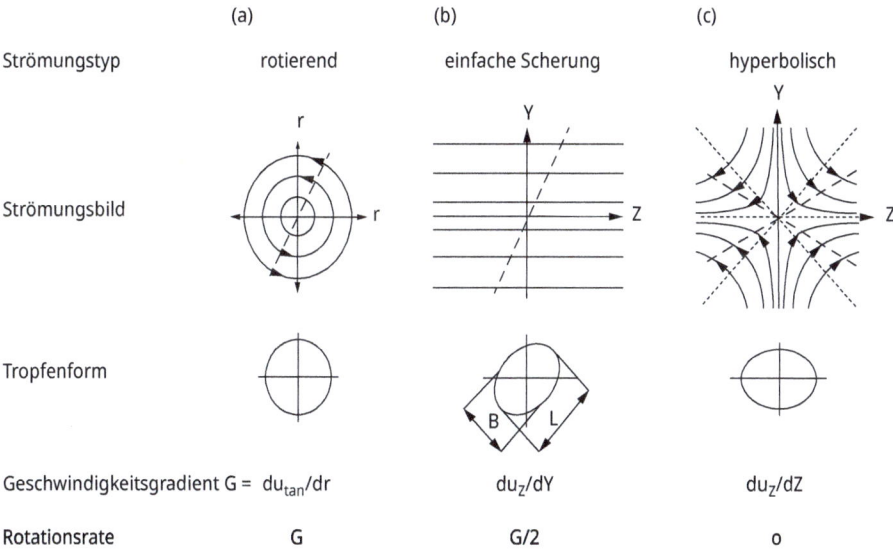

Abb. 6.4: Verschiedene Typen zweidimensionaler Strömung und ihre Auswirkungen auf die Tropfenverformung und die Rotation.

Für die Dehnungsströmung ist die Dehnungsviskosität η_{el} gegeben durch:

$$\eta_{el} = Tr\,\eta, \tag{6.4}$$

wobei Tr die dimensionslose Trouton-Zahl ist, die für Newtonsche Flüssigkeiten in zwei-dimensionaler, ungleichförmig gedehnter Strömung gleich 2 ist. Tr = 3 für achsensymmetrische uniaxiale Strömungen und Tr = 4 für biaxiale Strömungen. Dehnungsströmungen üben bei gleichem Wert von G höhere Spannungen aus als einfache Scherströmungen. Bei nicht-Newtonschen Flüssigkeiten sind die Beziehungen komplizierter und die Werte von Tr sind in der Regel viel höher.

Ein wichtiger Parameter zur Beschreibung der Tröpfchenverformung ist die Weber-Zahl We (die das Verhältnis der äußeren Spannung zum Laplace-Druck angibt):

$$We = \frac{G\eta_C R}{2\gamma}.$$ (6.5)

Die Verformung des Tropfens nimmt mit der Erhöhung von We zu, und oberhalb eines kritischen Werts We_{cr} zerplatzt der Tropfen und bildet kleinere Tröpfchen. We_{cr} hängt von zwei Parametern ab: (1) dem Geschwindigkeitsvektor α ($\alpha = 0$ für einfache Scherung und $\alpha = 1$ für hyperbolische Strömung); dem Viskositätsverhältnis λ zwischen dem Öl η_D und der externen kontinuierlichen Phase η_C:

$$\lambda = \frac{\eta_D}{\eta_C},$$ (6.6)

Die Variation der kritischen Weber-Zahl mit λ bei verschiedenen α-Werten ist in Abb. 6.5 dargestellt.

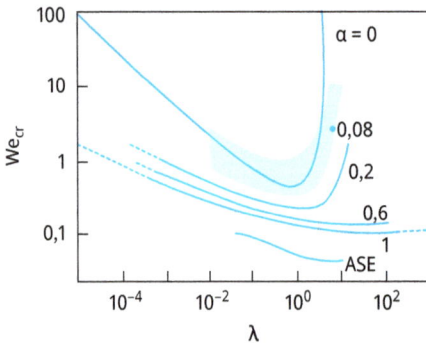

Abb. 6.5: Kritische Weber-Zahl für das Zerplatzen von Tropfen bei verschiedenen Strömungstypen. Die markierte Fläche stellt den Bereich der kritischen Weber-Zahl in einer Kolloidmühle dar.

Wie bereits erwähnt, spielt die Viskosität des Öls eine wichtige Rolle beim Aufbrechen von Tropfen; je höher die Viskosität, desto länger dauert es, einen Tropfen zu verformen. Die Verformungszeit τ_{def} wird durch das Verhältnis zwischen der Ölviskosität und der auf den Tropfen wirkenden äußeren Spannung bestimmt:

$$\tau_{def} = \frac{\eta_D}{\sigma_{ext}}.$$ (6.7)

Die oben genannten Ideen für eine einfache laminare Strömung wurden mit Emulsionen getestet, die 80 % Öl in Wasser enthielten und mit Eigelb stabilisiert wurden. Zur Herstellung der Emulsion wurden eine Kolloidmühle und statische Mischer verwendet. Die Ergebnisse sind in Abb. 6.6 dargestellt, in der die Anzahl der Tropfen n angegeben ist, in die ein Stammtropfen zerfällt, wenn er sich plötzlich zu einem langen Faden ausdehnt, entsprechend einer We_b, die größer ist als We_{cr}. Die Anzahl der Tropfen nimmt mit der Zunahme von We_b/We_{cr} zu. Die größte Anzahl von Tropfen, d. h. die kleinste Tropfengröße, erhält man, wenn $\lambda = 1$, d. h. wenn die Viskosität der Ölphase näher an der der kontinuierlichen Phase liegt. In der Praxis ist die resultierende Tropfengrößenverteilung von größerer Bedeutung als die kritische Tropfengröße für das Aufbrechen.

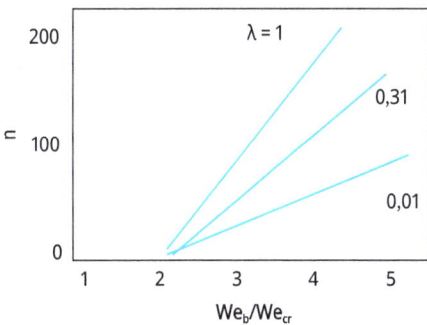

Abb. 6.6: Variation von n abhängig vom Verhältnis We_b/We_{cr}.

6.3.2 Turbulente Strömung

Turbulente Strömungen sind durch das Vorhandensein von Wirbeln gekennzeichnet, was bedeutet, dass die durchschnittliche lokale Strömungsgeschwindigkeit u im Allgemeinen vom zeitlichen Mittelwert ū abweicht. Die Geschwindigkeit fluktuiert auf chaotische Weise und die durchschnittliche Differenz zwischen u und u' ist gleich null; der quadratische Mittelwert u' ist jedoch endlich [5–8]:

$$u' = \langle (u - \bar{u})^2 \rangle^{1/2}. \tag{6.8}$$

Der Wert von u' hängt im Allgemeinen von der Richtung ab, aber bei sehr hohen Re-Werten (> 50000) und bei kleinen Längenskalen kann die Turbulenzströmung isotrop sein und u' hängt nicht von der Richtung ab. Die turbulente Strömung zeigt ein Spektrum von Wirbelgrößen (l); die größten Wirbel haben das höchste u', sie übertragen ihre kinetische Energie auf kleinere Wirbel, die ein kleineres u', aber einen größeren Geschwindigkeitsgradienten u'/l haben.

Die kleinste Wirbelgröße ist gegeben durch:

$$l_e = \eta^{3/4} \rho^{-1/2} \varepsilon^{-1/4}. \tag{6.9}$$

ε wird als Leistungsdichte bezeichnet, d. h. die Menge an Energie, die pro Volumeneinheit der Flüssigkeit und pro Zeiteinheit abgeführt wird (angegeben in Wm^{-3}).

Die lokalen Strömungsgeschwindigkeiten hängen von der betrachteten Entfernungsskala x ab, und zwar für eine Skala, die mit der Größe eines energietragenden Wirbels vergleichbar ist ($x \approx l_e$). Die Geschwindigkeit in der Nähe dieses Wirbels ist gegeben durch:

$$u'(x) = \varepsilon^{1/3} x^{1/3} \rho^{-1/3}. \tag{6.10}$$

Der Geschwindigkeitsgradient in einem Wirbel ist durch u'(x)/(x) gegeben und nimmt mit abnehmender Größe stark zu. Die Wirbel haben eine kurze Lebensdauer, die gegeben ist durch:

$$\tau(l_e) = l_e / u'(l_e) = l_e^{2/3} \varepsilon^{-1/3} \rho^{1/3}. \tag{6.11}$$

Die lokale Strömungsgeschwindigkeit für Größenordnungen, die viel kleiner sind als die Größe eines energietragenden Wirbels ($x \ll l_e$), ist gegeben durch:

$$u'(x) = \varepsilon^{1/2} x \eta^{-1/2}. \tag{6.12}$$

Das Aufbrechen von Tropfen in einer turbulenten Strömung aufgrund von Trägheitskräften kann durch lokale Druckschwankungen in der Nähe von energietragenden Wirbeln dargestellt werden:

$$\Delta p(x) = \rho \left[u'(x) \right]^2 = \varepsilon^{2/3} x^{2/3} \rho^{1/3}, \tag{6.13}$$

Wobei ε die Leistungsdichte ist, d. h. die Menge der pro Volumeneinheit abgeleiteten Energie, ρ ist die Dichte und x die Entfernungsskala. Wenn Δp in der Nähe des Wirbels größer ist als der Laplace-Druck ($p = 2\gamma/R$), wird der Tropfen aufgebrochen. Die Aufspaltung wäre am effektivsten, wenn $d = l_e$.

Setzt man $x = d_{max}$, so ergibt sich der folgende Ausdruck für die größten Tropfen, die im turbulenten Feld nicht zerschlagen werden:

$$d_{max} = \varepsilon^{-2/5} \gamma^{3/5} \rho^{-1/5}. \tag{6.14}$$

Die Gültigkeit von Gleichung (6.14) ist an zwei Bedingungen geknüpft: (1) Die erhaltene Tropfengröße kann nicht viel kleiner als l_o sein. Diese Bedingung ist für kleine η_C erfüllt. (2) Die Strömung in der Nähe des Tropfens sollte turbulent sein. Dies hängt von der Reynolds-Zahl des Tropfens ab, die gegeben ist durch:

$$Re_{dr} = du'(d) \rho_C / \eta_C. \tag{6.15}$$

Die Bedingung $Re_{dr} > 1$ und die Kombination mit Gleichung (6.10) führt zu:

$$d > \eta_C^2 / \gamma \, \rho. \tag{6.16}$$

Unter der Voraussetzung, dass (1) φ klein ist, (2) η_C nicht viel größer als 1 mPas ist, (3) η_D ziemlich klein ist, (4) γ konstant ist und (5) die Maschine ziemlich klein ist, scheint Gleichung (6.14) auch für nicht-isotrope Turbulenz mit einer Reynolds-Zahl viel kleiner als 50000 gut zu gelten. Die kleinsten Tropfen werden bei der höchsten Leistungsdichte erzeugt. Da die Leistungsdichte von Ort zu Ort variiert (insbesondere wenn Re nicht sehr hoch ist), kann die Tropfengrößenverteilung sehr breit sein. Für das Aufbrechen von Tropfen im TI-Regime ist die Strömung in der Nähe des Tropfens turbulent. Bei laminarer Strömung ist ein Aufbrechen durch viskose Kräfte möglich. Wenn die Strömungsgeschwindigkeit u in der Nähe des Tropfens stark mit der Entfernung d variiert, ist der lokale Geschwindigkeitsgradient G. Es entsteht eine Druckdifferenz über dem Tropfen von $(1/2)\Delta\rho(u_2) = \rho G d$. Gleichzeitig wirkt eine Schubspannung $\eta_C G$ auf den Tropfen. Die viskosen Kräfte überwiegen für $\eta_C G > \rho G d$, was zu der folgenden Bedingung führt:

$$\bar{u} d \rho / \eta c = \mathrm{Re}_{dr} < 1. \tag{6.17}$$

Der lokale Geschwindigkeitsgradient ist $\eta_C G = \varepsilon^{1/2} \eta_C^{1/2}$. Daraus ergibt sich der folgende Ausdruck für d_{max}:

$$d_{max} = \mathrm{We}_{cr} \gamma \, \varepsilon^{-1/2} \eta_C^{-1/2}. \tag{6.18}$$

Der Wert von We_{cr} ist selten > 1, da die Strömung eine Dehnungskomponente hat. Bei nicht sehr kleinen η_C ist d_{max} für TV kleiner als für TI.

Die Viskosität des Öls spielt eine wichtige Rolle beim Aufbrechen von Tropfen; je höher die Viskosität, desto länger dauert die Verformung eines Tropfens. Die Verformungszeit τ_{def} wird durch das Verhältnis zwischen der Ölviskosität und der auf den Tropfen wirkenden äußeren Spannung bestimmt:

$$\tau_{def} = \frac{\eta_D}{\eta_C}. \tag{6.19}$$

Die Viskosität der kontinuierlichen Phase η_C spielt in einigen Regimen eine wichtige Rolle: Im turbulenten Trägheitsregime hat η_C keine Auswirkung auf die Tröpfchengröße. Im turbulenten viskosen Bereich führt ein größeres η_C zu kleineren Tröpfchen. Bei laminarer Viskosität ist der Effekt noch stärker.

Der Wert von η_C und die Größe des Geräts bestimmen darüber, welcher Zustand vorherrscht, was sich in Re widerspiegelt. Bei einer großen Maschine und einem niedrigen η_C ist Re immer sehr groß und der resultierende durchschnittliche Tröpfchendurchmesser d ist proportional zu $P_H^{-0,6}$ (wobei P_H der Homogenisierungsdruck ist). Wenn η_C höher ist und $\mathrm{Re}_{dr} < 1$ ist, ist das Regime TV und $d \sim P_H^{-0,75}$. Bei einer kleineren Maschine, wie sie im Labor verwendet wird, wo die Spaltbreite des Ventils in der Größenordnung von μm liegen kann, ist Re klein und das Regime ist LV; $d \sim P_H^{-1,0}$. Wird der Spalt sehr klein gemacht (in der Größenordnung des Tropfendurchmessers), kann das Regime TV werden.

Abbildung 6.7 zeigt die Variation des durchschnittlichen Tropfendurchmessers d_{43} mit P_H bei niedriger und hoher Re für eine 20%ige Sojaöl/Wasser-Emulsion, die mit Natriumcaseinat (30 mg/ml) stabilisiert wurde.

Abbildung 6.8 zeigt die Variation der Breite der Verteilung mit der Anzahl der Durchgänge bei niedriger und hoher Re.

Die Zugabe von hochmolekularen Polymeren in die kontinuierliche Phase erhöht η_C und führt zu einer Turbulenzdepression, die d_{32} erhöht, während c_2 sinkt.

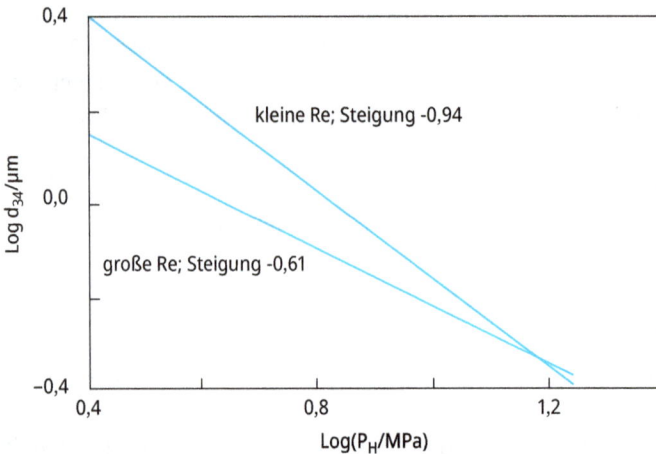

Abb. 6.7: Vergleich der Tropfengrößenverteilung erhalten durch zwei unterschiedliche Hochdruckhomogenisatoren; einem sehr kleinen Gerät (kleine Re) und einem großen Gerät (große Re).

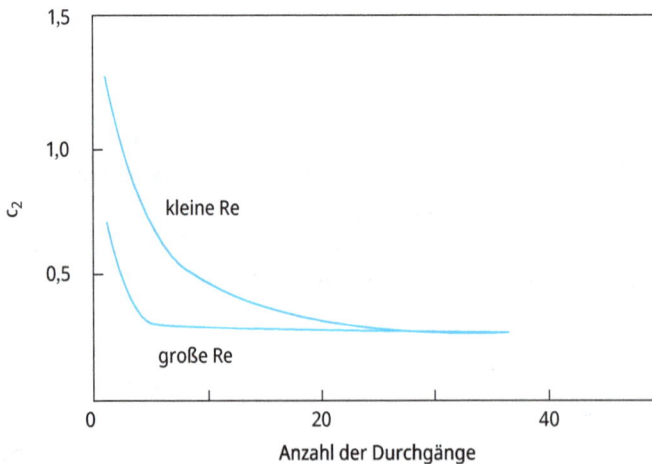

Abb. 6.8: Relative Verteilung c_2 als Funktion der Durchgänge durch den Homogenisator.

6.4 Emulgieren mit Membranen

Bei diesem Verfahren wird die disperse Phase durch eine Membran geleitet, und die aus den Poren austretenden Tröpfchen werden sofort von der kontinuierlichen Phase aufgenommen. Die Membran besteht in der Regel aus porösem Glas oder aus keramischen Materialien. Die allgemeine Konfiguration ist eine Membran in Form eines Hohlzylinders, durch den die disperse Phase von außen gepresst und die kontinuierliche Phase durch den Zylinder gepumpt wird (Querströmung). Die Strömung bewirkt auch die Ablösung der überstehenden Tröpfchen von der Membran [2].

Für das Verfahren sind mehrere Voraussetzungen erforderlich:

(1) Bei einer hydrophoben dispersen Phase (O/W-Emulsion) sollte die Membran hydrophil sein, während bei einer hydrophilen dispersen Phase (W/O-Emulsion) die Membran hydrophob sein sollte, da die Tröpfchen sonst nicht losgelöst werden.

(2) Die Poren müssen weit genug voneinander entfernt sein, damit sich die austretenden Tröpfchen nicht berühren und zusammenfließen.

(3) Der Druck über der Membran sollte ausreichend hoch sein, um eine Tropfenbildung zu erreichen. Dieser Druck sollte mindestens in der Größenordnung des Laplace-Drucks eines Tropfens mit einem Durchmesser gleich dem Porendurchmesser liegen. Für Poren von 0,4 µm und $\gamma = 5\,\mathrm{mNm}^{-1}$ sollte der Druck beispielsweise in der Größenordnung von 10^5 Pa liegen, in der Praxis werden jedoch größere Drücke benötigt, die 3×10^5 Pa betragen, auch um eine signifikante Durchflussrate der dispersen Phase durch die Membran zu erreichen.

Die kleinste durch Membranemulgierung erzielte Tropfengröße beträgt etwa das Dreifache des Porendurchmessers. Der größte Nachteil ist der langsame Prozess, der in der Größenordnung von 10^{-3} m^3 pro m^2 und Sekunde liegen kann. Dies bedeutet, dass sehr lange Umlaufzeiten erforderlich sind, um selbst kleine Volumenanteile zu erzeugen.

6.5 Formulierungsvariablen und Vergleich verschiedener Emulgiermethoden

Die wichtigsten Variablen, die den Emulgierprozess beeinflussen, sind die Art des Öls und des Emulgators, der Volumenanteil der dispersen Phase φ und der Emulgierprozess. Die Auswirkungen der Art des Öls und des Emulgators wurden in Kapitel 5 eingehend erörtert. Wie bereits erwähnt, haben die Emulgiermethode und das Regime (laminar oder turbulent) einen deutlichen Einfluss auf den Prozess und die endgültige Tröpfchengrößenverteilung. Die Auswirkung des Volumenanteils der dispergierten Phase erfordert besondere Aufmerksamkeit. Er beeinflusst die Kollisionsrate zwischen den Tröpfchen während der Emulgierung und damit die Koaleszenzrate. In erster Näherung würde dies von der Beziehung zwischen τ_{ads} und τ_{coal} abhängen (wobei τ_{ads} die durchschnittliche Zeit ist, die für die Adsorption des Tensids benötigt wird, und τ_{coal} die durchschnittliche Zeit, die vergeht, bis ein Tropfen mit einem anderen zusammenstößt). In den verschiedenen Regimen sind die hydrodynamischen Randbedingungen für τ_{ads} gleich. Im Regime LV ist zum Beispiel $\tau_{coal} = \pi/8\varphi G$. Für alle Regime ist das Verhältnis τ_{ads}/τ_{coal} also gegeben durch [2]:

$$\kappa \equiv \frac{\tau_{ads}}{\tau_{coal}} \propto \frac{\varphi \Gamma}{m_C d}, \qquad (6.20)$$

wobei der Proportionalitätsfaktor mindestens in der Größenordnung 10 liegt. Für $\varphi = 0,1$; $\Gamma/m_C = 10^{-6}$ m und $d = 10^{-6}$ m (die gesamte Tensidkonzentration der Emulsion sollte etwa 5 % betragen), wäre κ dann beispielsweise in der Größenordnung von 1. Bei $\kappa \gg 1$ ist mit einer erheblichen Koaleszenz zu rechnen, insbesondere bei hohen φ. Die Koaleszenzrate würde dann während der Emulgierung deutlich zunehmen, da sowohl m_C als auch d während des Prozesses kleiner werden. Wenn die Emulgierung lange genug andauert, kann die Tröpfchengrößenverteilung das Ergebnis eines stabilen Zustands mit gleichzeitigem Aufbrechen und Koaleszenz sein.

Die Auswirkung der Erhöhung von φ kann wie folgt zusammengefasst werden [2]:

(1) τ_{coal} ist kürzer und die Koaleszenz wird schneller sein, es sei denn, κ bleibt klein.

(2) Die Viskosität der Emulsion η_{em} nimmt zu, daher sinkt Re. Dies führt zu einem Wechsel der Strömung von turbulent zu laminar (LV).

(3) Bei laminarer Strömung wird die effektive η_C höher. Das Vorhandensein vieler Tropfen bedeutet, dass die lokalen Geschwindigkeitsgradienten in der Nähe eines Tropfens im Allgemeinen höher sind als der Gesamtwert von G. Folglich nimmt die lokale Schubspannung ηG mit der Zunahme von φ zu, was so ist, als ob η_C zunimmt.

(4) In einer turbulenten Strömung führt eine Erhöhung von φ zu einer Turbulenzdepression, die zu einem größeren d führt.

(5) Wenn das Massenverhältnis von Tensid zu kontinuierlicher Phase konstant ist, führt eine Erhöhung von φ zu einer Abnahme der Tensidkonzentration; daher führt eine Erhöhung von γ_{eq}, eine Erhöhung von κ, zu einer Erhöhung von d durch eine Erhöhung der Koaleszenzrate. Wird das Massenverhältnis von Tensid zu disperser Phase konstant gehalten, kehren sich die oben genannten Veränderungen um, es sei denn, $\kappa \ll 1$.

Aus der obigen Diskussion wird deutlich, dass keine allgemeinen Schlussfolgerungen gezogen werden können, da mehrere der oben genannten Mechanismen zum Tragen kommen können. Unter Verwendung eines Hochdruckhomogenisators verglich Walstra [2] die Werte von d mit verschiedenen φ-Werten bis zu 0,4 bei konstantem anfänglichem m_C, wobei das Regime TI bei höheren φ wahrscheinlich in TV übergeht. Mit zunehmendem φ (> 0,1) stieg das resultierende d und die Abhängigkeit vom Homogenisatordruck p_H (Abb. 6.9). Dies deutet auf eine verstärkte Koaleszenz hin (Effekte 1 und 5).

Abbildung 6.9 zeigt einen Vergleich des durchschnittlichen Tröpfchendurchmessers mit der Leistungsaufnahme der verschiedenen Emulgiermaschinen. Es ist zu erkennen, dass die kleinsten Tröpfchendurchmesser bei Verwendung der Hochdruckhomogenisatoren erzielt wurden.

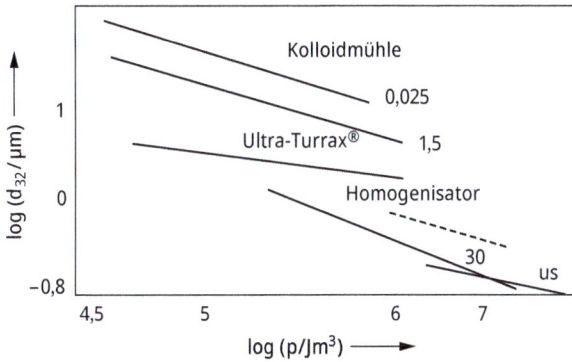

Abb. 6.9: Durchschnittliche Tröpfchendurchmesser, die in verschiedenen Emulgiermaschinen als Funktion des Energieverbrauchs p erhalten wurden. Die Zahlen neben den Kurven bezeichnen jeweils das Viskositätsverhältnis λ; die Ergebnisse für den Homogenisator sind für $\phi = 0,04$ (durchgezogene Linie) und $\phi = 0,3$ (gestrichelte Linie) angegeben – us bedeutet Ultraschallgenerator.

Literatur

[1]   Tadros, Th. F. und Vincent, B., in „Encyclopedia of Emulsion Technology", Becher, P. (Herausgeber), Marcel Dekker, N. Y. (1983).

[2]   Walstra, P. und Smolders, P. E. A., in „Modern Aspects of Emulsions", Binks, B. P. (Herausgeber), The Royal Society of Chemistry, Cambridge (1998).

[3]   Tadros, Th. F., „Applied Surfactants", Wiley-VCH, Deutschland (2005).

[4]   Tadros, Th. F., „Emulsion Formation Stability and Rheology", in „Emulsion Formation and Stability", Tadros, Th. F. (Herausgeber), Wiley-VCH, Deutschland (2013), Kapitel 1.

[5]   Stone, H. A., Ann. Rev. Fluid Mech., 226, 95 (1994).

[6]   Wierenga, J. A., ven Dieren, F., Janssen, J. J. M. und Agterof, W. G. M., Trans. Inst. Chem. Eng., 74-A, 554 (1996).

[7]   Levich, V. G., „Physicochemical Hydrodynamics", Prentice-Hall, Englewood Cliffs (1962).

[8]   Davies, J. T., „Turbulent Phenomena", Academic Press, London (1972).

7 Auswahl der Emulgatoren

7.1 Einleitung

Für die Herstellung und Stabilisierung von Öl-in-Wasser-Emulsionen (O/W) und Wasser-in-Öl-Emulsionen (W/O) werden verschiedene Tenside und deren Mischungen verwendet. Eine Zusammenfassung zu den am häufigsten verwendeten Tensiden wird im Folgenden aufgeführt [1, 2].

Anionische Tenside

- Carboxylate: $C_nH_{2n+1}\ COO^-\ X^+$
- Sulfate: $C_nH_{2n+1}\ OSO_3^-\ X^+$
- Sulfonate: $C_nH_{2n+1}\ SO_3^-\ X^+$
- Phosphate: $C_nH_{2n+1}\ OPO(OH)O^-\ X^+$

Wobei n im Bereich von 8 bis 16 Atomen liegt, und das Gegenion X^+ in der Regel Na^+ ist.

Verschiedene andere anionische Tenside sind im Handel erhältlich, wie z. B. Sulfosuccinate, Isethionate (Ester der Isethionsäure mit der allgemeinen Formel $RCOOCH_2$-CH_2–SO_3Na) und Tauride (Derivate von Methyltaurin mit der allgemeinen Formel $RCON$ $(R')CH_2$–CH_2–SO_3Na), Sarcosinate (mit der allgemeinen Formel $RCON(R')COONa$), die manchmal für spezielle Anwendungen verwendet werden.

Kationische Tenside

Die gebräuchlichsten kationischen Tenside sind die quaternären Ammoniumverbindungen mit der allgemeinen Formel $R'R''R'''R''''N^+\ X^-$, wobei X^- in der Regel ein Chloridion ist und R für Alkylgruppen steht. Diese quaternären Verbindungen werden durch Reaktion eines geeigneten tertiären Amins mit einem organischen Halogenid oder einem organischen Sulfat hergestellt. Eine weitere Klasse von Kationika sind solche auf der Basis von Pyridinsalzen wie Laurylpyridinchlorid.

Amphoterische (zwitterionische) Tenside

Dies sind Tenside, die sowohl kationische als auch anionische Gruppen enthalten. Die gebräuchlichsten amphoteren Tenside sind die N-Alkylbetaine, die Derivate des Trimethylglycins $(CH_3)_3NCH_2COOH$ (das als Betain bezeichnet wird) sind. Ein Beispiel für ein Betain-Tensid ist Laurylamido-Propyl-Dimethyl-Betain $C_{12}H_{25}CON(CH_3)_2CH_2COOH$.

https://doi.org/10.1515/9783110798593-007

Diese Alkylbetaine werden manchmal auch als Alkyldimethylglycinate bezeichnet. Das Hauptmerkmal der amphoteren Tenside ist ihre Abhängigkeit vom pH-Wert der Lösung, in der sie gelöst sind. In Lösungen mit saurem pH-Wert erhält das Molekül eine positive Ladung und verhält sich wie ein Kation, während es in Lösungen mit alkalischem pH-Wert negativ geladen wird und sich wie ein Anion verhält. Es kann ein bestimmter pH-Wert definiert werden, bei dem beide Ionengruppen gleich stark ionisiert sind (der isoelektrische Punkt des Moleküls).

Nichtionische Tenside

Die gebräuchlichsten nichtionischen Tenside sind solche auf der Basis von Ethylenoxid, die als ethoxylierte Tenside bezeichnet werden. Es lassen sich mehrere Klassen unterscheiden: Alkoholethoxylate, Alkylphenolethoxylate, Fettsäureethoxylate, Monoethanolaminethoxylate, Sorbitanesterethoxylate, Fettaminethoxylate und Ethylenoxid-Propylenoxid-Copolymere (manchmal als polymere Tenside bezeichnet). Eine weitere wichtige Klasse der nichtionischen Tenside sind die Multihydroxyprodukte wie Glycolester, Glycerinester (und Polyglycerinester), Glucoside (und Polyglucoside) und Saccharoseester. Aminoxide und Sulfinyl-Tenside sind nichtionische Stoffe mit einer kleinen Kopfgruppe.

Die Fettsäureester von Sorbitan (allgemein als Spans bezeichnet, ein Handelsname von Atlas) und ihre ethoxylierten Derivate (allgemein als Tweens bezeichnet) gehören vermutlich zu den am häufigsten verwendeten Emulgatoren. Die Sorbitanester werden durch Reaktion von Sorbit mit einer Fettsäure bei hoher Temperatur (> 200 °C) hergestellt. Das Sorbitol dehydriert zu 1,4-Sorbitan und wird dann verestert. Wenn man ein Mol Fettsäure mit einem Mol Sorbit umsetzt, erhält man einen Mono-Ester (als Nebenprodukt entsteht auch ein Di-Ester). Der Sorbitanmonoester hat also die folgende allgemeine Formel:

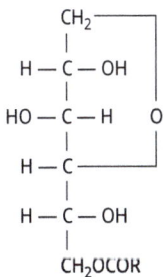

Die freien OH-Gruppen des Moleküls können verestert werden, wobei Di- und Tri-Ester entstehen. Je nach Art der Alkylgruppe der Säure und je nachdem, ob es sich um einen Mono-, Di- oder Tri-Ester handelt, stehen verschiedene Produkte zur Verfügung. Nachstehend sind einige Beispiele aufgeführt:

- Sorbitanmonolaurat – Span 20
- Sorbitanmonopalmitat – Span 40
- Sorbitanmonostearat – Span 60
- Sorbitanmonooleat – Span 80
- Sorbitantristearat – Span 65
- Sorbitantrioleat – Span 85

Die ethoxylierten Derivate von Spans (Tweens) werden durch Reaktion von Ethylenoxid mit einer an der Sorbitan-Estergruppe verbleibenden Hydroxylgruppe hergestellt. Alternativ dazu wird das Sorbitol zunächst ethoxyliert und dann verestert. Das Endprodukt hat jedoch andere Tensideigenschaften als die Tweens. Einige Beispiele für Tween-Tenside sind hier aufgeführt:

- Polyoxyethylen-(20)-Sorbitanmonolaurat – Tween 20
- Polyoxyethylen-(20)-Sorbitanmonopalmitat – Tween 40
- Polyoxyethylen-(20)-Sorbitanmonostearat – Tween 60
- Polyoxyethylen-(20)-Sorbitanmonooleat – Tween 80
- Polyoxyethylen-(20)-Sorbitantristearat – Tween 65
- Polyoxyethylen-(20)-Sorbitantrioleat – Tween 85

Die Sorbitanester sind unlöslich in Wasser, aber löslich in den meisten organischen Lösungsmitteln (Tenside mit niedrigem HLB-Wert, siehe unten). Die ethoxylierten Produkte sind im Allgemeinen gut löslich und haben relativ hohe HLB-Werte. Einer der wichtigsten Vorteile der Sorbitanester und ihrer ethoxylierten Derivate ist ihre Zulassung als Lebensmittelzusatzstoffe. Sie werden auch häufig in Kosmetika und einigen pharmazeutischen Emulsionen verwendet.

Polymere Tenside

Der einfachste Typ eines polymeren Tensids ist ein Homopolymer, das aus denselben sich wiederholenden Einheiten gebildet wird, wie z. B. Poly-Ethylenoxid oder Poly-Vinylpyrrolidon. Diese Homopolymere haben eine geringe Oberflächenaktivität an der O/W-Grenzfläche, da die Homopolymersegmente (Ethylenoxid oder Vinylpyrrolidon) gut wasserlöslich sind und eine geringe Affinität zur Grenzfläche aufweisen. Es liegt auf der Hand, dass Homopolymere nicht die am besten geeigneten Emulgatoren sind. Eine kleine Variante besteht darin, Polymere zu verwenden, die spezifische Gruppen enthalten, die eine hohe Affinität zur Oberfläche haben. Ein Beispiel hierfür ist teilhydrolysiertes Polyvinylacetat (PVAc), das technisch als Polyvinylalkohol (PVA) bezeichnet wird. Diese teilweise hydrolysierten PVA-Moleküle weisen eine Oberflächenaktivität an der O/W-Grenzfläche auf. Die zweckmäßigsten polymeren Tenside sind solche vom Typ der Block- und Pfropfcopolymere. Ein Blockcopolymer ist eine lineare Anordnung von Blöcken mit unterschiedlicher Monomerzusammensetzung. Die Nomenklatur für einen

Diblock ist Poly-A-Block-Poly-B und für einen Triblock Poly-A-Block-Poly-B-Poly-A. Zu den am häufigsten verwendeten polymeren Dreiblock-Tensiden gehören die „Pluronics" (BASF, Deutschland), die aus zwei Poly-A-Blöcken aus Polyethylenoxid (PEO) und einem Block aus Polypropylenoxid (PPO) bestehen. Es sind verschiedene Kettenlängen von PEO und PPO erhältlich. Es lassen sich zwei Typen unterscheiden. Zum einen solche, die durch Reaktion von Polyoxypropylenglycol (difunktionell) mit EO oder gemischtem EO/PO hergestellt werden und Blockcopolymere mit der folgenden Struktur ergeben:

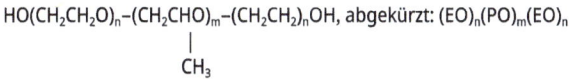

$$HO(CH_2CH_2O)_n-(CH_2CHO)_m-(CH_2CH_2)_nOH, \text{ abgekürzt: } (EO)_n(PO)_m(EO)_n$$
$$|$$
$$CH_3$$

Es stehen verschiedene Moleküle zur Verfügung, wobei n und m systematisch variiert werden.

Die zweite Art von EO/PO-Copolymeren wird durch Reaktion von Polyethylenglycol (difunktionell) mit PO oder gemischtem EO/PO hergestellt. Diese haben die Struktur $(PO)_n(EO)_m(PO)_n$ und werden als inverse Pluronics bezeichnet. Diese polymeren Dreifachblöcke können als Emulgatoren eingesetzt werden, wobei man davon ausgeht, dass die hydrophobe PPO-Kette an der hydrophoben Öloberfläche sitzt und die beiden PEO-Ketten in wässriger Lösung baumeln lässt und somit für sterische Abstoßung sorgt.

Aus der obigen Aufzählung geht hervor, dass eine große Anzahl von Tensiden als Emulgatoren verwendet werden kann, was die Auswahl ziemlich schwierig macht. Für die Auswahl der Tenside wird eine Reihe von halbempirischen Methoden angewandt. Die am häufigsten verwendete Methode basiert auf dem Konzept des hydrophil-lipophilen Gleichgewichts (HLB). Ein eng verwandtes Verfahren basiert auf der Messung der Phaseninversionstemperatur (PIT), die insbesondere für die Auswahl nichtionischer Tenside auf Polyethylenoxidbasis nützlich ist. Eine quantitativere Methode zur Auswahl von Tensiden ist das Konzept des Kohäsionsenergieverhältnisses (CER), das die Wechselwirkung zwischen der lipophilen Kette mit dem Öl und der hydrophilen Kette mit der wässrigen Phase berücksichtigt. Eine andere Methode zur Auswahl von Tensiden basiert auf dem Konzept der kritischen Packungsparameter (CPP), womit die Geometrie des Tensids und seine optimale Anpassung an die O/W-Grenzfläche berücksichtigt werden. Eine Beschreibung all dieser Methoden wird im Folgenden gegeben.

7.2 Das Konzept des hydrophil-lipophilen Gleichgewichts (HLB)

Das hydrophil-lipophilen Gleichgewicht (HLB-Wert) zeigt eine halbempirische Skala zur Auswahl von Tensiden, die von Griffin [3] entwickelt wurde. Diese Skala basiert auf dem relativen Anteil von hydrophilen zu lipophilen (hydrophoben) Gruppen in dem/den Tensidmolekül(en). Bei einem O/W-Emulsionströpfchen befindet sich die hydrophobe Kette in der Ölphase, während sich die hydrophile Kopfgruppe in der wässrigen Phase befindet. Bei einem W/O-Emulsionströpfchen befindet sich eine hydrophile Gruppe (oder mehrere hydrophile Gruppen) im Wassertröpfchen, während sich die lipophilen Gruppen in der Kohlenwasserstoffphase befinden.

Tabelle 7.1 gibt einen Leitfaden für die Auswahl von Tensiden für eine bestimmte Anwendung. Der HLB-Wert hängt von der Art des Öls ab. Zur Veranschaulichung sind in Tab. 7.2 die erforderlichen HLB-Werte für die Emulgierung verschiedener Öle ange-geben. Beispiele für HLB-Werte einer Liste von Tensiden sind in Tab. 7.3 aufgeführt.

Tab. 7.1: Zusammenfassung der HLB-Bereiche und ihrer Anwendungen.

HLB-Bereich	Anwendung
3–6	W/O-Emulgator
7–9	Benetzungsmittel
8–18	O/W-Emulgator
13–15	Waschmittel
15–18	Lösungsvermittler

Tab. 7.2: Erforderliche HLB-Werte zur Emulgierung verschiedener Öle.

Öl	W/O-Emulsion	O/W-Emulsion
Paraffinöl	4	10
Bienenwachs	5	9
Linolin, wasserfrei	8	12
Cyclohexan	–	15
Toluol	–	15
Silikonöl (flüchtig)	–	7–8
Isopropylmyristat	–	11–12
Isohexadecylalkohol	–	11–12
Rizinusöl	–	14

Tab. 7.3: HLB-Werte einiger Tenside.

Tensid	chemische Bezeichnung	HLB
Span 85	Sorbitan-Trioleat	1,8
Span 80	Sorbitan-Monooleat	4,3
Brij 72	Ethoxylierter (2 Mol Ethylenoxid) Stearylalkohol	4,9
Triton X-35	Ethoxyliertes Octylphenol	7,8
Tween 85	Ethoxyliertes (20 Mol Ethylenoxid) Sorbitan-Trioleat	11,0
Tween 80	Ethoxyliertes (20 Mol Ethylenoxid) Sorbitan-Monooleat	15,0

Die relative Bedeutung der hydrophilen und lipophilen Gruppen wurde erstmals bei der Verwendung von Mischungen mit unterschiedlichen Anteilen von Tensiden mit niedrigem bzw. hohem HLB-Wert erkannt. Es wurde festgestellt, dass die Effizienz jeder Kombination (beurteilt durch Phasentrennung) ein Maximum erreicht, wenn die Mischung einen bestimmten Anteil des Tensids mit dem höheren HLB-Wert enthält. Dies wird in Abb. 7.1 veranschaulicht, die die Veränderung der Emulsionsstabilität, der Tröpfchengröße und der Grenzflächenspannung in Abhängigkeit vom Anteil des Tensids mit hohem HLB-Wert zeigt.

Der durchschnittliche HLB-Wert kann aus der Additivität berechnet werden:

$$HLB = x_1 HLB_1 + x_2 HLB_2, \tag{7.1}$$

wobei x_1 und x_2 die Gewichtsanteile der beiden Tenside mit HLB_1 bzw. HLB_2 sind.

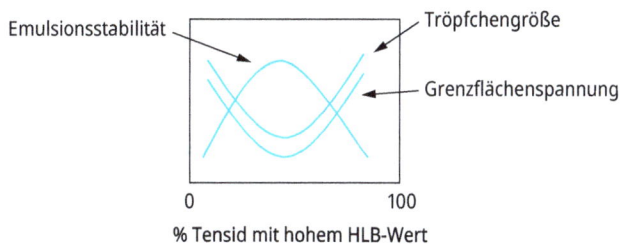

Abb. 7.1: Veränderung der Emulsionsstabilität, der Tröpfchengröße und der Grenzflächenspannung in Abhängigkeit vom Tensidanteil mit hohem HLB-Wert.

Griffin [3] entwickelte einfache Gleichungen zur Berechnung des HLB-Werts von relativ einfachen nichtionischen Tensiden. Für einen Polyhydroxyfettsäureester gilt:

$$HLB = 20 \left(1 - \frac{S}{A} \right), \tag{7.2}$$

wobei S die Verseifungszahl des Esters ist, und A ist die Säurezahl. Für ein Glycerinmonostearat ist S = 161 und A = 198; der HLB-Wert beträgt 3,8 (geeignet für W/O-Emulsion).

Für ein einfaches Alkoholethoxylat kann der HLB-Wert aus den Gewichtsprozenten von Ethylenoxid (E) und mehrwertigem Alkohol (P) berechnet werden:

$$HLB = \frac{E + P}{5}. \tag{7.3}$$

Enthält das Tensid als einzige hydrophile Gruppe PEO, wird der Beitrag der einen OH-Gruppe vernachlässigt:

$$HLB = \frac{E}{5}. \tag{7.4}$$

Für ein nichtionisches Tensid $C_{12}H_{25}$–O–$(CH_2$–CH_2–O$)_6$ beträgt der HLB-Wert 12 (geeignet für O/W-Emulsion).

Die obigen einfachen Gleichungen können nicht für Tenside verwendet werden, die Propylenoxid oder Butylenoxid enthalten. Sie können auch nicht für ionische Tenside angewendet werden. Davies [4, 5] entwickelte eine Methode zur Berechnung des HLB-Werts für Tenside aus deren chemischen Formeln unter Verwendung empirisch ermittelter Gruppenwerte. Ein Gruppenwert wird verschiedenen Komponentengruppen zugewiesen. Eine Zusammenfassung der Gruppenwerte für einige Tenside findet sich in Tab. 7.4.

Der HLB-Wert wird durch die folgende empirische Gleichung bestimmt:

$$HLB = 7 + \sum (\text{hydrophile Gruppenwerte}) - \sum (\text{lipophile Gruppenwerte}) \qquad (7.5)$$

Davies hat gezeigt, dass die Übereinstimmung zwischen den nach der obigen Gleichung berechneten HLB-Werten und den experimentell ermittelten Werten recht zufriedenstellend ist.

Es wurden verschiedene andere Verfahren entwickelt, um eine grobe Schätzung des HLB-Werts zu erhalten. Griffin fand eine gute Korrelation zwischen dem Trübungspunkt einer 5%igen Lösung verschiedener ethoxylierter Tenside und ihrem HLB-Wert.

Davies [4, 5] hat versucht, die HLB-Werte mit den selektiven Koaleszenzraten von Emulsionen in Beziehung zu setzen. Solche Zusammenhänge konnten nicht hergestellt werden, da sich herausstellte, dass die Stabilität und sogar die Art der Emulsion in hohem Maße von der Methode der Dispergierung des Öls im Wasser abhängt und umgekehrt. Der HLB-Wert kann bestenfalls als Anhaltspunkt für die Auswahl der optimalen Emulgatorzusammensetzung dienen.

Man kann ein beliebiges Paar von Emulgatoren nehmen, die an entgegengesetzten Enden der HLB-Skala liegen, z. B. Tween 80 (Sorbitanmonooleat mit 20 Mol EO, HLB = 15) und Span 80 (Sorbitanmonooleat, HLB = 5), und sie in verschiedenen Anteilen verwenden, um einen breiten Bereich von HLB-Werten abzudecken. Die Emulsionen sollten auf die gleiche Weise mit einigen Prozent der emulgierenden Mischung hergestellt werden. Eine 20%ige O/W-Emulsion wird beispielsweise mit 4 % Emulgatormischung (20 % bezogen auf das Öl) und 76 % Wasser hergestellt. Die Stabilität der Emulsionen wird dann bei jedem HLB-Wert anhand der Koaleszenzrate oder qualitativ durch Messung der Ölabscheidungsrate bewertet. Auf diese Weise kann man den optimalen HLB-Wert für ein bestimmtes Öl ermitteln. Für ein bestimmtes Öl wird beispielsweise ein optimaler HLB-Wert von 10,3 ermittelt. Dieser Wert kann durch die Verwendung von Tensidmischungen mit einem engeren HLB-Bereich, beispielsweise zwischen 9,5 und 11, genauer bestimmt werden. Nachdem der effektivste HLB-Wert gefunden wurde, werden verschiedene andere Tensidpaare mit diesem HLB-Wert verglichen, um das effektivste Paar zu finden. Dies wird in Abb. 7.2 veranschaulicht, die schematisch den Unterschied zwischen drei chemischen Klassen von Tensiden zeigt. Obwohl die verschiedenen Klassen bei HLB 12 eine stabile Emulsion ergeben, weist die Mischung A die beste Emulsionsstabilität auf.

Tab. 7.4: HLB-Gruppenwerte.

	Gruppenwert
hydrophile Gruppe	
$-SO_4Na^+$	38,7
$-COOK$	21,2
$-COONa$	19,1
N (tertiäres Amin)	9,4
Ester (Sorbitan-Ring)	6,8
$-O-$	1,3
CH–(Sorbitan-Ring)	0,5
lipophile Gruppe	
$(-CH-), (-CH_2-), CH_3$	0,475
abgeleitet	
$-CH_2-CH_2-O$	0,33
$-CH_2-CHCH_3-O$	−0,11

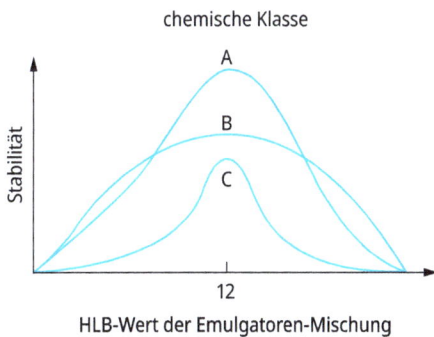

Abb. 7.2: Stabilisierung der Emulsion durch verschiedene Klassen von Tensiden in Abhängigkeit vom HLB-Wert.

Der HLB-Wert einer bestimmten Größe kann durch Mischen von Emulgatoren verschiedener chemischer Typen erhalten werden. Der „richtige" chemische Typ ist ebenso wichtig wie der „richtige" HLB-Wert. Dies wird in Abb. 7.3 veranschaulicht, die zeigt, dass ein Emulgator mit ungesättigter Alkylkette wie Oleat (ethoxyliertes Sorbitanmonooleat, Tween 80) besser für die Emulgierung eines ungesättigten Öls geeignet ist [6]. Ein Emulgator mit gesättigter Alkylkette (Stearat in Tween 60) ist besser für die Emulgierung eines gesättigten Öls geeignet.

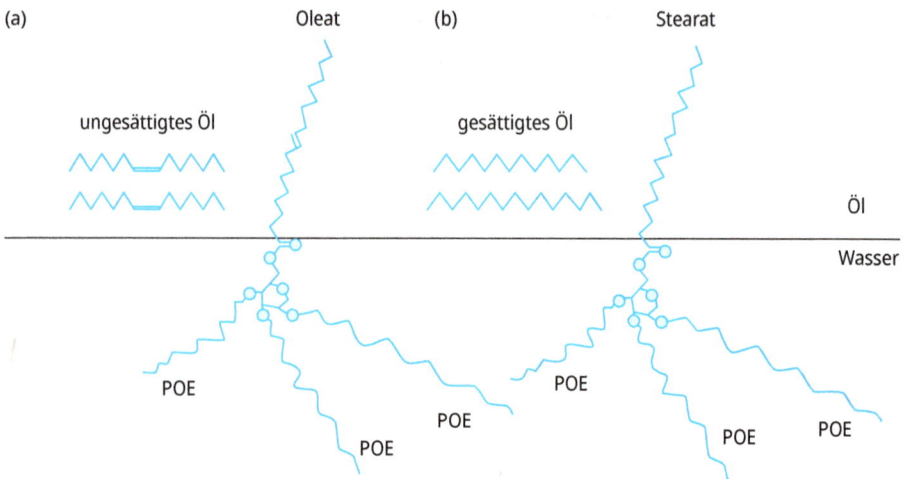

Abb. 7.3: Auswahl des Tween-Typs, der dem Typ des zu emulgierenden Öls entspricht.

Es wurden verschiedene Verfahren zur Bestimmung des HLB-Werts verschiedener Tenside entwickelt. Griffin [3] fand eine Korrelation zwischen dem HLB-Wert und den Trübungspunkten von 5%iger wässriger Lösung ethoxylierter Tenside, wie in Abb. 7.4 dargestellt. Zur Schätzung des HLB-Werts wurde ein Titrationsverfahren entwickelt [7]. Bei dieser Methode wird eine 1%ige Lösung des Tensids in Benzol plus Dioxan mit destilliertem Wasser bei konstanter Temperatur titriert, bis eine dauerhafte Trübung auftritt. Es wurde eine gute lineare Beziehung zwischen dem HLB-Wert und dem Wassertitrierungswert für Ester von mehrwertigen Alkoholen festgestellt, wie in Abb. 7.5 dargestellt. Die Steigung der Linie hängt jedoch von der Klasse der verwendeten Substanz ab.

Die Gas-Flüssigkeitschromatographie (GLC) könnte ebenfalls zur Bestimmung des HLB-Werts verwendet werden [7]. Da bei der GLC die Trenneffizienz von der Polarität des Substrats im Verhältnis zu den Komponenten des Gemischs abhängt, sollte es möglich sein, den HLB-Wert direkt zu bestimmen, indem man das Tensid als Substrat verwendet und eine Ölphase über die Säule laufen lässt. Wenn ein 50:50-Gemisch aus Ethanol und Hexan über eine Säule mit einem einfachen nichtionischen Tensid wie Sorbitanfettsäureester und polyoxyethylierte Sorbitanfettsäureester geleitet wird, erscheinen auf den Chromatogrammen zwei gut definierte Peaks, die dem Hexan (das als erstes erscheint) und dem Ethanol entsprechen. Es wurde eine gute Korrelation zwischen dem Retentionszeitverhältnis R_t (Ethanol/Hexan) und dem HLB-Wert festgestellt. Dies ist in Abb. 7.6 dargestellt. Die statistische Analyse der Daten ergab die folgende empirische Beziehung zwischen R_t und HLB:

$$HLB = 8{,}55R_t - 6{,}36, \qquad (7.6)$$

wobei

$$R_t = \frac{R^{EtOH}}{R^{Hexan}}.$$ (7.7)

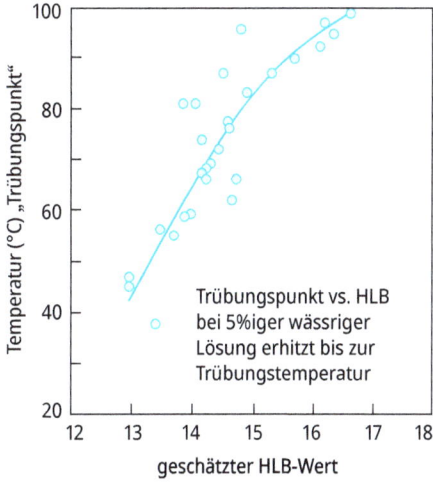

Trübungspunkt vs. HLB
bei 5%iger wässriger
Lösung erhitzt bis zur
Trübungstemperatur

Abb. 7.4: Beziehung zwischen Trübungspunkt und HLB-Wert.

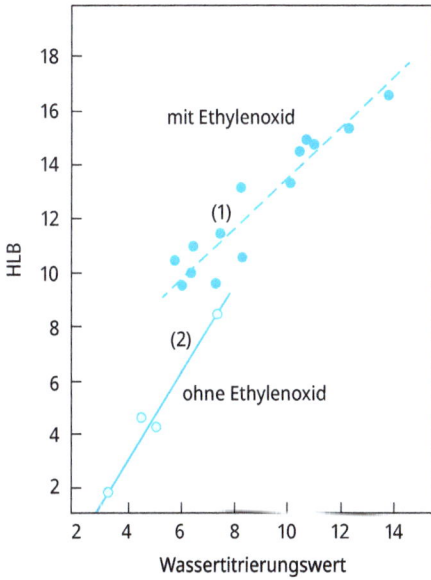

Abb. 7.5: Korrelation von HLB mit dem Wassertitrierungswert.

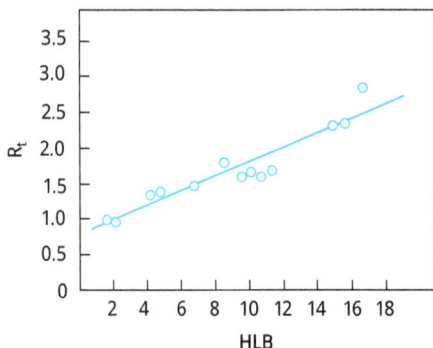

Abb. 7.6: Korrelation zwischen Retentionszeit und HLB-Wert von Sorbitanfettsäureestern und polyoxyethylierten Fettsäureestern.

7.3 Das Konzept der Phaseninversionstemperatur (PIT)

Shinoda und Mitarbeiter [8, 9] fanden heraus, dass viele mit nichtionischen Tensiden stabilisierte O/W-Emulsionen bei einer kritischen Temperatur (Phaseninversionstemperatur; PIT) einen Inversionsprozess durchlaufen. Die PIT kann durch Verfolgung der Leitfähigkeit der Emulsion (zur Erhöhung der Empfindlichkeit wird eine kleine Menge Elektrolyt zugegeben) als Funktion der Temperatur bestimmt werden, wie in Abb. 7.7 dargestellt. Die Leitfähigkeit der O/W-Emulsion steigt mit zunehmender Temperatur bis zum Erreichen der PIT, oberhalb der eine rasche Abnahme der Leitfähigkeit eintritt (es bildet sich eine W/O-Emulsion). Shinoda und Mitarbeiter [8, 9] fanden heraus, dass die PIT vom HLB-Wert des Tensids beeinflusst wird [10], wie in Abb. 7.8 dargestellt. Für ein bestimmtes Öl steigt die PIT mit zunehmendem HLB-Wert. Es wurde festgestellt, dass die Größe der Emulsionströpfchen von der Temperatur und den HLB-Werten der Emulgatoren abhängt. Die Tröpfchen sind in der Nähe der PIT weniger koaleszenzstabil. Durch schnelles Abkühlen der Emulsion kann jedoch ein stabiles System erzeugt werden. Relativ stabile O/W-Emulsionen wurden erhalten, wenn die PIT des Systems 20 bis 65 °C höher war als die Lagertemperatur. Emulsionen, die bei einer Temperatur knapp unterhalb der PIT hergestellt und anschließend schnell abgekühlt wurden, weisen im Allgemeinen kleinere Tröpfchen auf. Dies wird verständlich, wenn man die Änderung der Grenzflächenspannung mit der Temperatur betrachtet, wie in Abb. 7.9 dargestellt. Die Grenzflächenspannung nimmt mit steigender Temperatur ab und erreicht ein Minimum in der Nähe der PIT, danach steigt sie an.

Daher sind die in der Nähe der PIT hergestellten Tröpfchen kleiner als die bei niedrigeren Temperaturen hergestellten. Diese Tröpfchen sind in der Nähe der PIT relativ instabil in Bezug auf Koaleszenz, aber durch schnelles Abkühlen der Emulsion kann man die kleinere Größe beibehalten. Dieses Verfahren kann zur Herstellung von Mini-Emulsionen (im Nanobereich) eingesetzt werden.

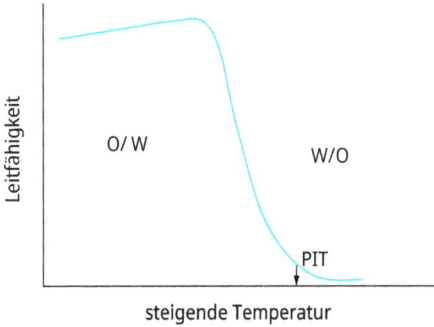

Abb. 7.7: Veränderung der Leitfähigkeit mit der Temperatur für eine O/W-Emulsion.

Es wurde festgestellt, dass die optimale Stabilität der Emulsion relativ unempfindlich auf Veränderungen des HLB-Werts oder der PIT des Emulgators reagiert, die Instabilität jedoch sehr empfindlich auf die PIT des Systems.

Es ist daher wichtig, die PIT der Emulsion als Ganzes (mit allen anderen Bestandteilen) zu messen.

Bei einem gegebenen HLB-Wert nimmt die Stabilität der Emulsionen gegen Koaleszenz deutlich zu, wenn die Molmasse sowohl der hydrophilen als auch der lipophilen Komponenten zunimmt. Die verbesserte Stabilität bei Verwendung von Tensiden mit hohem Molekulargewicht (polymere Tenside) lässt sich aus der sterischen Abstoßung erklären, die stabilere Filme erzeugt, die mit makromolekularen Tensiden hergestellt werden und die der Verdünnung und dem Aufbrechen widerstehen, wodurch die Möglichkeit der Koaleszenz verringert wird. Die Emulsionen zeigten maximale Stabilität, wenn die PEO-Ketten breit verteilt waren. Der Trübungspunkt ist niedriger, aber die PIT ist höher als im entsprechenden Fall mit enger Größenverteilung. Die PIT und der HLB-Wert sind direkt miteinander verbundene Parameter.

Die Zugabe von Elektrolyten verringert den PIT-Wert, so dass ein Emulgator mit einem höheren PIT-Wert erforderlich ist, wenn Emulsionen in Gegenwart von Elektrolyten hergestellt werden. Elektrolyte bewirken eine Dehydratisierung der PEO-Ketten, wodurch sich der Trübungspunkt des nichtionischen Tensids verringert. Dieser Effekt muss durch die Verwendung eines Tensids mit höherem HLB-Wert kompensiert werden. Der optimale PIT-Wert des Emulgators ist festgelegt, wenn die Lagertemperatur fixiert ist.

Angesichts der oben genannten Korrelation zwischen PIT und HLB und der möglichen Abhängigkeit der Kinetik der Tröpfchenkoaleszenz vom HLB-Wert schlugen Sherman und Mitarbeiter die Verwendung von PIT-Messungen als schnelle Methode zur Bewertung der Emulsionsstabilität vor. Bei der Verwendung solcher Methoden zur Bewertung der Langzeitstabilität ist jedoch Vorsicht geboten, da die Korrelationen auf einer sehr begrenzten Anzahl von Tensiden und Ölen basierten.

Die Messung der PIT kann bestenfalls als Anhaltspunkt für die Herstellung stabiler Emulsionen dienen. Die Bewertung der Stabilität sollte durch Beobachtung der Tröpfchengrößenverteilung in Abhängigkeit von der Zeit unter Verwendung eines Coulter-Zählers oder von Lichtbeugungstechniken erfolgen. Die Beobachtung der Rheologie der

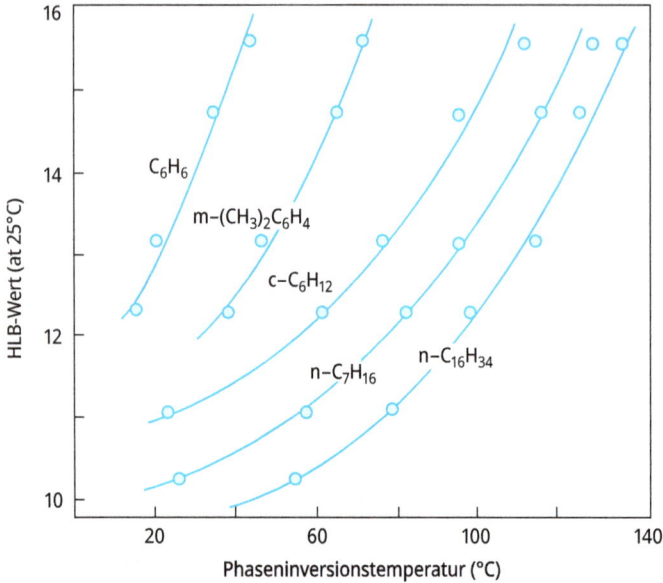

Abb. 7.8: Korrelation zwischen HLB-Wert und PIT für verschiedene O/W-Emulsionen (1:1), die mit nichtionischen Tensiden (1,5 Gew.-%) stabilisiert wurden.

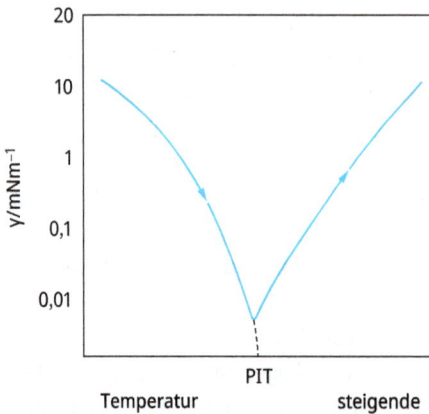

Abb. 7.9: Veränderung der Grenzflächenspannung bei Temperaturerhöhung für eine O/W-Emulsion.

Emulsion als Funktion der Zeit und der Temperatur kann ebenfalls zur Beurteilung der Koaleszenzstabilität herangezogen werden [11]. Bei der Analyse der rheologischen Ergebnisse ist Vorsicht geboten. Die Koaleszenz führt zu einer Vergrößerung der Tröpfchengröße, worauf in der Regel eine Verringerung der Viskosität der Emulsion folgt. Diese Tendenz ist nur zu beobachten, wenn die Koaleszenz nicht mit einer Ausflockung

der Emulsionströpfchen einhergeht (was zu einem Anstieg der Viskosität führt). Ostwald-Reifung kann die Analyse der rheologischen Daten ebenfalls erschweren.

7.4 Das Konzept des kohäsiven Energieverhältnisses (CER)

Beerbower und Hill [12] betrachteten die Dispersionstendenz an den Öl/Wasser-
Grenzflächen des Tensids oder Emulgators anhand des Verhältnisses der Kohäsions-
energien der Gemische aus Öl mit dem lipophilen Anteil des Tensids und des Wassers
mit dem hydrophilen Anteil. Sie verwendeten das Konzept von Winsor mit R_O, um das
Verhältnis der intermolekularen Anziehung von Ölmolekülen (O) und dem lipophilen
Teil des Tensids (L), C_{LO}, zu der von Wasser (W) und dem hydrophilen Teil (H), C_{HW},
darzustellen:

$$R_O = \frac{C_{LO}}{C_{HW}}.\tag{7.8}$$

Auf der Öl- und der Wasserseite der Grenzfläche können mehrere Wechselwirkungsparameter ermittelt werden. Man kann mindestens neun Wechselwirkungsparameter
identifizieren, wie in Abb. 7.10 schematisch dargestellt.

C_{LL}, C_{OO}, C_{LO} (auf der Ölseite)

C_{HH}, C_{WW}, C_{HW} (auf der Wasserseite)

C_{LW}, C_{HO}, C_{LH} (an der Grenzfläche)

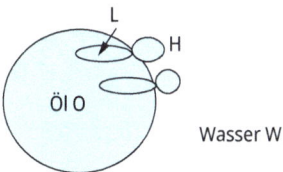

Abb. 7.10: Das Konzept des kohäsiven Energieverhältnisses.

In Abwesenheit eines Emulgators gibt es nur drei Wechselwirkungsparameter: C_{OO},
C_{WW}, C_{OW}; wenn $C_{OW} \ll C_{WW}$, zerfällt die Emulsion.

Die oben genannten Wechselwirkungsparameter können mit dem Hildebrand-
Löslichkeitsparameter [13] δ (auf der Ölseite der Grenzfläche) und den unpolaren,
wasserstoffbindenden und polaren Beiträgen von Hansen [14] zu δ auf der Wasserseite der Grenzfläche in Beziehung gesetzt werden. Der Löslichkeitsparameter eines
beliebigen Bestandteils ist mit seiner Verdampfungswärme ΔH durch den folgenden
Ausdruck verbunden:

$$\delta^2 = \frac{\Delta H - RT}{V_m}, \tag{7.9}$$

wobei V_m das molare Volumen ist.

Hansen [14] ging davon aus, dass δ (auf der Wasserseite der Grenzfläche) aus drei Hauptbeiträgen besteht, einem Dispersionsbeitrag δ_d, einem polaren Beitrag δ_p und einem Wasserstoffbrückenbindungsbeitrag δ_h. Diese Beiträge haben unterschiedliche Gewichtungsfaktoren:

$$\delta^2 = \delta_d^2 + 0{,}25\delta_p^2 + 0{,}25\delta_h^2. \tag{7.10}$$

Beerbower und Hill [12] verwendeten den folgenden Ausdruck für den HLB-Wert:

$$HLB = 20 \left(\frac{M_H}{M_L + M_H} \right) = 20 \left(\frac{V_H \rho_H}{V_L \rho_L + V_H \rho_H} \right), \tag{7.11}$$

wobei M_H und M_L die Molekulargewichte der hydrophilen bzw. lipophilen Anteile der Tenside sind. V_L und V_H sind die entsprechenden Molvolumina, während ρ_H und ρ_L die jeweiligen Dichten sind.

Das Kohäsionsenergieverhältnis wurde ursprünglich von Winsor in Gleichung (7.8) definiert.

Wenn $C_{LO} > C_{HW}$ ist, ist $R > 1$ und es bildet sich eine W/O-Emulsion. Wenn $C_{LO} < C_{HW}$, ist $R < 1$ und es bildet sich eine O/W-Emulsion. Wenn $C_{LO} = C_{HW}$, $R = 1$ und ein ebenes System entsteht; dies bezeichnet den Inversionspunkt.

R_0 kann mit V_L, δ_L und V_H, δ_H durch den folgenden Ausdruck in Beziehung gesetzt werden:

$$R_0 = \frac{V_L \delta_L^2}{V_H \delta_H^2}. \tag{7.12}$$

Mit Gleichung (7.11) ergibt sich:

$$R_0 = \frac{V_L \left(\delta_d^2 + 0{,}25\delta_p^2 + 0{,}25\delta_h^2 \right)_L}{V_H \left(\delta_d^2 + 0{,}25\delta_p^2 + 0{,}25\delta_h^2 \right)_H}, \tag{7.13}$$

Kombiniert man die Gleichungen (7.11) und (7.13), so erhält man den folgenden allgemeinen Ausdruck für das Kohäsionsenergieverhältnis:

$$R_0 = \left(\frac{20}{HLB} - 1 \right) \frac{\rho_H \left(\delta_d^2 + 0{,}25\delta_p^2 + 0{,}25\delta_h^2 \right)_H}{\rho_L \left(\delta_d^2 + 0{,}25\delta_p^2 + 0{,}25\delta_h^2 \right)_L}. \tag{7.14}$$

Für das O/W-System: HLB = 12 bis 15 und R_0 = 0,58 bis 0,29 (R_0 < 1). Für das W/O-System: HLB = 5 bis 6 und R_0 = 2,3 bis 1,9 (R_0 > 1). Für ein ebenes System ist HLB = 8 bis 10 und R_0 = 1,25 bis 0,85 ($R_0 \approx$ 1).

Die Gleichung für R_0 kombiniert sowohl die HLB- als auch die Kohäsionsenergiedichte; sie liefert eine quantitativere Einschätzung der Emulgatorauswahl. R_0 berücksichtigt HLB, molares Volumen und chemische Übereinstimmung. Der Erfolg dieses Ansatzes hängt von der Verfügbarkeit von Daten über die Löslichkeitsparameter der verschiedenen Tensidanteile ab. Einige Werte sind in dem Buch von Barton [15] tabellarisch aufgeführt.

7.5 Der kritische Packungsparameter (CPP) für die Auswahl der Emulsion

Der kritische Packungsparameter (CPP) ist ein geometrischer Ausdruck, der das Volumen (v) und die Länge (l) der Kohlenwasserstoffkette mit der von der Kopfgruppe belegten Grenzfläche (a_0) in Beziehung setzt [16]:

$$CPP = \frac{v}{1_c a_0},\qquad(7.15)$$

wobei a_0 die optimale Oberfläche pro Kopfgruppe ist und l_c die kritische Kettenlänge. Unabhängig von der Form einer aggregierten Struktur (kugelförmige oder zylindrische Mizelle oder Doppelschicht) kann kein Punkt innerhalb der Struktur weiter von der Kohlenwasserstoff/Wasser-Oberfläche entfernt sein als l_c. Die kritische Kettenlänge l_c ist ungefähr gleich, aber kleiner als die voll ausgezogene Länge der Alkylkette.

Das obige Konzept kann angewandt werden, um die Form einer aggregierten Struktur vorherzusagen. Betrachten wir eine kugelförmige Mizelle mit dem Radius r und der Aggregationszahl n; das Volumen der Mizelle ist gegeben durch:

$$\left(\frac{4}{3}\right)\pi r^3 = nv,\qquad(7.16)$$

wobei v das Volumen eines Tensidmoleküls ist.

Die Fläche der Mizelle ist gegeben durch,

$$4\pi r^2 = na_0,\qquad(7.17)$$

wobei a_0 die Fläche pro Tensidkopfgruppe ist.

Kombination der Gleichungen (7.16) und (7.17) ergibt:

$$a_0 = \frac{3v}{r}\qquad(7.18)$$

Die Querschnittsfläche der Kohlenwasserstoffkette a ist durch das Verhältnis ihres Volumens zu ihrer gestreckten Länge l_c gegeben:

$$a = \frac{v}{l_c}. \tag{7.19}$$

Aus Gleichung (7.18) und (7.19) folgt:

$$CPP = \frac{a}{a_0} = \left(\frac{1}{3}\right)\left(\frac{r}{l_c}\right). \tag{7.20}$$

Da $r < l_c$, ist $CPP \leq (1/3)$.

Für eine zylindrische Mizelle mit der Länge d und dem Radius r gilt:

$$\text{Volumen der Mizelle} = \pi r^2 d = nv, \tag{7.21}$$

$$\text{Oberfläche der Mizelle} = 2\pi r d = na_0. \tag{7.22}$$

Kombination von Gleichung (7.21) und (7.22) ergibt:

$$a_0 = \frac{2v}{r} \tag{7.23}$$

$$a = \frac{v}{l_c} \tag{7.24}$$

$$CPP = \frac{a}{a_0} = \left(\frac{1}{2}\right)\left(\frac{r}{l_c}\right). \tag{7.25}$$

Da $r < l_c$, gilt: $(1/3) < CPP \leq (1/2)$.

Für Vesikel (Liposomen): $1 > CPP \geq (2/3)$; und für lamellare Mizellen: $CPP \approx 1$. Für inverse Mizellen: $CPP > 1$. Eine Zusammenfassung der verschiedenen Mizellenformen und ihres CPP ist in Tab. 7.5 enthalten.

Tab. 7.5: Mizellstrukturen und dazugehörige CPP-Werte.

Lipid	kritischer Packungsparameter $v/a_0 l_c$	kritische Packungsform	gebildete Strukturen
einkettige Lipide (Tenside) mit großen Kopfgruppenflächen: – SDS in niedriger Salzkonzentration	< 1/3	Kegel	kugelige Mizellen

Tab. 7.5 (fortgesetzt)

Lipid	kritischer Packungsparameter $v/a_o l_c$	kritische Packungsform	gebildete Strukturen
einkettige Lipide (Tenside) mit kleinen Kopfgruppenflächen: – SDS und CTAB in hoher Salzkonzentration – nichtionische Lipide	1/3 bis 1/2	Kegelstumpf	zylindrische Mizellen
doppelkettige Lipide mit großen Kopfgruppenflächen; fluide Ketten: – Phosphatidylcholin (Lecithin) – Phosphatidylserin – Phosphatidylglycerin – Phosphatidylinositol – Phosphatidsäure – Sphingomyelin, DGDG[a] – Dihexadecylphosphat – Dialkyldimethylammonium-Salze	1/2 bis 1	Kegelstumpf	flexible Doppelschichten; Vesikel
doppelkettige Lipide mit kleinen Kopfgruppenflächen; anionische Lipide in hoher Salzkonzentration, gesättigte unbewegliche Ketten: – Phosphatidylethanolamine – Phosphatidylserin + Ca^{2+}	≈ 1	Zylinder	planare Doppelschichten
doppelkettige Lipide mit kleinen Kopfgruppenflächen; nichtionische Lipide, poly-cis-ungesättigte Ketten, hohes T: – ungesättigte Phosphatidylethanolamine – Cardiolipin + Ca^{2+} – Phosphatidsäure + Ca^{2+} – Cholesterin, MGDG[b]	> 1	umgekehrter Kegelstumpf od. Keil	inverse Mizellen

[a] Digalactosyldiglyceride; Diglucosyldiglyceride.
[b] Monogalactosyldiglyceride; Monoglucosyldiglyceride.

Tenside, die kugelförmige Mizellen mit den oben genannten Packungsbeschränkungen bilden, d. h. CPP ≤ (1/3), sind besser für O/W-Emulsionen geeignet. Tenside mit einem CPP > 1, d. h. die inverse Mizellen bilden, sind für die Bildung von W/O-Emulsionen geeignet.

7.6 Stabilisierung durch feste Partikel (Pickering-Emulsionen)

Eine sehr wirksame Stabilisierung gegen Koaleszenz kann durch die Verwendung von fein verteilten Feststoffen als Emulgatoren erreicht werden [17]. Diese Emulsionen werden manchmal auch als Pickering-Emulsionen bezeichnet. Die Art der erzeugten Emulsion hängt davon ab, welche Phase die Feststoffteilchen bevorzugt benetzt. Wenn die Partikel eher von der Ölphase benetzt werden (hydrophobe Partikel wie Gasruß), entsteht eine W/O-Emulsion; benetzt die wässrige Phase den Feststoff bevorzugt (wie bei Bentonit), entsteht eine O/W-Emulsion. Dies ist in Abb. 7.11 schematisch dargestellt.

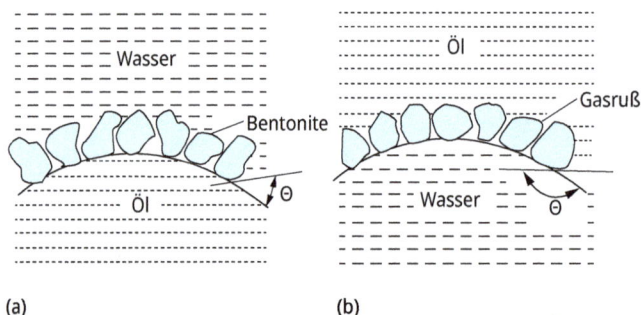

Abb. 7.11: Schematische Darstellung der Stabilisierung einer Emulsion mit festen Partikeln: (a) hydrophile Partikel (Bentonit) und (b) hydrophobe Partikel (Gasruß).

Die feinen Partikel an der Grenzfläche verhindern sowohl die Koaleszenz als auch die Ausflockung (wenn sich die Partikel an der Grenzfläche gegenseitig abstoßen). Feste Partikel mit einem Kontaktwinkel θ von 90°, wie in Abb. 7.12 dargestellt, bilden die stabilsten Emulsionen [6].

In Gegenwart von Tensiden entstehen O/W-Emulsionen, wenn der Kontaktwinkel etwas kleiner als 90° ist, während W/O-Emulsionen entstehen, wenn der Kontaktwinkel etwas größer als 90° ist. Somit ist der Kontaktwinkel an der Dreiphasengrenze (Öl/Wasser/Feststoff) entscheidend für die Stabilisierung durch bestimmte Feststoffpartikel [7]. Diese Partikel müssen im Vergleich zu den Öltröpfchen sehr klein sein. Wie bereits erwähnt, ist ein optimaler Kontaktwinkel erforderlich, um die Partikel an der Flüssig/flüssig-Grenzfläche durch Kapillarkräfte zu sammeln. Sind die Partikel zu hydrophil (z. B. Kieselerde oder Aluminiumoxid), gehen sie zu schnell in die wässrige Phase über; sind die Partikel dagegen zu hydrophob (z. B. bestimmte Rußpartikel), entstehen W/O-Emulsionen.

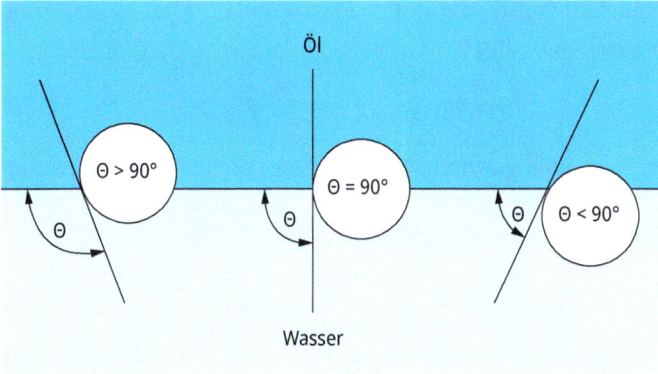

Abb. 7.12: Kontaktwinkel von Feststoffpartikeln an der O/W-Grenzfläche.

Der Mechanismus der Stabilisierung von Emulsionströpfchen durch feste Partikel ist noch lange nicht vollständig geklärt. Vermutlich spielt das Vorhandensein von Feststoffpartikeln an der Flüssig/flüssig-Grenzfläche eine wichtige Rolle bei der Verhinderung der Ausdünnung des Flüssigkeitsfilms zwischen den Tröpfchen. Damit die Feststoffteilchen ihre Wirkung entfalten können, sollten sie einen kontinuierlichen monopartikulären Film bilden. Die Kontaktwinkelhysterese ist wahrscheinlich wichtig, um eine Verschiebung des Meniskus zu verhindern. Aus diesem Grund sind „raue" asymmetrische Partikel wie Bentonit-Tone wirksamer als „glatte" kugelförmige Partikel. Die Partikel sollten außerdem einen kohärenten Film an der Grenzfläche bilden. Dies wird durch Kapillarkräfte erreicht, die die Teilchen an der Grenzfläche eng zusammenbringen. Je kleiner der Krümmungsradius des Meniskus zwischen den Partikeln ist, desto größer ist die Anziehungskraft; dies erklärt die Notwendigkeit sehr feiner Feststoffe [7].

Damit sich die Feststoffteilchen an der Grenzfläche befinden, spielt die Größe der Kontaktwinkel, die sich zwischen den beiden flüssigen Phasen bilden, eine wesentliche Rolle (siehe oben). Es ist notwendig, das Kräftegleichgewicht einer festen Kugel an der Grenzfläche zwischen Flüssigkeit und Flüssigkeit zu berücksichtigen. Betrachten wir der Einfachheit halber ein einfaches Modell kugelförmiger Teilchen mit dem Radius r, die die gleiche Dichte haben wie die beiden Flüssigkeiten 1 und 2 (ebenfalls mit gleicher Dichte), d. h. es gibt keine Auswirkungen der Gravitationskräfte (Abb. 7.13).

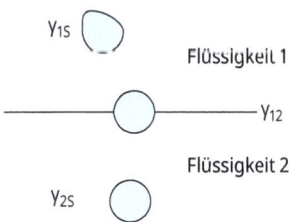

Abb. 7.13: Schematische Darstellung eines kugelförmigen Feststoffteilchens an der Grenzfläche zwischen Flüssigkeit und Flüssigkeit.

Befindet sich das Teilchen vollständig in der Flüssigkeit 1, so hat es eine freie Oberflächenenergie, die gegeben ist durch:

$$G_1 = 4\pi r^2 \gamma_{1S}, \tag{7.26}$$

wobei γ_{1S} die Grenzflächenspannung zwischen dem festen Teilchen und der Flüssigkeit 1 ist. Wenn das Teilchen vollständig in die Flüssigkeit 2 eingetaucht ist, hat es eine freie Oberflächenenergie G_2, die wie folgt angegeben wird:

$$G_2 = 4\pi r^2 \gamma_{2S}. \tag{7.27}$$

Wenn das Teilchen an der Grenzfläche verbleibt, wird es teilweise in die Flüssigkeit 1 und teilweise in die Flüssigkeit 2 eingetaucht. Wenn ΔA_{1S} und ΔA_{2S} die Flächen der Kugel sind, die in die Flüssigkeit 1 bzw. 2 eingetaucht sind, dann ist die freie Oberflächenenergie an der Grenzfläche gegeben durch:

$$G = \Delta A_{1S}\gamma_{1S} + \Delta A_{2S}\gamma_{2S}. \tag{7.28}$$

Wenn sich die Kugel an der Grenzfläche befindet, verdrängt sie eine Fläche ΔA_{12} der Grenzfläche mit einer Grenzflächenspannung γ_{12}. Im Gleichgewicht muss die gesamte freie Oberflächenenergie ein Minimum aufweisen:

$$dG = \Delta A_{1S}\gamma_{1S} + \Delta A_{2S}\gamma_{2S} + \Delta A_{12}\gamma_{12} = 0. \tag{7.29}$$

Die Flächen ΔA_{1S}, ΔA_{2S}, ΔA_{12} können aus der einfachen Geometrie, wie in Abb. 7.14 gezeigt, berechnet werden.

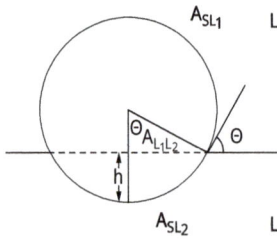

Abb. 7.14: Feste Kugel an der Grenzfläche zwischen Flüssigkeit und Flüssigkeit.

So ergibt sich:

$$2\pi rdh\gamma_{2S} + (-2\pi rdh)\gamma_{1S} - \pi(2r - 2h)dh\gamma_{12} = 0. \tag{7.30}$$

Vereinfacht ausgedrückt bedeutet dies:

$$\gamma_{1S} - \gamma_{2S} = \left(1 - \frac{h}{r}\right)\gamma_{12}. \tag{7.31}$$

Nachdem

$$\cos \theta = 1 - \frac{h}{r},$$ (7.32)

ergibt sich:

$$\gamma_{1S} - \gamma_{2S} = \gamma_{12} \cos \theta,$$ (7.33)

und dies ist im Wesentlichen die Young'sche Gleichung für das Kontaktwinkelgleichgewicht [1].

Daher wird ein Teilchen eine stabile Position an der Grenzfläche anstreben, so dass der Winkel θ zum Gleichgewichts-Kontaktwinkel wird. Aufgrund des Einflusses der Schwerkraft kommt es zu einer leichten Verschiebung aus dieser Position, bis die Nettokraft aufgrund der Grenzflächenspannungseffekte gerade der Schwerkraft entspricht. Partikel, die einen endlichen Kontaktwinkel an der Flüssig/flüssig-Grenzfläche bilden, bleiben dort, während Partikel, die von einer der beiden Flüssigkeiten vollständig benetzt werden, in die flüssige Phase verdrängt werden.

Die von den festen Teilchen erzeugte Barriere, die eine Koaleszenz verhindert, lässt sich verstehen, wenn man die Änderungen der freien Energie betrachtet, die auftreten, wenn ein Teilchen, das sich an der Grenzfläche im Gleichgewicht befindet, in eine der beiden flüssigen Phasen verlagert wird. Wird das Teilchen in die Wasserphase verlagert, vergrößert sich die Fläche der O/W-Grenzfläche um $\pi r^2 \sin^2\theta$ und eine Fläche $2\pi r^2(1 - \cos\theta)$ des Feststoffs würde von Öl auf Wasser übertragen. Die Zunahme der freien Oberflächenenergie wäre gegeben durch:

$$\Delta G = \pi r^2 \sin \theta \gamma_{OW} + 2\pi r^2 (1 + \cos \theta)(\gamma_{WS} - \gamma_{OS}).$$ (7.34)

Nachdem

$$\gamma_{OS} \cos \theta = \gamma_{WS} - \gamma_{OS},$$ (7.35)

gilt:

$$\begin{aligned}
\Delta G &= \pi r^2 \sin \theta \gamma_{OW} + 2\pi r^2 (1 + \cos \theta)(\gamma_{WS} - \gamma_{OS}) \\
&= \pi r^2 \gamma_{OW} \left[\sin^2 \theta + 2\cos \theta (1 + \cos \theta)\right] \\
&= \pi r^2 \gamma_{OW} (1 + \cos \theta)^2
\end{aligned}$$ (7.36)

In ähnlicher Weise würde der Anstieg der freien Energie beim Übergang der Kugel aus ihrer Gleichgewichtslage in die Ölphase sein:

$$\begin{aligned}
\Delta G &= \pi r^2 \gamma_{OW} \left[\sin^2 \theta - 2\cos \theta (1 + \cos \theta)\right] \\
&= \pi r^2 \gamma_{OW} (1 - \cos \theta)^2.
\end{aligned}$$ (4.37)

Der Unterschied, d. h. der Energieanstieg beim Übergang vom Öl zum Wasser, beträgt:

$$4\pi r^2 \gamma_{os} \cos\theta = 4\pi r^2 (\gamma_{ws} - \gamma_{os}). \tag{7.38}$$

Wenn also $\theta = 90°$ ist, d. h. die Gleichgewichtslage für das Teilchen zur Hälfte in der Wasserphase und zur Hälfte in der Ölphase liegt (siehe Abb. 7.12), ist die freie Energie, die erforderlich ist, um die Kugel von der Grenzfläche in eine der beiden Flüssigkeiten zu bringen, gleich und $\gamma_{ws} - \gamma_{os} = 0$; die erforderliche Änderung der freien Energie wird vollständig durch die Beseitigung eines Teils der O/W-Grenzfläche erreicht. Selbst wenn die Kugeln eine dicht gepackte Schicht mit $\theta = 90°$ bilden, kann also nicht die gesamte O/W-Grenzfläche eliminiert werden. Der maximale Anteil, der eliminiert werden könnte, beträgt $\pi/2 \times 3^{1/2} = 0{,}91$. Obwohl also die Bewegung der Kugeln zu einer bestehenden Grenzfläche aus einer der beiden Phasen die freie Energie senkt, führt die Schaffung neuer Grenzflächen zur Aufnahme weiterer Kugeln zu einem Anstieg der freien Energie. Die Kugeln können die zusätzliche freie Energie, die die Emulsion speichern muss, im Vergleich zu dem Zustand, in dem sich die Teilchen in den flüssigen Phasen befinden, beträchtlich verringern, aber sie können der Emulsion keinen Netto-Vorteil an freier Energie verschaffen. Sobald sich die festen Teilchen jedoch an der Grenzfläche befinden, erschweren sie die Koaleszenz der Tröpfchen, indem sie im Wesentlichen verhindern, dass die Tröpfchen in engen Kontakt kommen. Damit zwei benachbarte Tröpfchen, die jeweils eine dicht gepackte Anordnung von Feststoffkugeln tragen, miteinander verschmelzen können, müssen einige oder alle Feststoffkugeln in eine der beiden Hauptphasen entweichen oder die Tröpfchen müssen ausreichend verformt werden, um eine freie Oberfläche für den Kontakt zu schaffen. Jeder dieser Prozesse erfordert einen Anstieg der freien Energie, was eine Barriere für die Koaleszenz darstellt.

Literatur

[1]   Tadros, Th. F., „Applied Surfactants", Wiley-VCH, Deutschland (2005).
[2]   Tadros, Th. F., „Introduction to Surfactants", De Gruyter, Deutschland (2014).
[3]   Griffin, W. C., J. Cosmet. Chemists, 1, 311 (1949); 5, 249 (1954).
[4]   Davies, J. T., Proc. Int. Congr. Surface Activity, Vol. 1, p. 426 (1959).
[5]   Davies, J. T. und Rideal, E. K., „Interfacial Phenomena", Academic Press, N. Y. (1961).
[6]   Mollet, H. und Grubenmann, A., „Formulation Technology", Wiley-VCH, Deutschland (2001).
[7]   Tadros, Th. F. und Vincent, B., in „Encyclopedia of Emulsion Technology", Becher, P. (Herausgeber), Marcel Dekker, N. Y. (1983).
[8]   Shinoda, K., J. Colloid Interface Sci. 25, 396 (1967).
[9]   Shinoda, K. und Saito, H., J. Colloid Interface Sci., 30, 258 (1969).
[10] Shinoda, K., J. Chem. Soc. Japan, **89**, 435 (1968).
[11] Tadros, Th. F., „Rheology of Dispersions", Wiley-VCH, Deutschland (2010).
[12] Beerbower, A. und Hill, M. W., Amer. Cosmet. Perfum., **87**, 85 (1972).

[13] Hildebrand, J. H., „Solubility of Non-Electrolytes", 2. Aufl., Reinhold, New York (1936).

[14] Hansen, C. M., J. Paint Technol., **39**, 505 (1967).

[15] Barton, A. F. M., „Handbook of Solubility Prameters and Other Cohesive Parameters", CRC Press, New York (1983).

[16] Israelachvili, J. N., Mitchell, J. N. and Ninham, B. W., J. Chem. Soc. Faraday Trans. II, **72**, 1525 (1976).

[17] Pickering, S. U., J. Chem. Soc., 1112 (1934).

8 Aufrahmung/Sedimentation von Emulsionen und deren Vermeidung

8.1 Einleitung

Der Prozess der Aufrahmung oder Sedimentation von Emulsionen ist das Ergebnis der Schwerkraft, wenn die Dichte der Tröpfchen und des Mediums nicht gleich sind. Wenn die Dichte der dispersen Phase geringer ist als die des Mediums (wie bei den meisten O/W-Emulsionen), kommt es zum Aufrahmen; wenn die Dichte der dispersen Phase höher ist als die des Mediums (wie bei den meisten W/O-Emulsionen), kommt es stattdessen zur Sedimentation. Abbildung 8.1 zeigt ein schematisches Bild der Aufrahmung von Emulsionen für drei Fälle [1–4].

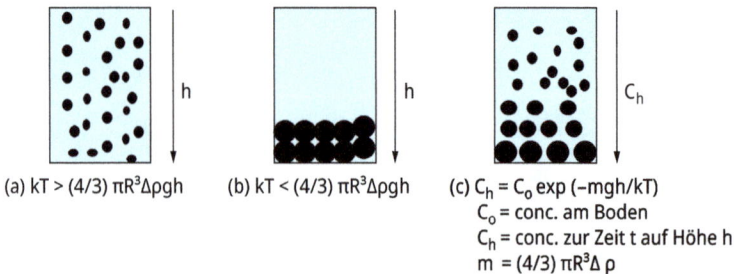

(a) $kT > (4/3)\,\pi R^3 \Delta \rho g h$ (b) $kT < (4/3)\,\pi R^3 \Delta \rho g h$ (c) $C_h = C_o \exp(-mgh/kT)$
C_o = conc. am Boden
C_h = conc. zur Zeit t auf Höhe h
$m = (4/3)\,\pi R^3 \Delta \rho$

Abb. 8.1: Darstellung der Aufrahmung von Emulsionen.

Fall (a) stellt die Situation für kleine Tröpfchen (< 0,1 µm, d. h. Nanoemulsionen) dar, wobei der Gravitationskraft eine Diffusionskraft (d. h. verbunden mit der kinetischen Translationsenergie der Tröpfchen) entgegengesetzt wird. Es wird eine Boltzmann-Verteilung aufgestellt, bei der die Tröpfchenkonzentration C_h in der Höhe h mit der in h = 0 folgendermaßen in Beziehung steht:

$$C(h) = C_o \exp\left(-\frac{mgh}{kT}\right),\qquad(8.1)$$

Dabei ist mgh die potenzielle Energie eines Tropfens in der Höhe h, wobei m die effektive Masse eines Tropfens ist, die sich wie folgt darstellt:

$$m = \frac{4}{3}\pi R^3 \Delta \rho\,,\qquad(8.2)$$

dabei ist R der hydrodynamische Radius der Tröpfchen, $\Delta \rho$ ist der Dichteunterschied zwischen den beiden flüssigen Phasen, k die Boltzmann-Konstante und T die absolute Temperatur.

https://doi.org/10.1515/9783110798593-008

Damit keine Trennung stattfindet, d. h. $C_h = C_o$:

$$kT \gg \frac{4}{3}\pi R^3 \Delta\rho gL. \tag{8.3}$$

Fall (b) steht für Emulsionen, die aus „monodispersen" Tröpfchen mit einem Radius > 1 μm bestehen. In diesem Fall sind die Konzentrationskräfte viel größer als die entgegengesetzte Diffusionskraft, so dass sich die Emulsion in zwei unterschiedliche Schichten aufteilt, wobei die Tröpfchen eine Creme oder ein Sediment bilden und die klare überstehende Flüssigkeit zurückbleibt:

$$kT \ll \frac{4}{3}\pi R^3 \Delta\rho gL. \tag{8.4}$$

Fall (c) ist der Fall einer polydispersen (praktischen) Emulsion, in der die Tröpfchen in unterschiedlichem Maße cremig werden oder sedimentieren. Im letzten Fall bildet sich, wie in Gleichung (8.1) vorhergesagt, ein Konzentrationsgefälle, wobei die größeren Tropfen oben in der Cremeschicht verbleiben, während einige kleinere Tropfen in der unteren Schicht verbleiben.

8.2 Aufrahmungs- oder Sedimentationsraten

8.2.1 Sehr verdünnte Emulsionen (φ < 0,01)

In diesem Fall könnte die Geschwindigkeit anhand des Stokes'schen Gesetzes berechnet werden, das die hydrodynamische Kraft mit der Schwerkraft ausgleicht [5]:

$$\text{hydrodynamische Kraft} = 6\pi \eta_o R v_o \tag{8.5}$$

$$\text{Schwerkraft} = \frac{4}{3}\pi R^3 \Delta\rho g \tag{8.6}$$

$$v_o = \frac{2}{9}\frac{\Delta\rho g R^2}{\eta_o}; \tag{8.7}$$

v_o ist die Stokes'sche Geschwindigkeit und η_o ist die Viskosität des Mediums.

Für eine O/W-Emulsion mit $\Delta\rho = 0{,}2$ in Wasser ($\eta_o \approx 10^{-3}$ Pas) beträgt die Aufrahmungs- oder Sedimentationsgeschwindigkeit $\approx 4{,}4 \times 10^{-5}$ ms^{-1} für 10-μm-Tröpfchen und $\approx 4{,}4 \times 10^{-7}$ ms^{-1} für 1-μm-Tröpfchen. Dies bedeutet, dass in einem 0,1-m-Behälter die Aufrahmung oder Sedimentation der 10-μm-Tröpfchen in $\approx 0{,}6$ Stunden abgeschlossen ist und für die 1-μm-Tröpfchen ≈ 60 Stunden dauert.

Wenn die Tröpfchen verformbar sind, wird einem Flüssigkeitstropfen, der sich in einer zweiten flüssigen Phase bewegt, eine innere Zirkulation aufgeprägt. Dies hat zur Folge, dass die Bewegung durch die kontinuierliche Phase sowohl eine „rollende" als auch eine „gleitende" Komponente hat. Diese Situation wurde theoretisch behandelt, was zu der folgenden Gleichung führte [1]:

$$v = \frac{2}{3} \frac{\Delta \rho g R^2}{\eta_0} \frac{\eta_0 + \eta}{3\eta_0 + 2\eta},$$

(8.8)

wobei η die Viskosität der inneren Phase ist. Für den Fall $\eta \gg \eta_0$ sagt Gleichung (8.8) voraus, dass v um 50 % höher ist als v_0, während für zwei Flüssigkeiten mit ähnlicher Viskosität ($\eta \approx \eta_0$) v nur um 20 % höher ist als v_0. Diese theoretischen Vorhersagen stimmen jedoch nicht gut mit den experimentellen Daten für v überein, was auf die Vernachlässigung des Beitrags der Grenzflächenviskosität zurückzuführen sein könnte.

Bei großen Tropfen kann eine Formverzerrung aufgrund von Druckänderungen mit der „vertikalen Höhe" des Tropfens auftreten. Der Druckunterschied zwischen „Oberseite" und „Unterseite" des Tropfens ist $\Delta \rho g d$, wobei d der verzerrte vertikale Durchmesser ist. Jede Abweichung von der kugelförmigen Geometrie führt zu einer Vergrößerung der Oberfläche ΔA. Der durch die Schwerkraft verursachten Verzerrungskraft steht also die zur Vergrößerung der Oberfläche erforderliche Arbeit gegenüber ($\gamma \Delta A$). Für kleine Verformungen beträgt $d \approx 2R$ und die fraktionelle Änderung des Radius $\Delta \rho g R^2 / \gamma$. Für $\Delta \rho = 0,1$ gcm^3 und $\gamma = 2$ mNm^{-1} würde ein Tropfen mit 2 µm Durchmesser eine Verzerrung des Radius von $\approx 5 \times 10^{-5}$ % erfahren, während die Verzerrung bei einem Tropfen mit 200 µm Durchmesser $\approx 0,5$ % betragen würde. Dieser Effekt ist also nur für große Tröpfchen wirklich signifikant.

8.2.2 Mäßig konzentrierte Emulsionen (0,2 > φ > 0,1)

Wie bereits erwähnt, ist das Stokes'sche Gesetz nur für sehr verdünnte, nicht wechselwirkende Tröpfchen anwendbar. In den meisten praktischen Emulsionen ist die Tröpfchenkonzentration hoch und man muss die hydrodynamische Wechselwirkung zwischen den Tröpfchen berücksichtigen, wenn $\varphi > 0,1$ (aber weniger als 0,2) ist. Wenn $\varphi > 0,1$ ist, können drei Beiträge zur Veränderung der Aufrahmungsgeschwindigkeit (oder Sedimentationsrate) in Betracht gezogen werden:

(1) Der Abwärtsfluss des Flüssigkeitsvolumens, der den Aufwärtsfluss der Öltröpfchen begleitet, um einen mittleren Volumenfluss von null an jedem Punkt in einer homogenen Emulsion aufrechtzuerhalten. Diese Veränderung der Flüssigkeitsumgebung für ein Tröpfchen bewirkt, dass sich die mittlere Aufrahmungsrate von ihrem Wert bei unendlicher Verdünnung um einen Betrag φv_0 unterscheidet.

(2) Der zweite und größte Beitrag ergibt sich aus dem Aufwärtssog der Flüssigkeit, die an den kugelförmigen Tröpfchen haftet. Dieser Aufwärtsfluss des Flüssigkeitsvolumens in den unzugänglichen Schalen, die die starren Kugeln umgeben, wird von einem gleich großen Abwärtsfluss des Flüssigkeitsvolumens in dem Teil der Flüssigkeit begleitet, der dem Zentrum einer Testkugel zugänglich ist. Mit anderen Worten,

die Verringerung der Aufrahmungsrate ergibt sich aus dem diffusen Abwärtsstrom, der den Aufwärtsstrom des Flüssigkeitsvolumens in der unzugänglichen Schale, die die starre Kugel umgibt, ausgleicht. Dies trägt mit $-4{,}5\,\varphi v_o$ zur Änderung der mittleren Aufrahmungsgeschwindigkeit bei.

(3) Der dritte Beitrag zur Änderung der Aufrahmungsgeschwindigkeit ergibt sich aus der Bewegung der Kugeln, die zusammen eine solche Geschwindigkeitsverteilung in der Flüssigkeit erzeugen, dass die zweite Ableitung der Geschwindigkeit, $\nabla 2v$, einen Mittelwert ungleich null aufweist. Diese Eigenschaft der Umgebung ändert die mittlere Geschwindigkeit einer bestimmten Kugel um $0{,}5\,\varphi v_o$, d. h. sie bewirkt eine Erhöhung der Aufrahmungsgeschwindigkeit.

(4) Der vierte Beitrag ergibt sich aus der Wechselwirkung zwischen den Kugeln. Wenn sich die Testkugel, deren Geschwindigkeit gemittelt wird, in der Nähe einer der anderen Kugeln in der Emulsion befindet, erhält die Testkugel durch die Wechselwirkung zwischen diesen beiden Kugeln eine Geschwindigkeit, die sich deutlich von derjenigen unterscheidet, die aus der Geschwindigkeitsverteilung in Abwesenheit einer zweiten Kugel geschätzt wurde. Daraus ergibt sich eine weitere Änderung der mittleren Aufrahmgeschwindigkeit von $-1{,}55\,\varphi v_o$.

Daher kann die Durchschnittsgeschwindigkeit v mit der Geschwindigkeit bei unendlicher Verdünnung v_o (der Stokes'schen Geschwindigkeit) in Beziehung gesetzt werden, indem die oben genannten vier Beiträge berücksichtigt werden:

$$v = v_0 + (-\varphi\,v_0 - 4{,}5\varphi\,v_0 + 0{,}5\varphi\,v_0 - 1{,}55\varphi\,v_0) = v_0(1 - 6{,}55\varphi). \qquad (8.9)$$

Gleichung (8.9) wird als Bachelor-Gleichung [6] bezeichnet, aus der hervorgeht, dass bei $\varphi = 0{,}1$ die Aufrahmungs- oder Sedimentationsrate um etwa 65 % reduziert wird.

8.2.3 Konzentrierte Emulsionen ($\varphi > 0{,}2$)

Die Geschwindigkeit des Aufrahmens oder der Sedimentation wird zu einer komplexen Funktion von φ, wie in Abb. 8.2 zu sehen ist, die auch die Änderung der relativen Viskosität η_r mit φ zeigt. Wie aus dieser Abbildung ersichtlich ist, nimmt v mit zunehmendem φ ab und nähert sich schließlich null, wenn φ einen kritischen Wert, φ_p, überschreitet, bei dem es sich um den so genannten „maximalen Packungsanteil" handelt. Der Wert von φ_p für monodisperse „Hartkugeln" reicht von 0,64 (für zufällige Packung) bis 0,74 für hexagonale Packung. Bei polydispersen Systemen liegt der Wert von φ_p über 0,74. Auch für Emulsionen, die verformbar sind, kann φ_p viel größer als 0,74 sein.

Abbildung 8.2 zeigt auch, dass η_r sich ∞ nähert, wenn φ sich φ_p nähert. In der Praxis werden die meisten Emulsionen mit φ-Werten hergestellt, die weit unter φ_p liegen, normalerweise im Bereich von 0,2 bis 0,5, und unter diesen Bedingungen ist Aufrahmung oder Sedimentation eher die Regel als die Ausnahme. Zur Verringerung oder Beseitigung der Aufrahmung oder Sedimentation können verschiedene Verfahren angewandt werden, die im Folgenden erläutert werden.

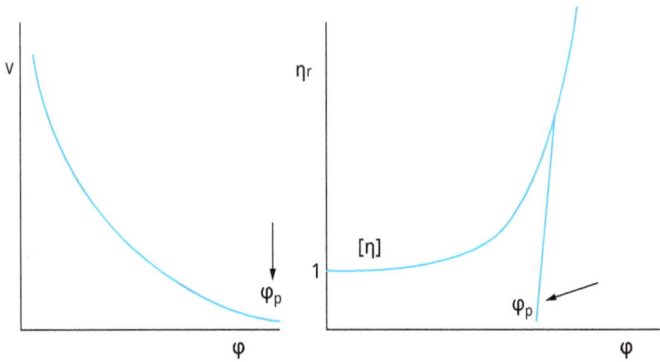

Abb. 8.2: Veränderung von v und η_r mit ϕ.

8.3 Eigenschaften der Rahmschicht

Die in Abb. 8.1c gezeigte Struktur der Rahmschicht stellt das Gleichgewichtsvolumen dar, in dem die gegenseitigen Abstände zwischen den Tröpfchen durch das Gleichgewicht zwischen dem externen Gravitationsfeld und den gegenseitigen Kräften zwischen den Tröpfchen (elektrostatische und/oder sterische Kräfte, die mit einer Grenzflächenpolymerschicht verbunden sind; siehe Kapitel 3) bestimmt werden. Aufgrund der Polydispersität der Emulsion und der Verformung aus der Kugelgeometrie kann die maximale Packung in der Rahmschicht diejenige für monodisperse Kugeln übersteigen ($\varphi = 0{,}74$ für hexagonale Packung und 0,64 für zufällige Packung). Die Auswirkungen der Polydispersität sind insofern wichtig, als die kleineren Tröpfchen in die Hohlräume zwischen den größeren Tröpfchen in einer gepackten Rahmschicht passen können. Auf diese Weise können Packungen von mehr als 0,90 erreicht werden. Wenn die Tröpfchen verformbar sind, verringert sich das Volumen der verpackten Rahmschicht und es können φ-Werte im Bereich von 0,95 bis 0,99 erreicht werden. Je größer die Größe der Tröpfchen und der Dichteunterschied zwischen den beiden flüssigen Phasen ist, desto größer ist die Tendenz zur Verformung. In vielen Fällen verformen sich die Tröpfchen zu polydedrischen Zellen, die in ihrer Struktur einem Schaum ähneln, mit einem entsprechenden Netzwerk aus mehr oder weniger flachen dünnen Flüssigkeitsfilmen der einen Flüssigkeit, die Zellen der anderen Flüssigkeit trennen. Die Koaleszenzstabilität des Systems hängt dann von der Reißfestigkeit dieser Filme ab, wie in Kapitel 11 erläutert wird.

Kommt es in der Emulsion zu einer Ausflockung (siehe Kapitel 9), ist die Aufrahmgeschwindigkeit insgesamt höher, da die Flocken größer sind. Das endgültige Rahmvolumen wird jedoch aufgrund der offeneren Struktur größer sein.

8.4 Verhinderung von Aufrahmung oder Sedimentation

8.4.1 Anpassung der Dichte von Ölphase und wässriger Phase

Wenn $\Delta\rho = 0$ ist, ist $v = 0$, wie aus Gleichung (8.7) hervorgeht. Nehmen wir zum Beispiel eine O/W-Emulsion mit einer Öldichte von 0,9 gcm^{-3}. Um die Dichte der wässrigen Phase anzugleichen (≈ 1 gcm^{-3}), muss die Dichte des Öls erhöht werden; dies kann z. B. erreicht werden, indem 20 % des Öls durch ein anderes Öl mit einer Dichte von 1,4 gcm^{-3} ersetzt werden. Diese Methode ist also nur selten praktikabel. Wenn eine Angleichung der Dichte möglich ist, erfolgt sie außerdem nur bei einer bestimmten Temperatur.

8.4.2 Verringerung der Tröpfchengröße

Da die Schwerkraft proportional zu R^3 ist, verringert sich die Schwerkraft um den Faktor 1000, wenn R um den Faktor 10 verringert wird. Unterhalb einer bestimmten Tröpfchengröße (die auch vom Dichteunterschied zwischen Öl und Wasser abhängt) kann die Brownsche Diffusion die Schwerkraft übersteigen, wie Gleichung (8.3) zeigt, und eine Aufrahmung oder Sedimentation wird verhindert. Dies ist das Prinzip der Formulierung von Nanoemulsionen (mit einer Größe von 20 bis 200 nm), die nur sehr wenig oder gar keine Aufrahmung oder Sedimentation aufweisen.

8.4.3 Verwendung von „Verdickungsmitteln"

Hierbei handelt es sich um natürliche oder synthetische Polymere mit hohem Molekulargewicht wie Xanthangummi, Hydroxyethylcellulose, Alginate, Carrageene, usw. Um die Rolle dieser "Verdickungsmittel„ zu verstehen, betrachten wir die physikalischen Gele, die durch Kettenüberlappung entstehen. Flexible Polymere, die in Lösung zufällige Windungen bilden, können bei einer kritischen Konzentration C*, die als "Überlappungskonzentration" der Polymerwindungen bezeichnet wird, „Gele" bilden. Dieses Bild wird deutlich, wenn man die Abmessungen der Windung in Lösung betrachtet: Wenn man davon ausgeht, dass die Polymerkette durch eine zufällige Bewegung in drei Dimensionen dargestellt wird, kann man zwei Hauptparameter definieren, nämlich die mittlere quadratische Länge von Ende zu Ende $<r^2>^{1/2}$ und den mittleren quadratischen Windungsradius $<s^2>^{1/2}$ (manchmal auch mit R_G bezeichnet). Die beiden sind miteinander verbunden durch:

$$\left\langle r^2 \right\rangle^{1/2} = 6^{1/2} \left\langle s^2 \right\rangle^{1/2} \tag{8.10}$$

Die Viskosität einer Polymerlösung nimmt mit steigender Konzentration allmählich zu, und bei einer kritischen Konzentration C* beginnen sich die Polymerwindungen mit einem Trägheitsradius R_G und einem hydrodynamischen Radius R_h (der aufgrund der Solvatisierung der Polymerketten höher ist als R_G) zu überlappen, was zu einem raschen Anstieg der Viskosität führt. Dies wird in Abb. 8.3 veranschaulicht, die die Veränderung von $\log\eta$ abhängig von $\log C$ zeigt.

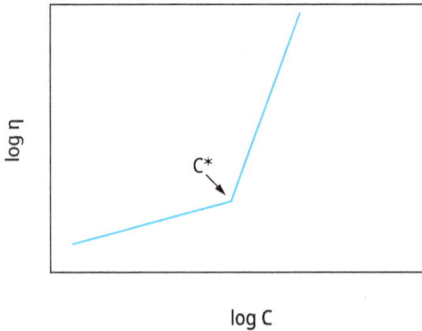

Abb. 8.3: Veränderung von $\log\eta$ mit $\log C$.

Im ersten Teil der Kurve zeigt sich $\eta \sim C$, während im zweiten Teil (größer C^*) $\eta \sim C^{3,4}$ ist. Eine schematische Darstellung der Überlappung der Polymerwindungen ist in Abb. 8.4 zu sehen, die die Wirkung einer schrittweisen Erhöhung der Polymerkonzentration zeigt. Die Polymerkonzentration oberhalb von C^* wird als halbverdünnter Bereich bezeichnet.

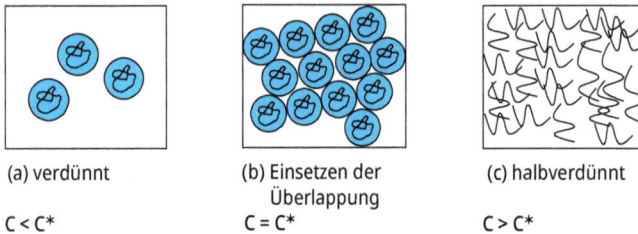

(a) verdünnt   (b) Einsetzen der   (c) halbverdünnt
                   Überlappung
$C < C^*$ $C = C^*$ $C > C^*$

Abb. 8.4: Übergang von verdünnter zu halbverdünnter Lösung.

C^* ist mit R_G und dem Polymermolekulargewicht M wie folgt verknüpft:

$$C^* = \frac{3M}{4\pi R_G^3 N_{av}},$$ (8.11)

wobei N_{av} die Avogadrosche Zahl ist. Mit zunehmendem M wird C^* immer kleiner. Dies zeigt, dass man Polymere mit hohem Molekulargewicht verwenden muss, um physikalische Gele bei niedrigen Konzentrationen durch einfache Überlappung der Polymerwindungen herzustellen. Eine andere Methode zur Verringerung der Polymerkonzentration, bei der es zu einer Kettenüberlappung kommt, ist die Verwendung von Polymeren, die lange Ketten bilden, wie z. B. Xanthangummi, das eine Konformation in Form einer Helixstruktur mit einem großen Achsenverhältnis erzeugt. Diese Polymere haben eine viel höhere intrinsische Viskosität und zeigen sowohl Rotations- als auch Translationsdiffusion. Die Relaxationszeit für die Polymerkette ist viel höher als bei einem entsprechenden Polymer mit demselben Molekulargewicht, das jedoch eine zufällige Spiralform aufweist.

Die oben genannten Polymere interagieren bei sehr niedrigen Konzentrationen und die Überlappungskonzentration kann sehr gering sein (< 0,01 %). Diese Polysaccharide werden in vielen Formulierungen verwendet, um physikalische Gele in sehr niedrigen Konzentrationen herzustellen. Bei ausreichend hoher Polymerkonzentration können die elastischen Eigenschaften der physikalischen Gele die Öltröpfchen festhalten und so ein Aufrahmen oder Absetzen verhindern.

Betrachten wir die Schwerkraftbelastungen, die beim Aufrahmen oder Sedimentieren auftreten:

$$\text{Spannung} = \text{Masse des Tropfens} \cdot \text{Gravitationsbeschleunigung} = \frac{4}{3}\pi R^3 \Delta\rho g. \quad (8.12)$$

Um eine solche Belastung zu überwinden, braucht man eine Rückstellkraft:

$$\text{Rückstellkraft Oberfläche des Tropfens} \cdot \text{Spannung des Tropfens} = 4\pi R^2 \sigma_p. \quad (8.13)$$

Die Spannung, die der Tropfen σ_p ausübt, ist also gegeben durch:

$$\sigma_p = \frac{\Delta\rho\, Rg}{3}. \quad (8.14)$$

Die maximale Schubspannung, die ein isolierter kugelförmiger Tropfen durch ein Medium mit der Viskosität η entwickelt, wird durch den folgenden Ausdruck angegeben [5]:

$$\sigma_p = \frac{3v\eta}{2R}. \quad 8.15)$$

Für Tröpfchen am groben Ende des kolloidalen Bereichs liegt σ_p im Bereich von 10^{-5} bis 10^{-2} Pa. Zur Veranschaulichung zeigt Abb. 8.5 die Veränderung der Viskosität mit der Scherspannung für ein typisches Verdickungsmittel, nämlich Ethylhydroxyethylcellulose (EHEC).

Die Ergebnisse von Abb. 8.5 zeigen, dass unterhalb eines kritischen Werts der Scherspannung ($\approx$ 0,2 Pa) das viskose Verhalten Newtonsch ist. Oberhalb dieses Spannungswerts nimmt die Viskosität ab, was auf ein scherverdünnendes Verhalten hinweist. Der Plateauwert bei $\sigma < 0,2$ ergibt die Grenz- und Restviskosität $\eta(0)$, die manchmal auch als Null-Scherviskosität bezeichnet wird. Bei Systemen, die Verdickungsmittel enthalten, kann daher die Viskosität des Mediums in Gleichung (8.7) durch die Restviskosität $\eta(0)$ ersetzt werden. Dies führt zu einer erheblichen Verringerung der Aufrahmungs- oder Sedimentationsrate. Bei einer sehr verdünnten Emulsion, die 1,48 % EHEC mit $\eta(0) \approx$ 2 Pas enthält, beträgt beispielsweise die Aufrahmungsgeschwindigkeit für 10-μm-Tropfen

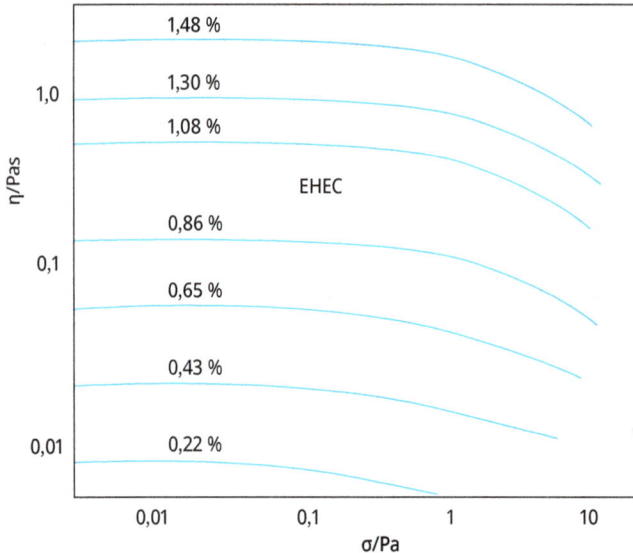

Abb. 8.5: Viskosität als Funktion der Schubspannung für unterschiedliche Konzentrationen von Ethylhydroxyethylcellulose (EHEC).

mit $\Delta\rho = 0,2 \text{ gcm}^{-3}$ etwa $2,2 \times 10^{-8} \text{ ms}^{-1}$, was etwa drei Größenordnungen unter dem Wert in Wasser ($\approx 4,4 \times 10^{-5} \text{ ms}^{-1}$) liegt. Das bedeutet, dass die vollständige Aufrahmung in einem 10 cm langen Rohr mehr als einen Monat dauert. Bei einem 1-μm-Tropfen dauert die vollständige Aufrahmung etwa zwei Jahre. Bei konzentrierteren Emulsionen ist die Aufrahmzeit wesentlich länger.

Aus der obigen Analyse ergibt sich, dass die Restviskosität $\eta(0)$ zur Vorhersage der Aufrahmung oder Sedimentation von Emulsionen verwendet werden kann. Dies wird in Abb. 8.6 veranschaulicht, die ein Diagramm von v/R^2 ($\text{m}^{-1} \text{ s}^{-1}$) gegen $\eta(0)$ für eine Emulsion mit einem Volumenanteil von 0,05 EHEC in Lösung zeigt. Eine lineare Korrelation zwischen v/R^2 und $\eta(0)$ ist deutlich zu erkennen.

8.4.4 Verringerung der Aufrahmung/Sedimentation von Emulsionen durch Assoziativverdickungsmittel

Assoziative Verdickungsmittel sind hydrophob modifizierte Polymermoleküle, bei denen Alkylketten (C_{12} bis C_{16}) entweder zufällig auf ein hydrophiles Polymermolekül wie Hydroxyethylcellulose (HEC) oder einfach an beiden Enden der hydrophilen Kette aufgepfropft sind. Ein Beispiel für hydrophob modifiziertes HEC ist Natrosol plus (Hercules), das 3 bis 4 C_{16}-Einheiten enthält, die zufällig auf Hydroxyethylcellulose aufgepfropft sind. Ein weiteres Beispiel für ein Polymer, das zwei Alkylketten an beiden Enden des Mole-

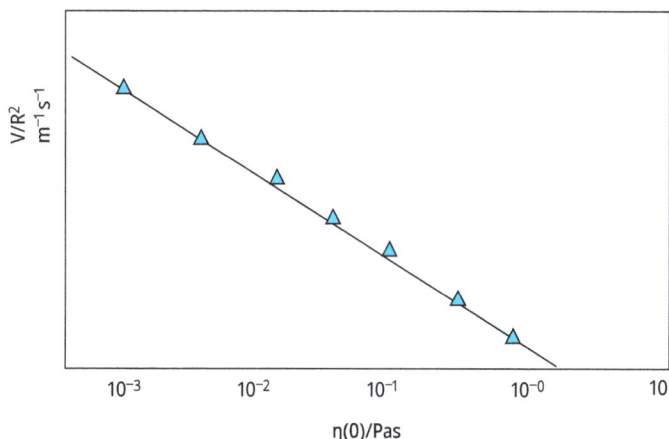

Abb. 8.6: Sedimentationsrate versus $\eta(0)$.

küls enthält, ist HEUR (Rohm and Haas), das aus Polyethylenoxid (PEO) besteht, das an beiden Enden mit einer linearen C_{18}-Kohlenwasserstoffkette versehen ist.

Die oben genannten hydrophob modifizierten Polymere bilden Gele, wenn sie in Wasser aufgelöst werden. Die Gelbildung kann schon bei relativ geringen Polymer-konzentrationen im Vergleich zum unmodifizierten Molekül auftreten. Die wahrscheinlichste Erklärung für die Gelbildung ist die hydrophobe Bindung (Assoziation) zwischen den Alkylketten des Moleküls. Dies führt zu einer scheinbaren Erhöhung des Molekulargewichts. Diese assoziativen Strukturen ähneln Mizellen, nur dass die Anzahl der Aggregate viel geringer ist.

Abbildung 8.7 zeigt die Variation der Viskosität (gemessen mit einem Brookfield-Gerät bei 30 U/min) in Abhängigkeit vom Alkylgehalt (C_8, C_{12} und C_{16}) für hydrophob modifiziertes HEC (d. h. HMHEC). Die Viskosität erreicht bei einem bestimmten Alkyl-gruppengehalt ein Maximum, das mit zunehmender Alkylkettenlänge abnimmt. Das Viskositätsmaximum steigt mit zunehmender Alkylkettenlänge.

Assoziative Verdickungsmittel zeigen auch Wechselwirkungen mit Tensidmizel-len, die in der Formulierung vorhanden sind. Die Viskosität der assoziativen Verdi-ckungsmittel weist bei einer bestimmten Tensidkonzentration ein Maximum auf, das von der Art des Tensids abhängt. Dies ist in Abb. 8.8 schematisch dargestellt. Der Anstieg der Viskosität ist auf die hydrophobe Wechselwirkung zwischen den Alkylketten am Polymerrückgrat und den Tensidmizellen zurückzuführen. Eine schematische Darstellung der Wechselwirkung zwischen HM-Polymeren und Tensidmizellen ist in Abb. 8.9 zu sehen. Bei höherer Tensidkonzentration werden die „Brücken" zwischen den HM-Polymermolekülen und den Mizellen gebrochen (freie Mizellen) und η nimmt ab.

Die Viskosität hydrophob modifizierter Polymere zeigt einen raschen Anstieg einer kritischen Konzentration, die als kritische Aggregationskonzentration (CAC) definiert werden kann, wie in Abb. 8.10 für HMHEC (WSP-D45 von Hercules) dargestellt

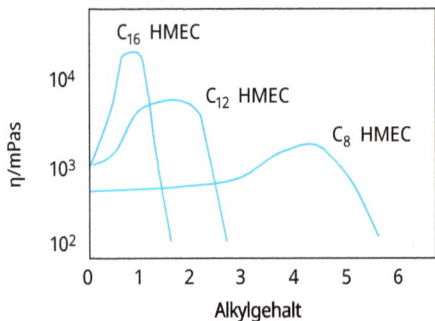

Abb. 8.7: Veränderung der Viskosität von 1 % HMEC vs. Alkylgruppengehalt des Polymers.

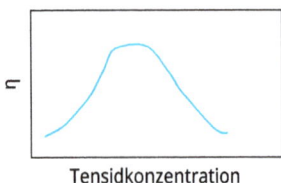

Abb. 8.8: Schematische Abbildung der Veränderung der Viskosität von HM-Polymeren mit Variation der Tensidkonzentration.

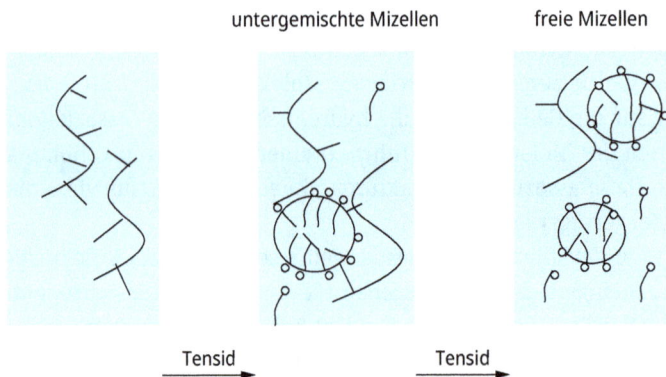

Abb. 8.9: Schematische Darstellung der Wechselwirkung von Polymeren mit Tensiden.

ist. Es wird davon ausgegangen, dass die CAC gleich der Windungsüberlappungskonzentration C^* ist.

Aus der Kenntnis von C^* und der intrinsischen Viskosität $[\eta]$ kann man die Anzahl der Ketten in jedem Aggregat ermitteln. Für das obige Beispiel ist $[\eta] = 4{,}7$ und $C^*[\eta] = 1$, was eine Aggregatzahl von ≈ 4 ergibt.

Bei C^* zeigt die Polymerlösung nicht-Newtonsches Fließen (scherverdünnendes Verhalten) und eine hohe Viskosität bei niedrigen Scherraten. Dies wird in Abb. 8.11 veranschaulicht, die die Variation der Viskosität mit der Scherrate zeigt (unter Verwendung eines Rheometers mit konstanter Spannung). Unterhalb von $\approx 0{,}1 \ \mathrm{s}^{-1}$ wird

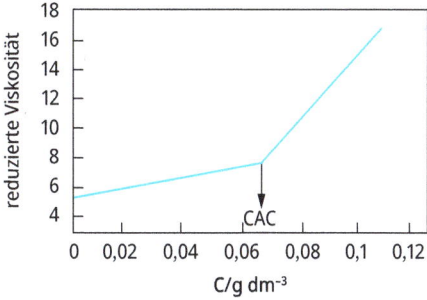

Abb. 8.10: Veränderung der reduzierten Viskosität mit der HMHEC-Konzentration.

ein Plateau-Viskositätswert $\eta(0)$ (bezeichnet als Rest- oder Null-Scher-Viskosität) erreicht ($\approx$ 200 Pas).

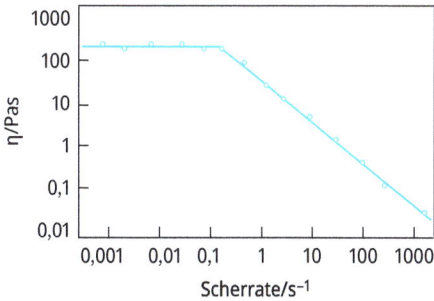

Abb. 8.11: Veränderung der Viskosität abhängig von der Scherrate bei HMHEC WSP-47 (0,75 g/ 100 cm³).

Bei Zunahme der Polymerkonzentration über C^* steigt die Null-Scherviskosität mit zunehmender Polymerkonzentration. Dies ist in Abb. 8.12 dargestellt.

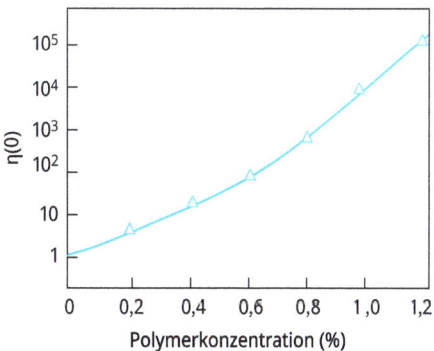

Abb. 8.12: Veränderung der Null-Scherviskosität $\eta(0)$ mit Zunahme der Polymerkonzentration.

Die oben genannten hydrophob modifizierten Polymere sind viskoelastisch; dies wird in Abb. 8.13 für eine Lösung von 5,24 % C_{18}-Alkyl mit endständigem PEO (M = 35000) veranschaulicht, die die Variation des Speichermoduls G' und des Verlustmoduls G" mit der Frequenz ω (rad s^{-1}) zeigt. G' nimmt mit steigender Frequenz zu und erreicht schließlich einen Plateauwert bei hoher Frequenz. G'' (das im Niederfrequenzbereich höher ist als G') nimmt mit steigender Frequenz zu, erreicht bei einer charakteristischen Frequenz ω* (bei der G' = G'') ein Maximum und sinkt dann im Hochfrequenzbereich auf einen Wert nahe null.

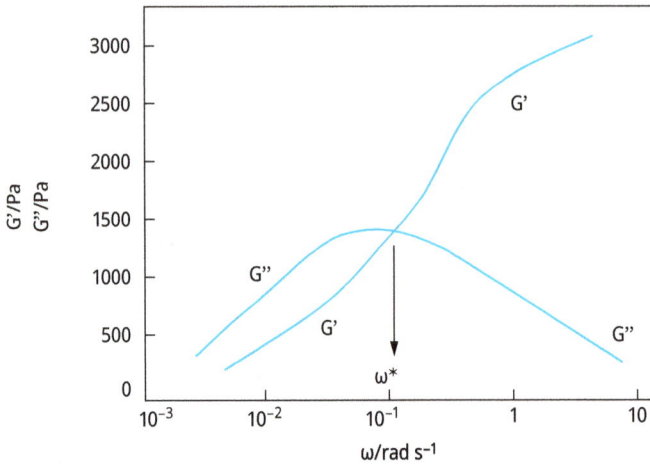

Abb. 8.13: Variation von G' und G'' mit der Frequenz für 5,24 HM PEO.

Die obige Variation von G' und G'' mit ω ist typisch für ein System, das Maxwell-Verhalten zeigt.

Aus dem Kreuzungspunkt ω* (bei dem G' = G'') kann man die Relaxationszeit τ des Polymers in Lösung ermitteln:

$$\tau = \frac{1}{\omega *}. \tag{8.16}$$

Für das oben genannte Polymer ist τ = 8 s.

Die oben genannten Gele (manchmal auch als Rheologiemodifikatoren bezeichnet) werden zur Verringerung der Schaumbildung oder Sedimentation von Emulsionen eingesetzt. Diese hydrophob modifizierten Polymere können auch mit hydrophoben Öltröpfchen in einer Emulsion interagieren und verschiedene andere assoziative Strukturen bilden.

8.4.5 Kontrollierte Flockung

Wie bereits erwähnt, zeigt die Gesamtenergie-Abstands-Kurve für elektrostatisch stabilisierte Tropfen ein flaches Minimum (sekundäres Minimum) bei relativ großem Abstand zwischen den Tropfen. Durch Zugabe geringer Mengen an Elektrolyt kann ein solches Minimum ausreichend tief gemacht werden, so dass eine schwache Flockung eintritt. Das Gleiche gilt für sterisch stabilisierte Emulsionen, die nur ein Minimum aufweisen, dessen Tiefe durch Verringerung der Dicke der adsorbierten Schicht kontrolliert werden kann. Dies kann durch Verringerung des Molekulargewichts des Stabilisators und/oder durch Zugabe eines Nichtlösungsmittels für die Ketten (z. B. Elektrolyt) erreicht werden.

Das oben beschriebene Phänomen der schwachen Ausflockung kann zur Verringerung der Ausrahmung oder Sedimentation eingesetzt werden, insbesondere bei konzentrierten Emulsionen. Im letzteren Fall kann die für die Auslösung einer schwachen Flockung erforderliche Anziehungsenergie gering sein (in der Größenordnung von einigen kT-Einheiten). Dies wird verständlich, wenn man die freie Flockungsenergie betrachtet, die sich aus zwei Termen zusammensetzt: einem Energieterm, der durch die Tiefe des Minimums (G_{min}) bestimmt wird, und einem Entropieterm, der durch die Verringerung der Konfigurationsentropie bei der Aggregation der Tröpfchen bestimmt wird:

$$\Delta G_{flocc} = \Delta H_{flocc} - T\Delta S_{flocc}. \tag{8.17}$$

Bei konzentrierten Emulsionen ist der Entropieverlust bei der Ausflockung im Vergleich zu einer verdünnten Emulsion gering. Daher reicht für die Ausflockung einer konzentrierten Emulsion ein kleines Energieminimum im Vergleich zu einer verdünnten Emulsion aus.

8.4.6 Verarmungsflockung

Wie bereits erwähnt, können viele Verdickungsmittel wie HEC oder Xanthangummi nicht an die Tropfen adsorbiert werden. Dies wird als „freies" (nicht adsorbierendes) Polymer in der kontinuierlichen Phase bezeichnet [7]. Bei einer kritischen Konzentration bzw. einem kritischen Volumenanteil des freien Polymers (φ_p^+) kommt es zu einer schwachen Flockung, da die freien Polymerwindungen aus den Tröpfchen „herausgedrückt" werden. Dies wird in Abb. 8.14 veranschaulicht, die die Situation zeigt, wenn der Polymervolumenanteil die kritische Konzentration überschreitet. Da die Polymerwindungen nicht an der Tropfenoberfläche adsorbieren, entsteht eine „polymerfreie" Zone mit der Dicke Δ (die proportional zum Trägheitsradius R_G des freien Polymers ist). Wenn sich zwei Tröpfchen einander so nähern, dass der Abstand zwischen den Tröpfchen $h \leq 2\Delta$ beträgt, werden die Polymerwindungen zwischen den Tröpfchen „herausgequetscht", wie in Abb. 8.14 dargestellt.

Der osmotische Druck außerhalb der Tröpfchen ist höher als zwischen den Tröpfchen, was zu einer Anziehung führt, deren Größe von der Konzentration des freien Polymers und seinem Molekulargewicht sowie von der Tröpfchengröße und φ abhängt. Der Wert von φ_p^+ nimmt mit der Zunahme des Molekulargewichts des freien Polymers ab. Er nimmt auch ab, wenn der Volumenanteil der Emulsion zunimmt.

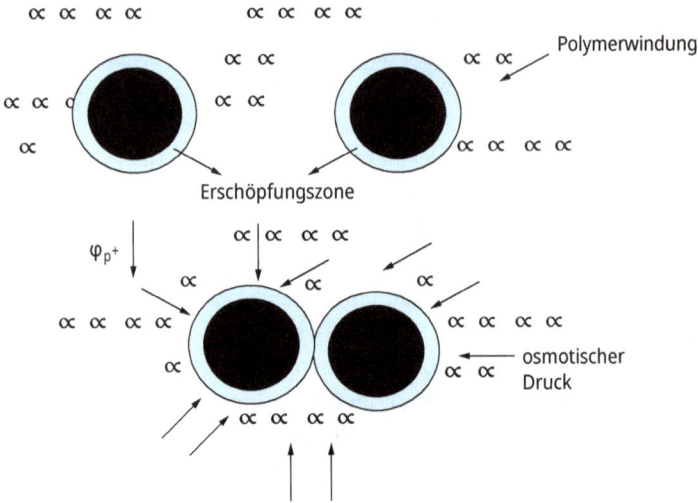

Abb. 8.14: Schematische Darstellung der Verarmungsflockung.

Die anfängliche Zugabe von "freiem Polymer„ führt zu schwachen Flocken, die einen Anstieg der Aufrahmungsrate aufweisen. Bei weiterer Erhöhung der Konzentration des "freien Polymers" nimmt die Aufrahmung zu, und die Emulsion trennt sich in zwei Schichten, eine Rahmschicht an der Oberseite und eine klare Flüssigkeitsschicht am Boden des Behälters. Oberhalb einer kritischen Konzentration des „freien Polymers" zeigt die Emulsion jedoch keine Aufrahmung mehr. Dieses Verhalten wurde von Abend et al. [8] gezeigt, die die Wirkung der Zugabe von Xanthan zu einer O/W-Emulsion (das Öl ist Isopar V, ein Kohlenwasserstofföl) mit einem Volumenanteil $\varphi = 0,5$ untersuchten, die mit einem A-B-A-Blockcopolymer stabilisiert wurde (A ist Polyethylenoxid, PEO, und B ist Polypropylenoxid, PPO, mit 26,5 EO-Einheiten und 29,7 PO-Einheiten). Die Xanthan-Konzentration wurde zwischen 0,01 und 0,67 % variiert. Abbildung 8.15 zeigt die visuelle Beobachtung der Emulsionen nach 8 Monaten Lagerung.

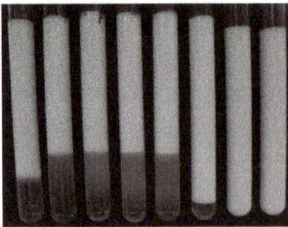

Abb. 8.15: Visuelle Beobachtung (nach 8 Monaten Lagerung) von O/W-Emulsionen ($\varphi = 0,5$), die mit einem A-B-A-Block-Copolymer (PEO-PPO-PEO) bei verschiedenen Xanthan-Konzentrationen stabilisiert wurden; von links nach rechts: 0,0; 0,01; 0,05; 0,1; 0,25; 0,50; 0,67 % Xanthan.

Aus Abb. 8.15 ist ersichtlich, dass die anfängliche Zugabe von Xanthan bis zu 0,1 % die Cremigkeit der Emulsion als Folge der Ausflockung erhöht. Die Emulsion mit 0,25 % Xanthan zeigt weniger Schaumbildung, aber eine Phasentrennung trat auf. Bei 0,5 und 0,67 % Xanthangummi trat jedoch nach 8-monatiger Lagerung keine Aufrahmung auf. Bei einer Konzentration von 0,5 und 0,67 % Xanthan scheint das von den Tröpfchen gebildete verfestigte Netzwerk nun stark genug zu sein, um der Schwerkraftbelastung (Aufrahmung) standzuhalten, und am Boden des Gefäßes ist auch nach achtmonatiger Lagerung keine klare Wasserphase sichtbar.

Die oben beschriebene schwache Flockung kann also zur Verringerung der Aufrahmung oder Sedimentation eingesetzt werden, obwohl sie mit folgenden Nachteilen verbunden ist: (1) Temperaturabhängigkeit; mit steigender Temperatur nimmt der hydrodynamische Radius des freien Polymers ab (aufgrund der Dehydratisierung), so dass mehr Polymer benötigt wird, um bei niedrigeren Temperaturen den gleichen Effekt zu erzielen. (2) Liegt die Konzentration des freien Polymers unter einer bestimmten Grenze, kann es zu einer Phasentrennung kommen, und die ausgeflockten Emulsionströpfchen können schneller cremig werden oder sedimentieren als in Abwesenheit des freien Polymers.

8.4.7 Verwendung von „inerten" Feinpartikeln

Mehrere feinteilige anorganische Stoffe bilden „Gele", wenn sie in wässrigen Medien dispergiert werden, z. B. Natriummontmorillonit oder Kieselerde. Diese partikelförmigen Materialien bilden in der kontinuierlichen Phase infolge der Wechselwirkung zwischen den Partikeln dreidimensionale Strukturen. Natriummontmorillonit (auch quellfähige Tone genannt) bildet beispielsweise bei niedrigen und mittleren Elektrolytkonzentrationen Gele. Dies lässt sich durch die Kenntnis der Struktur der Tonpartikel erklären. Letztere bestehen aus plättchenförmigen Teilchen, die aus einem oktaedrischen Aluminiumoxidblatt bestehen, das zwischen zwei tetraedrischen Siliciumdioxidblättern eingebettet ist. In der tetraedrischen Schicht ist vierwertiges Si manchmal durch dreiwertiges Al ersetzt. In der oktaedrischen Schicht kann das dreiwertige Al durch zweiwertiges Mg, Fe, Cr oder Zn ersetzt sein. Die geringe Größe dieser Atome ermöglicht es ihnen, den Platz von kleinem Si und Al einzunehmen. Dieser Ersatz wird in der Regel als isomorphe Substitution bezeichnet, bei der ein Atom mit niedriger positiver Wertigkeit ein Atom mit höherer Wertigkeit ersetzt, was zu einem Defizit an positiver Ladung oder einem Überschuss an negativer Ladung führt. Dieser Überschuss an negativer Schichtladung wird durch die Adsorption von Kationen an den Schichtoberflächen kompensiert, die zu groß sind, um im Kristall untergebracht zu werden. In wässriger Lösung können die Kompensationskationen an den Schichtoberflächen durch andere Kationen in Lösung ausgetauscht werden und werden daher als austauschbare Kationen bezeichnet. Bei Montmorillonit befinden sich die austauschbaren Kationen auf jeder Seite der Schicht im Stapel, d. h. sie sind sowohl an den Außenflächen als auch zwischen den Schichten vorhanden. Wenn Montmorillonit-Tone mit Wasser oder Wasserdampf in Berührung kommen, dringen die Wassermoleküle zwischen die Schichten ein und verursachen eine Quellung zwischen den Schichten oder eine (intra)kristalline Quellung. Diese Quellung zwischen den Schichten führt höchstens zu einer Verdoppelung des Volumens des trockenen Tons, wenn vier Schichten Wasser adsorbiert werden. Das weitaus größere Ausmaß der Quellung, das die treibende Kraft für die „Gelbildung" (bei niedriger Elektrolytkonzentration) darstellt, ist auf die osmotische Quellung zurückzuführen. Es wurde vermutet, dass die Quellung von Montmorillonit-Tonen auf die elektrostatischen Doppelschichten zurückzuführen ist, die sich zwischen den Ladungsschichten und den Kationen bilden. Dies ist sicherlich der Fall bei niedriger Elektrolytkonzentration, wo die Ausdehnung (Dicke) der Doppelschicht groß ist.

Wie bereits erwähnt, tragen die Tonteilchen eine negative Ladung als Ergebnis der isomorphen Substitution bestimmter elektropositiver Elemente durch Elemente mit niedrigerer Wertigkeit. Die negative Ladung wird durch Kationen kompensiert, die in wässriger Lösung eine diffuse Schicht bilden, d. h. es bildet sich eine elektrische Doppelschicht an der Grenzfläche Tonplatte/Lösung. Diese Doppelschicht hat eine konstante Ladung, die durch die Art und den Grad der isomorphen Substitution bestimmt wird. Die platten Oberflächen sind jedoch nicht die einzigen Oberflächen der plattenförmigen Tonteilchen, sie weisen auch eine Randoberfläche auf. Die atomare Struktur der Randflächen ist völlig anders als die der platten Oberflächen. An den Rändern sind die tetraedrischen Siliciumdioxidschichten und die oktaedrischen Aluminiumoxidschichten gestört, und die Primärbindungen sind gebrochen. Die Situation ist vergleichbar mit der Oberfläche von Siliciumdioxid- und Aluminiumoxidteilchen in wässriger Lösung. An solchen Kanten entsteht durch die Adsorption potenzialbestimmender Ionen (H^+ und OH^-) eine elektrische Doppelschicht, und man kann daher für diese Kanten einen isoelektrischen Punkt (IEP) als Punkt der Nullladung (PZC) identifizieren. Bei gebrochenen oktaedrischen Schichten an der Kante verhält sich die Oberfläche wie Al–OH mit einem IEP im Bereich von pH 7 bis 9. In den meisten Fällen werden die Kanten also oberhalb von pH 9 negativ und unterhalb von pH 9 positiv geladen.

Van Olphen [9] schlug einen Mechanismus für die Gelbildung von Montmorillonit vor, bei dem es zu einer Wechselwirkung der entgegengesetzt geladenen Doppelschichten an den Flächen und Kanten der Tonteilchen kommt. Diese Struktur, die üblicherweise als „Kartenhaus-Struktur" bezeichnet wird, wurde als Grund für die Bildung des voluminösen Tongels angesehen. Norrish [10] schlug jedoch vor, dass das voluminöse Gel das Ergebnis der ausgedehnten Doppelschichten ist, insbesondere bei niedrigen Elektrolytkonzentrationen. Ein schematisches Bild der Gelbildung, die durch die Ausdehnung der Doppelschichten und die „Kartenhaus-Struktur" entsteht, ist in Abb. 8.16 dargestellt.

Feinteilige Kieselsäure wie Aerosil 200 (hergestellt von Degussa) bildet Gelstrukturen durch einfache Assoziation (durch Van-der-Waals-Anziehung) der Teilchen zu Ketten und Kreuzketten. Wenn sie in die kontinuierliche Phase einer Emulsion eingebracht werden, verhindern diese Gele das Aufrahmen oder die Sedimentation.

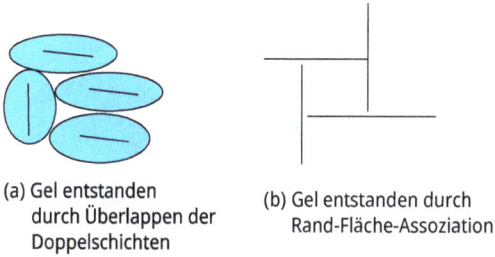

(a) Gel entstanden
    durch Überlappen der
    Doppelschichten

(b) Gel entstanden durch
    Rand-Fläche-Assoziation

Abb. 8.16: Schematische Darstellung der Gelbildung in wässrigen Tondispersionen.

8.4.8 Verwendung von Gemischen aus Polymeren und feinteiligen Feststoffen

Durch die Kombination von Verdickungsmitteln wie Hydroxyethylcellulose oder Xanthangummi mit teilchenförmigen Feststoffen wie Natriummontmorrillonit könnte eine robustere Gelstruktur erzeugt werden. Durch die Verwendung solcher Mischungen kann die Konzentration des Polymers verringert werden, wodurch das Problem der Dispersion bei Verdünnung überwunden wird. Diese Gelstruktur ist möglicherweise weniger temperaturabhängig und könnte durch Steuerung des Verhältnisses von Polymer und Partikeln optimiert werden. Wenn diese Kombinationen von z. B. Natriummontmorillonit und einem Polymer wie Hydroxyethylcellulose, Polyvinylalkohol (PVA) oder Xanthangummi richtig aufeinander abgestimmt sind, können sie eine „dreidimensionale Struktur" bilden, die alle Tröpfchen einschließt und das Aufrahmen oder Absetzen der Emulsion verhindert. Der Mechanismus der Gelierung solcher kombinierten Systeme hängt weitgehend von der Art der Tröpfchen, dem Polymer und den Bedingungen ab. Wenn das Polymer an der Partikeloberfläche adsorbiert (z. B. PVA auf Natriummontmorillonit oder Siliciumdioxid), kann sich durch Polymerbrücken ein dreidimensionales Netzwerk bilden. Unter den Bedingungen einer unvollständigen Bedeckung der Partikel durch das Polymer wird dieses gleichzeitig an zwei oder mehr Partikel adsorbiert. Mit anderen Worten: Die Polymerketten wirken als „Brücken" oder „Verbindungen" zwischen den Teilchen.

8.4.9 Verwendung von flüssigkristallinen Phasen

Tenside bilden bei hohen Konzentrationen flüssigkristalline Phasen [3]. Es lassen sich drei Haupttypen von Flüssigkristallen unterscheiden, wie in Abb. 8.17 dargestellt: die hexagonale Phase (manchmal auch als mittlere Phase bezeichnet), die kubische Phase und die lamellare Phase (reine Phase). Alle diese Strukturen sind hochviskos und zeigen auch ein elastisches Verhalten. Wenn sie in der kontinuierlichen Phase von Emulsionen erzeugt werden, können sie das Aufrahmen oder die Sedimentation der Tröpfchen ver-

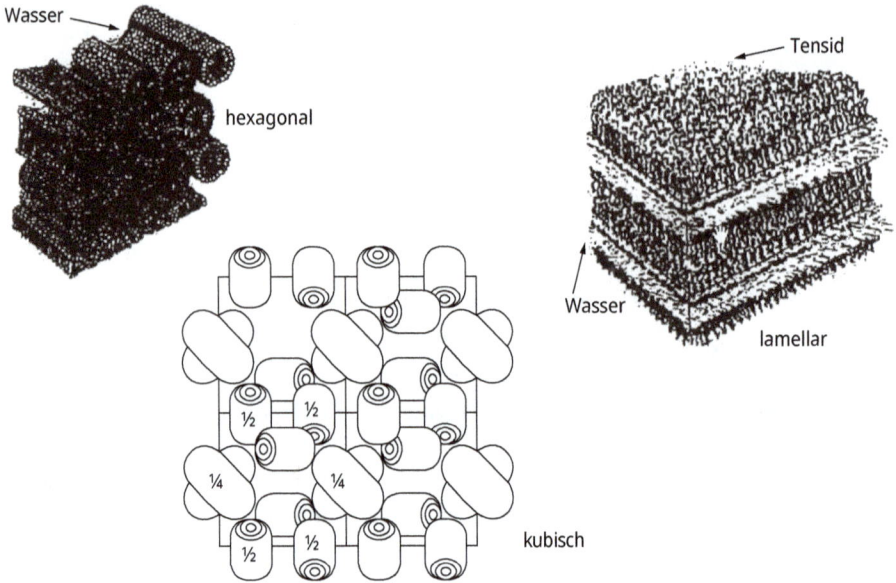

Abb. 8.17: Schematische Darstellung der flüssigkristallinen Phasen.

hindern. Diese flüssigkristallinen Phasen eignen sich besonders für die Anwendung in Handcremes, die hohe Tensidkonzentrationen enthalten.

Literatur

[1]   Tadros, Th. F. und Vincent, B., in „Encyclopedia of Emulsion Technology", Becher, P. (Herausgeber), Marcel Dekker, N. Y. (1983).
[2]   Binks, B. P. (Herausgeber), „Modern Aspects of Emulsion Science", The Royal Society of Chemistry Publication (1998).
[3]   Tadros, Th. F., „Applied Surfactants" Wiley-VCH, Deutschland (2005).
[4]   Tadros, Th. F. (Herausgeber), „Emulsion Formation and Stability", Wiley-VCH, Deutschland (2013).
[5]   Tadros, Th. F., in „Solid/Liquid Dispersions", Tadros, Th. F. (Herausgeber), Academic Press, London (1967).
[6]   Batchelor, G. K., J. Fluid. Mech., 52, 245 (1972).
[7]   Asakura, S. und Oosawa, F., J. Phys. Chem., 22, 1255 (1954); J. Polym. Sci., 33, 183 (158).
[8]   Abend, S., Holtze, C., Tadros, Th. F. und Schutenberger, P., Langmuir, **28**, 7967 (2012).
[9]   van Olphen, H., „Clay Colloid Chemistry", Wiley, New York (1963).
[10] Norrish, K., Discussion Faraday Soc. **18**, 120 (1954).

9 Flockung von Emulsionen

9.1 Einleitung

Ausflockung ist der Prozess, bei dem die Emulsionstropfen aggregieren, ohne dass die stabilisierende Schicht an der Grenzfläche reißt, wenn die freie Energie der Paarwechselwirkung bei einem bestimmten Abstand merklich negativ wird. Diese negative Wechselwirkung ist das Ergebnis der Van-der-Waals-Anziehung G_A, die für alle dispersen Systeme universell ist. Wie in Kapitel 3 gezeigt, ist G_A umgekehrt proportional zum Tropfen-Tropfen-Abstand h und hängt von der effektiven Hamaker-Konstante A des Emulsionssystems ab. Die Flockung kann schwach (reversibel) oder stark (nicht leicht reversibel) sein, abhängig von der Stärke der Kräfte zwischen den Tröpfchen. Die Flockung führt in der Regel zu einer verstärkten Schaumbildung, da die Flocken aufgrund ihres größeren effektiven Radius schneller aufsteigen als einzelne Tropfen. Ausnahmen bilden konzentrierte Emulsionen, bei denen die Bildung einer gelartigen Netzwerkstruktur einen stabilisierenden Einfluss haben kann (siehe Kapitel 8). Die Ausflockung wird durch die Polydispersität verstärkt, da die unterschiedlichen Aufrahmgeschwindigkeiten von kleinen und großen Tropfen dazu führen, dass sie sich häufiger näher kommen, als dies in einem monodispersen System der Fall wäre [1]. Die Rahmschicht, die sich gegen Ende des Aufrahmvorgangs bildet, ist eigentlich eine konzentrierte Flocke. Die Flockungsrate lässt sich aus dem Produkt eines Häufigkeitsfaktors (wie oft die Tropfen einander begegnen) und eines Wahrscheinlichkeitsfaktors (wie lange sie zusammenbleiben) abschätzen. Ersterer kann für den Fall der Brownschen Bewegung (perikinetische Flockung) oder unter Scherströmung (orthokinetische Flockung) berechnet werden, wie weiter unten erläutert wird. Die orthokinetische Flockung hängt von der Wechselwirkungsenergie ab, d. h. von der freien Energie, die erforderlich ist, um Tropfen aus dem Unendlichen in einen bestimmten Abstand zu bringen.

Bei der Berechnung der Wechselwirkungsenergie in Abhängigkeit vom Abstand zwischen den Tröpfchen werden normalerweise drei Terme berücksichtigt (siehe Kapitel 3): die Van-der-Waals-Anziehung (die vom Tropfenradius und der effektiven Hamaker-Konstante abhängt), die elektrostatische Abstoßung, die beispielsweise durch die Adsorption ionischer Tenside hervorgerufen wird (die vom Oberflächen- oder Zetapotenzial, dem Tropfenradius und der Ionenstärke des Mediums abhängt), und die sterische Abstoßung, die durch die Adsorption nichtionischer Tenside oder Polymere hervorgerufen wird (die von der Adsorptionsdichte, der Konformation der Kette an der O/W-Grenzfläche und der Lösungsmittelqualität abhängt).

https://doi.org/10.1515/9783110798593-009

9.2 Mechanismus der Emulsionsflockung

Dies kann der Fall sein, wenn die Energiebarriere gering oder nicht vorhanden ist (bei elektrostatisch stabilisierten Emulsionen) oder wenn die stabilisierenden Ketten eine schlechte Löslichkeit erreichen (bei sterisch stabilisierten Emulsionen, d. h. wenn der Flory-Huggins-Wechselwirkungsparameter $\chi > 0{,}5$ ist). Der Einfachheit halber werde ich die Ausflockung von elektrostatisch und sterisch stabilisierten Emulsionen getrennt behandeln.

9.2.1 Flockung von elektrostatisch stabilisierten Emulsionen

Wie in Kapitel 3 erörtert, ist die Bedingung für kinetische Stabilität, die durch die Deryaguin-Landau-Verwey-Overbeek-Theorie (DLVO-Theorie) [2, 3] beschrieben wird, die Größe des Energiemaximums, G_{max}, bei der Zwischentrennung der Tropfen. Damit eine Emulsion kinetisch stabil bleibt (ohne Ausflockung), muss $G_{max} > 25$ kT sein. Wenn $G_{max} < 5$ kT oder gar nicht vorhanden ist, kommt es zur Ausflockung. Es lassen sich zwei Arten der Flockungskinetik unterscheiden: schnelle Flockung ohne Energiebarriere und langsame Flockung, wenn eine Energiebarriere besteht.

9.2.1.1 Schnelle Flockungskinetik

Die Kinetik der schnellen Ausflockung wurde von Smoluchowki [4] behandelt, der den Fall betrachtete, dass es keine Wechselwirkung zwischen den beiden kollidierenden Tropfen gibt, bis sie in Kontakt kommen, woraufhin sie irreversibel aneinander haften. Der Prozess wird durch eine Kinetik zweiter Ordnung dargestellt und ist einfach diffusionsgesteuert. Die Anzahl der Teilchen n zu jedem Zeitpunkt t kann mit der Endzahl (bei t = 0) n_0 durch den folgenden Ausdruck in Beziehung gesetzt werden:

$$n = \frac{n_0}{1 + k_0 n_0 t},\tag{9.1}$$

wobei k_0 die Geschwindigkeitskonstante für die schnelle Flockung ist, die mit dem Diffusionskoeffizienten der Tröpfchen D zusammenhängt, d. h.:

$$k_0 = 8\pi D R.\tag{9.2}$$

D ist durch die Stokes-Einstein-Gleichung gegeben:

$$D = \frac{kT}{6\pi \eta R}.\tag{9.3}$$

Kombination der Gleichungen (9.2) und (9.3) ergibt:

$$k_0 = \frac{4\,kT}{3\,\eta} = 5{,}5 \cdot 10^{-18}\,m^3 s^{-1} \text{ für Wasser bei } 25\ ^\circ C. \tag{9.4}$$

Die Halbwertszeit $t_{1/2}$ ($n = (1/2)\,n_0$) kann für verschiedene n_0 oder Volumenanteile φ wie in Tab. 9.1 angegeben berechnet werden.

Tab. 9.1: Halbwertszeit der Emulsionsflockung.

R/µm	φ			
	10^{-5}	10^{-2}	10^{-1}	5×10^{-1}
0,1	765 s	76 ms	7,6 ms	1,5 ms
1,0	21 h	76 s	7,6 s	1,5 s
10,0	4 Monate	21 h	2 h	25 min

Aus Tab. 9.1 ist ersichtlich, dass die Zeitskalen bei verschiedenen Tröpfchengrößen und Volumenanteilen etwa 10 Größenordnungen umfassen. Eine verdünnte Emulsion mit großen Tröpfchen kann etwa einen Tag lang keine sichtbaren Anzeichen für eine Ausflockung zeigen, während eine hohe Konzentration kleiner Tröpfchen sofort ausgeflockt zu sein scheint.

Die Smoluchowski-Analyse führt auch zu einem Ausdruck für die Anzahl der Aggregate zum Zeitpunkt t:

$$n_i = \frac{n_0 (t/t_{1/2})^{i-1}}{(1 + t/t_{1/2})^{i+1}}. \tag{9.5}$$

Die meisten Emulsionen sind polydispers, was zu einer Erhöhung der Flockungsrate im Vergleich zu monodispersen Emulsionen führt. Ein weiterer Faktor, der sich auf die Geschwindigkeit der schnellen Flockung auswirkt, sind hydrodynamische Effekte, die eine Abhängigkeit von der Tröpfchengröße und -anzahl bzw. der Konzentration aufweisen. Der für diese Systeme gefundene Höchstwert von k_0 beträgt 3×10^{-18} $m^3\,s^{-1}$ im Vergleich zum Smoluchowski-Wert von $5{,}5 \times 10^{-18}$ $m^3\,s^{-1}$. Dies ist darauf zurückzuführen, dass die hydrodynamischen Wechselwirkungen für diffundierende Tröpfchen nur dann dem Stokes'schen Gesetz gehorchen, wenn die Tröpfchen voneinander isoliert sind. In einer echten Emulsion müssen zusätzliche hydrodynamische Wechselwirkungen berücksichtigt werden. So ist die in der Smoluchowski-Analyse gemachte Annahme, dass der relative Diffusionskoeffizient D_{12} durch die Summe der beiden individuellen Diffusionskoeffizienten D_1 und D_2 gegeben ist, für sich nähernde Tröpfchen nicht mehr gültig.

9.2.1.2 Langsame Flockungskinetik

Smoluchowski [4] berücksichtigte ursprünglich die Auswirkung einer Energiebarriere G_{max}, die sich aus der Wechselwirkung zwischen den Partikeln ergibt, auf die Kinetik der Flockung, indem er einen Korrekturparameter α einführte, wobei α der Anteil der Kollisionen ist, die „effektiv" sind, d. h. zu einer irreversiblen Flockung führen. Diese Idee basiert auf der Arrhenius-Gleichung für chemische Reaktionen, d. h.:

$$k = k_0 \exp\left(-\frac{G_{max}}{kT}\right). \tag{9.6}$$

Die Analogie zu chemischen Reaktionen ist nicht exakt. In der chemischen Kinetik ist die Geschwindigkeit des Verschwindens eines Reaktanten gegeben durch die absolute Konzentration der Übergangszustandsspezies mal der Häufigkeit der Bindung in dieser Spezies, die gelöst werden muss, um die Produkte zu bilden. In der Flockungskinetik hängt die Geschwindigkeit vom Fluss der Teilchen zu einem bestimmten Teilchen ab.

Fuchs [5] hat gezeigt, dass bei Vorhandensein von Teilchenwechselwirkungen der Fluss aus zwei Beiträgen besteht, von denen einer auf die Brownsche Diffusion der Teilchen und der andere auf die Wechselwirkungen zurückzuführen ist. Auf diese Weise ist die Geschwindigkeitskonstante k der langsamen Flockung mit der Smoluchowski-Rate k_0 durch die Stabilitätskonstante W verbunden:

$$W = \frac{k_0}{k}. \tag{9.7}$$

W ist mit G_{max} durch den folgenden Ausdruck verbunden [6]:

$$W = 2R \int_{2R}^{\infty} \exp\left(\frac{G_{max}}{kT}\right) r^{-2} dr, \tag{9.8}$$

dabei entspricht r dem Abstand zwischen zwei interagierenden Tröpfchen in der Mitte. W hängt vom Ausmaß der Flockung und der Morphologie der Flocken in einem bestimmten System ab. Aus diesem Grund ist es üblich, nur die frühen Phasen der Flockung (t → 0) zu betrachten, in denen nur Dubletten die einzigen aggregierten Strukturen sind.

Für ladungsstabilisierte Emulsionen ist W durch den folgenden Ausdruck gegeben [6]:

$$W = \frac{1}{2\kappa R} \exp\left(\frac{G_{max}}{kT}\right), \tag{9.9}$$

wobei κ der Debye-Huckel-Parameter ist, der gegeben ist durch:

$$\kappa = \left(\frac{2Z^2 e^2 C}{\varepsilon_r \varepsilon_0 kT}\right)^{1/2}. \tag{9.10}$$

Dabei sind Z die Wertigkeit der Gegenionen, e die elektrische Ladung, C die Elektrolyt-konzentration in der Hauptlösung, ε_r die relative Dielektrizitätskonstante des Medi-ums, ε_0 die Dielektrizitätskonstante des freien Raums, k die Boltzmann-Konstante und T die absolute Temperatur.

Da G_{max} durch die Elektrolytkonzentration C und die Wertigkeit bestimmt wird, kann man einen Ausdruck ableiten, der W mit C und Z in Beziehung setzt:

$$\log W = const. - 2{,}06 \cdot 10^9 \left(\frac{R\gamma^2}{Z^2}\right) \log C, \tag{9.11}$$

wobei γ eine Funktion ist, die durch das Oberflächenpotenzial ψ_0 bestimmt wird:

$$\gamma = \left[\frac{\exp(Ze\psi_0/kT) - 1}{\exp(Ze\psi_0/kT) + 1}\right]. \tag{9.12}$$

Abbildung 9.1 zeigt den Verlauf von logW gegen logC, der im langsamen Flockungszu-stand eine lineare Beziehung aufweist. Im Bereich der schnellen Flockung ist $G_{max} = 0$ und d(logW)/d(logC) = 0. Die Bedingung logW = 0 (W = 1) ist der Beginn der schnellen Flo-ckung. Die Elektrolytkonzentration an diesem Punkt definiert die kritische Flockungskon-zentration CFC. Oberhalb der CFC ist W < 1 (aufgrund des Beitrags der Van-der-Waals-Anziehung, die die Geschwindigkeit über den Smoluchowski-Wert hinaus beschleunigt). Unterhalb der CFC ist W > 1 und nimmt mit sinkender Elektrolytkonzentration zu. Die Abbildung zeigt auch, dass die CFC mit zunehmender Wertigkeit gemäß der Schulze-Hardy-Regel abnimmt.

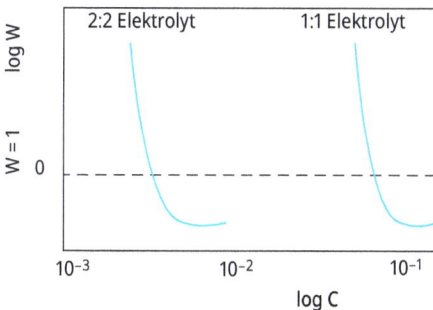

Abb. 9.1: LogW-logC-Kurven für elektrostatisch stabilisierte Emulsionen.

9.2.1.3 Schwache (umkehrbare) Flockung

Wie in Kapitel 3 beschrieben, zeigt die durch die DLVO-Theorie [2, 3] beschriebene Energie-Distanz-Kurve das Vorhandensein einer flachen Energiequelle, nämlich das sekundäre Minimum (G_{min}), das nur wenige kT-Einheiten beträgt. In diesem Fall ist die Ausflockung schwach und reversibel, so dass man sowohl die Ausflockungsrate (Vorwärtsrate k_f) als auch die Entflockungsrate (Rückwärtsrate k_b) berücksichtigen muss. Die Rate der Abnahme der Partikelanzahl mit der Zeit ist durch den folgenden Ausdruck gegeben:

$$-\frac{dn}{dt} = -k_f n^2 + k_b n.$$ (9.13)

Die Rückwärtsreaktion (Aufbrechen schwacher Flocken) verringert die Gesamtflockungsrate. K_b kann von der Flockengröße und der genauen Art und Weise abhängen, in der die Flocken zerfallen. Eine weitere Komplikation bei der Analyse der schwachen (reversiblen) Flockung ist die Auswirkung der Tröpfchenzahlkonzentration. Bei dieser Art von Flockung handelt es sich eher um ein kritisches Phänomen als um einen kettenförmigen (oder sequenziellen) Prozess. Daher muss eine kritische Tröpfchenzahlkonzentration n_{crit} überschritten werden, bevor eine Flockung eintritt.

9.2.1.4 Orthokinetische Ausflockung

Dieser Flockungsprozess findet unter Scherungsbedingungen statt und wird als orthokinetisch bezeichnet (zur Unterscheidung vom diffusionsgesteuerten perikinetischen Prozess). Am einfachsten ist die Analyse für eine laminare Strömung, da bei einer turbulenten Strömung mit chaotischen Wirbeln (wie in einem Hochgeschwindigkeitsmischer) die Partikel einem breiten und unvorhersehbaren Spektrum an hydrodynamischen Kräften ausgesetzt sind [7]. Bei laminarer Strömung bewegt sich das Teilchen mit der Geschwindigkeit v_p der Flüssigkeit in der Ebene, die mit dem Zentrum des Teilchens zusammenfällt. In diesem Fall ist die gesamte Kollisionshäufigkeit aufgrund der Strömung, c_f, durch den folgenden Ausdruck gegeben:

$$c_f = \frac{16}{3} n_p^2 R^3 \left(\frac{dv}{dx}\right).$$ (9.14)

Bei der Annäherung der Teilchen im Scherfeld bewirken die hydrodynamischen Wechselwirkungen eine Rotation des kollidierenden Paares, und in Kombination mit der Verlangsamung der Annäherung aufgrund des Flüssigkeitsabflusses (Schmierspannung) und der Brownschen Bewegung führen nicht alle Kollisionen zur Aggregation. Gleichung (9.14) muss um einen Faktor α (die Kollisionshäufigkeit) reduziert werden, um dies zu berücksichtigen:

$$c_f = \alpha \frac{16}{3} n_p^2 R^3 \left(\frac{dv}{dx}\right).$$ (9.15)

Die Kollisionshäufigkeit α liegt in der Größenordnung von 1 und ein typischer Wert wäre $\alpha \approx 0{,}8$.

Bei (dv/dx) handelt es sich um die Scherrate, so dass Gleichung (9.15) wie folgt geschrieben werden kann:

$$c_f = \alpha \frac{16}{3} n_p^2 R^3 \dot{\gamma},$$ (9.16)

und die Rate der orthokinetischen Flockung ist gegeben durch:

$$-\frac{dn}{dt} = \alpha \frac{16}{3} n_p^2 R^3 \dot{\gamma}.$$ (9.17)

Es kann ein Vergleich zwischen der Kollisionshäufigkeit oder -rate der orthokinetischen und der perikinetischen Flockung, c_f bzw. c_b, angestellt werden:

$$\frac{c_f}{c_b} = \frac{2\alpha\eta_o R^3 \dot{\gamma}}{kT}.$$ (9.18)

Wenn die Partikel in Wasser bei einer Temperatur von 25 °C dispergiert werden, ergibt sich für das Verhältnis in Gleichung (9.18):

$$\frac{c_f}{c_b} \approx 4 \cdot 10^{17} R^3 \dot{\gamma}.$$ (9.19)

Wenn eine Flüssigkeit in einem Becherglas mit einem Stab gerührt wird, liegt der Geschwindigkeitsgradient r der Scherrate im Bereich von 1 bis 10 s^{-1}, bei einem mechanischen Rührer beträgt er etwa 100 s^{-1}, und an der Spitze einer Turbine in einem großen Reaktor kann er Werte von 1000 bis 10000 s^{-1} erreichen. Dies bedeutet, dass der Partikelradius R kleiner als 1 μm sein muss, wenn selbst eine langsame Durchmischung vernachlässigt werden kann. Dies zeigt, wie die Wirkung der Scherung die Aggregationsrate erhöhen kann.

Es sollte erwähnt werden, dass die obige Analyse für den Fall gilt, dass es keine Energiebarriere gibt, d. h. den Smoluchowski-Fall [4]. Bei Vorhandensein einer Energiebarriere, d. h. bei potenzialbegrenzter Aggregation, muss man den Beitrag der hydrodynamischen Kräfte berücksichtigen, die auf das kollidierende Paar wirken [7].

9.2.2 Flockung von sterisch stabilisierten Emulsionen

Damit eine Emulsion, die durch ein adsorbiertes Polymer stabilisiert wurde, entflockt bleibt, müssen folgende Kriterien erfüllt sein:
(1) Die Tropfen sollten vollständig vom Polymer bedeckt sein (die Polymermenge sollte dem Plateauwert entsprechen). Unbedeckte Stellen können entweder durch Van-der-Waals-Anziehung (zwischen den unbedeckten Stellen) oder durch Brückenflockung (wobei ein Polymermolekül gleichzeitig an zwei oder mehr Tropfen adsorbiert wird) zur Ausflockung führen.
(2) Das Polymer sollte fest an den Tröpfchenoberflächen „verankert" sein, um eine Verschiebung während der Annäherung der Tropfen zu verhindern. Dies ist besonders wichtig für konzentrierte Emulsionen. Zu diesem Zweck sind A-B-, A-B-A-

Block- und BA_n-Pfropfcopolymere am besten geeignet, wobei die Kette B so gewählt wird, dass sie im Medium sehr unlöslich ist und eine starke Affinität zur Oberfläche aufweist oder im Öl löslich ist. Beispiele für B-Gruppen für unpolare Öle in wässrigen Medien sind Polystyrol, Polypropylenoxid und Polymethylmethacrylat.

(3) Die stabilisierende Kette A sollte in dem Medium gut löslich sein und von seinen Molekülen stark solvatisiert werden. Beispiele für A-Ketten in wässrigen Medien sind Polyethylelenoxid und Polyvinylalkohol.

(4) Die Dicke der adsorbierten Schicht δ sollte ausreichend groß sein (> 5 nm), um eine schwache Ausflockung zu verhindern.

Es ist zweckmäßig, die Ausflockung sterisch stabilisierter Emulsionen in drei Abschnitten zu erörtern:

(1) endständig verankerte Polymerketten mit hoher Molmasse;

(2) endständig verankerte Ketten mit niedriger Molmasse;

(3) an mehreren Punkten verankerte Ketten, d. h. Ketten, die an der Grenzfläche eine schlaufen- und zugartige Konfiguration aufweisen.

9.2.2.1 Flockung von Emulsionen mit hochmolekularen, endständig verankerten Ketten

In diesem Fall dominiert die Mischungswechselwirkung G_{mix} die Wechselwirkung zumindest bei einem geringen Grad der gegenseitigen Durchdringung (siehe Kapitel 3). In diesem Fall kann man den elastischen Term G_{el} vernachlässigen, bis der Oberflächenabstand h kleiner als δ ist, d. h. wenn die Polymerschicht auf einer Grenzfläche mit der zweiten Grenzfläche selbst in Kontakt kommt. Bei Ketten mit hoher Molmasse ist die adsorbierte Polymerschicht ausreichend dick, so dass man den Beitrag der Van-der-Waals-Anziehung, G_A, zur Gesamtwechselwirkung vernachlässigen kann. Mit anderen Worten, die Gesamtwechselwirkung G_T ist einfach durch G_{mix} gegeben, das sich folgendermaßen ausdrücken lässt:

$$G_{mix} = \left(\frac{2\,V_2^2}{V_1}\right) v_2 \left(\frac{1}{2} - \chi\right) \left(\delta - \frac{h}{2}\right)^2 \left(3R + 2\delta + \frac{h}{2}\right) \tag{9.20}$$

wobei V_1 und V_2 die Molvolumina von Lösungsmittel bzw. Polymer, v_2 die Anzahl der Ketten pro Flächeneinheit und χ der Flory-Huggins-Wechselwirkungsparameter sind. Letzterer hängt von der Löslichkeit der stabilisierenden A-Kette durch das Medium ab. Bei einem guten Lösungsmittel für die A-Kette ist $\chi < 0{,}5$, während bei einem schlechten Lösungsmittel für die Kette $\chi > 0{,}5$ ist. Der Punkt, an dem $\chi = 0{,}5$ ist, wird als θ-Bedingung bezeichnet. Der Flory-Huggins-Wechselwirkungsparameter χ kann bequem durch Variation der Temperatur, Zugabe eines Nichtlösungsmittels oder Erhöhung der Elektrolytkonzentration in der externen Phase geändert werden.

Zur Veranschaulichung zeigt Abb. 9.2 die Veränderung von G_{mix}, G_{el}, G_A und G_T mit h, wenn χ von < 0,5 auf > 0,5 erhöht wird.

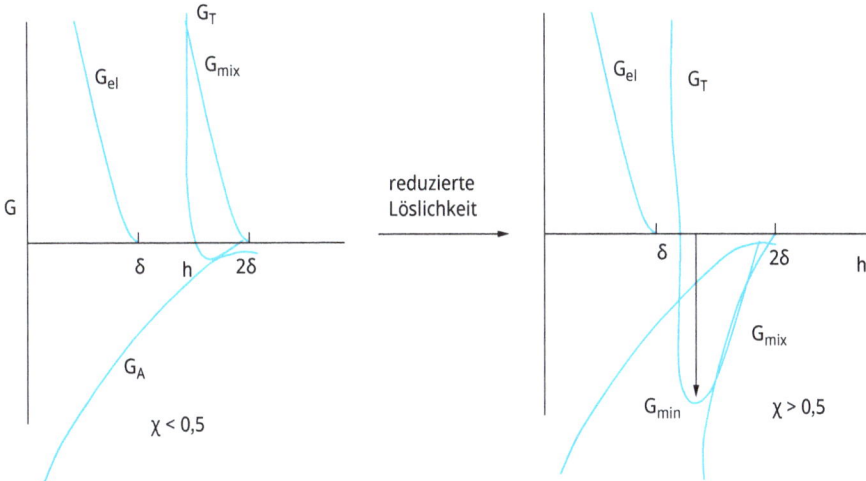

Abb. 9.2: Schematische Darstellung der Wechselwirkungsenergie-Kurven für zwei durch ein hochmolekulares Polymer stabilisierte Tröpfchen.

Es ist zu erkennen, dass bei $\chi > 0{,}5$ (d. h. das Medium für die A-Ketten wird schlechter als ein θ-Lösungsmittel) ein signifikanter Wert von G_{min} erreicht wird, was zu einer katastrophalen Flockung führt (manchmal auch als beginnende Flockung bezeichnet). Bei vielen Systemen wird eine gute Korrelation zwischen dem Flockungspunkt und dem θ-Punkt erzielt. So flockt die Emulsion beispielsweise bei einer Temperatur aus (der so genannten kritischen Flockungstemperatur, CFT), die der θ-Temperatur der Stabilisierungskette entspricht. Die Emulsion kann bei einem kritischen Volumenanteil (CFV) eines Nichtlösungsmittels ausflocken, der gleich dem Volumen des Nichtlösungsmittels ist, das es zu einem θ-Lösungsmittel macht.

Es sollte jedoch erwähnt werden, dass manche Emulsionen beim Abkühlen ausflocken und andere beim Erhitzen. Im Allgemeinen (aber nicht immer) tritt Ersteres ein, wenn ein nichtwässriges Lösungsmittel die äußere Phase ist (z. B. W/O-Emulsionen), während Letzteres eintritt, wenn Wasser die äußere Phase ist (O/W-Emulsionen).

Die Korrelation zwischen der CFT und der θ-Temperatur [1] wurde für Toluol-in-Wasser-Emulsionen nachgewiesen, die in 0,39 mol dm^{-3} MgSO$_4$ dispergiert und durch Polyethylenoxid (PEO) stabilisiert wurden. Die Stabilität der Emulsion wurde durch Überwachung des Volumens der Cremeschicht ermittelt. Eine stabile Emulsion zeigt innerhalb eines bestimmten Zeitraums (2 Stunden) kaum Anzeichen von Aufrahmung, während eine ausgeflockte Emulsion eine deutliche Rahmschicht aufweist. Die Ergebnisse sind in Abb. 9.3 dargestellt.

Abbildung 9.3 zeigt deutlich die Lage der CFT, die bei 318 K liegt. Die beobachtete Ausflockung ist reversibel, d. h. die Emulsion kann beim Abkühlen unter die CFT leicht dispergiert werden. Dies deutet darauf hin, dass es in der Rahmschicht keine Koaleszenz gibt.

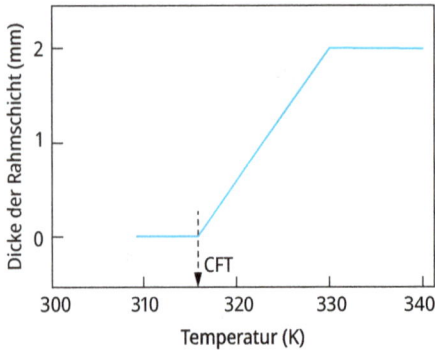

Abb. 9.3: Lage der CFT für eine sterisch stabilisierte Emulsion.

9.2.2.3 Ausflockung von Emulsionen mit terminal verankerten Ketten mit niedriger Molmasse

In diesem Fall kann man die Rolle von G_{el} nicht vernachlässigen, da die Segmentkonzentration in der adsorbierten Schicht nun deutlich höher ist. Da G_{el} nun fast an der gleichen Stelle wie G_{mix} einsetzt (d. h. bei $h \approx 2\delta$), werden die Änderungen von G_{mix}, die sich aus der Änderung der Löslichkeit (d. h. des χ-Parameters) für die stabilisierende Kette ergeben, tendenziell etwas verdeckt. Allerdings führen Änderungen der Löslichkeit auch zu Änderungen von G_{el}, da eine Abnahme der Löslichkeit zu einer Verringerung der Dicke der adsorbierten Schicht (und folglich zu einer Zunahme der durchschnittlichen Segmentdichte) führt. Daraus ergibt sich, dass G_{min} bei abnehmender Löslichkeit zunimmt, aber die Änderung ist allmählicher als bei dem Polymer mit hoher Molmasse, und die Korrelation von CFT mit der θ-Temperatur ist möglicherweise nicht mehr gültig. Ein typisches Beispiel für das Stabilitäts-Flockungs-Verhalten von (neutralen) Polystyrol-Latexpartikeln mit endständig gebundenem Polyethylenoxid mit einer Molmasse von 750 und 2000 in 0,39 mol dm^{-3} MgSO$_4$ zeigt, dass die CFT-Werte deutlich niedriger sind als die entsprechende θ-Temperatur für PEO. Eine schematische Darstellung der Auswirkung einer Verringerung der Löslichkeit (z. B. durch Erhöhung der Temperatur im Falle von PEO in wässriger Elektrolytlösung) ist in Abb. 9.4 zu sehen.

9.2.2.4 Flockung von Emulsionen mit adsorbierten Homopolymeren/mehrpunktverankerten Ketten

Hier ist die Situation noch komplexer und liegt irgendwo zwischen den beiden in Abb. 9.2 und Abb. 9.4 dargestellten Extremen. Die durchschnittliche Segmentdichte in der adsorbierten Schicht kann recht niedrig sein, und da die meisten Segmente wahrscheinlich eher in Schleifen als in Schwänzen vorliegen, ist eine signifikante Interpenetration ohne Kompression unwahrscheinlich. In diesem Fall kann G_{el} immer noch eine wichtige Rolle spielen, so dass eine enge Korrelation zwischen der CFT und der θ-Temperatur möglicherweise nicht gegeben ist. In diesem Fall kann die CFT viel höher sein als die θ-Temperatur. Ein gutes Beispiel für diesen Fall sind Emulsionen,

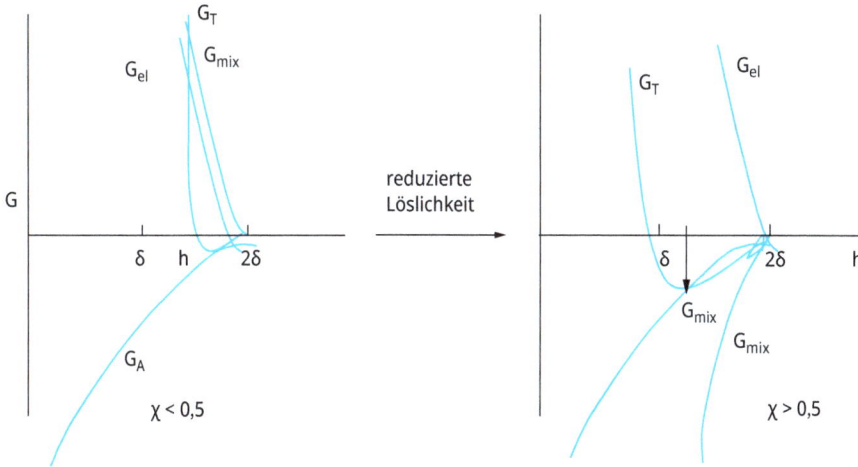

Abb. 9.4: Wechselwirkungsenergien bei Systemen, die mit Polymeren kleiner Molmasse stabilisiert wurden.

die durch teilweise hydrolysiertes Polyvinylacetat stabilisiert werden, das gewöhnlich als PVA bezeichnet wird [8].

9.2.3 Schwache Ausflockung von sterisch stabilisierten Emulsionen

Wie in Kapitel 3 erörtert, weist die Energieabstandskurve sterisch stabilisierter Emulsionen bei Trennungsabständen $h \approx 2\delta$ ein flaches Minimum G_{min} auf, dessen Tiefe in der Größenordnung von einigen kT-Einheiten liegen kann. Die minimale Tiefe hängt vom Tröpfchenradius R, der Hamaker-Konstante A und der Dicke der adsorbierten Schicht δ ab (d. h. mit dem Molekulargewicht des Stabilisators). Für ein gegebenes R und A nimmt G_{min} mit der Abnahme von δ zu. Dies wird in Abb. 9.5 veranschaulicht, in der die Energie-Abstands-Kurven als Funktion von δ/R dargestellt sind. Je kleiner der Wert von δ/R, desto größer der Wert von G_{min}.

Die Mindesttiefe, die erforderlich ist, um eine schwache Ausflockung zu bewirken, hängt vom Volumenanteil der Emulsion ab. Je höher der Volumenanteil ist, desto geringer ist die für eine schwache Flockung erforderliche Mindesttiefe. Dies lässt sich verstehen, wenn man die freie Flockungsenergie betrachtet, die aus zwei Termen besteht, einem Energieterm, der durch die Tiefe des Minimums bestimmt wird (G_{min}), und einem Entropieterm, der durch die Verringerung der Konfigurationsentropie bei der Aggregation der Tropfen bestimmt wird:

$$\Delta G_{flocc} = \Delta H_{flocc} - T\Delta S_{flocc}. \tag{9.21}$$

Bei verdünnten Emulsionen ist der Entropieverlust bei der Ausflockung größer als bei konzentrierten Emulsionen. Daher ist für die Ausflockung einer verdünnten Emulsion

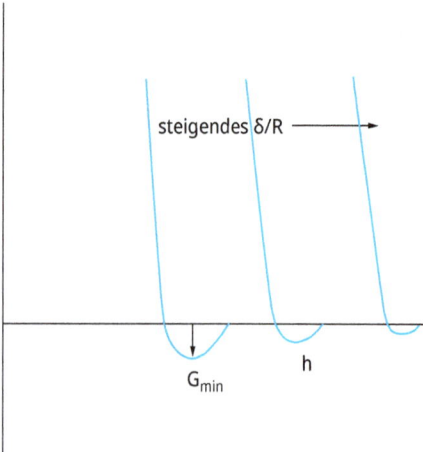

steigendes δ/R

G_{min}

h

Abb. 9.5: Veränderung von G_{min} mit δ/R.

ein höheres Energieminimum erforderlich als bei einer konzentrierten Emulsion. Diese Ausflockung ist schwach und reversibel, d. h. beim Schütteln des Behälters kommt es zur Redispergierung der Emulsion. Beim Stehenbleiben aggregieren die dispergierten Tröpfchen zu einem schwachen „Gel". Dieser Prozess (als Sol-Gel-Prozess bezeichnet) führt zu einer reversiblen Zeitabhängigkeit der Viskosität (Thixotropie). Wenn die Emulsion geschert wird, nimmt die Viskosität ab, und wenn die Scherung aufgehoben wird, nimmt die Viskosität wieder zu.

9.2.4 Verarmungsflockung

Wie in Kapitel 8 erwähnt, wird die Verarmungsflockung durch Zugabe von „freiem", nicht adsorbierendem Polymer erzeugt [9]. In diesem Fall können sich die Polymerwindungen den Tropfen nicht bis auf eine Entfernung Δ (die durch den Trägheitsradius des freien Polymers R_G bestimmt wird) nähern, da die Verringerung der Entropie bei Annäherung der Polymerwindungen nicht durch Adsorptionsenergie kompensiert wird. Die Emulsionströpfchen sind von einer Verarmungszone mit der Dicke Δ umgeben. Oberhalb eines kritischen Volumenanteils des freien Polymers φ_p^+, werden die Polymerwindungen aus dem Zwischenraum der Tröpfchen „herausgedrückt" und die Verarmungszonen beginnen zu interagieren. Die Zwischenräume zwischen den Tröpfchen sind nun frei von Polymerspiralen und daher wird außerhalb der Tröpfchenoberfläche ein osmotischer Druck ausgeübt (der osmotische Druck außerhalb ist höher als zwischen den Partikeln), was zu einer schwachen Ausflockung führt [9]. Eine schematische Darstellung der Verarmungsflockung ist in Abb. 9.6 zu sehen.

Die Größe der freien Energie der Verarmungsanziehung, G_{dep}, ist proportional zum osmotischen Druck der Polymerlösung, der wiederum durch φ_p und das Molekulargewicht M bestimmt wird. Die Reichweite der Verarmungsanziehung ist proportional zur

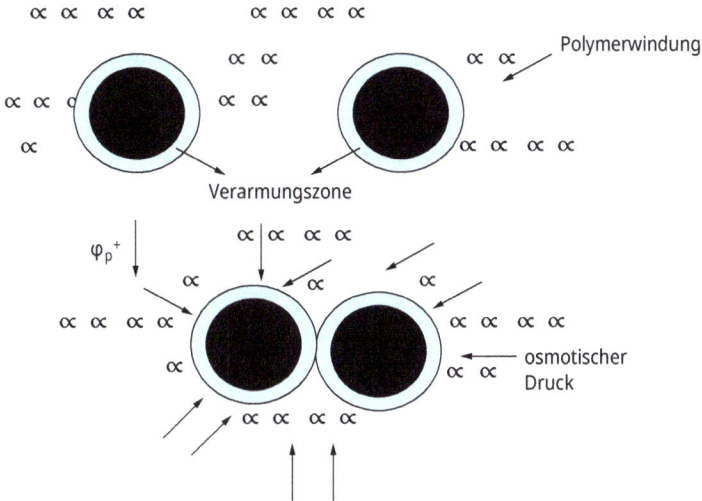

Abb. 9.6: Schematische Darstellung der Verarmungsflockung.

Dicke der Verarmungszone Δ die in etwa dem Trägheitsradius R_G des freien Polymers entspricht. Ein einfacher Ausdruck für G_{dep} ist [9]:

$$G_{dep} = \frac{2\pi R \Delta^2}{V_1} \left(\mu_1 - \mu_1^0 \right) \left(1 + \frac{2\Delta}{R} \right),\qquad(9.22)$$

wobei V_1 das molare Volumen des Lösungsmittels, μ_1 das chemische Potenzial des Lösungsmittels in Gegenwart von freiem Polymer mit Volumenanteil φ_p und μ_1^0 das chemische Potenzial des Lösungsmittels in Abwesenheit von freiem Polymer sind. $(\mu_1 - \mu_1^0)$ ist proportional zum osmotischen Druck der Polymerlösung.

9.2.5 Überbrückende Flockung durch Polymere und Polyelektrolyte

Bestimmte langkettige Polymere können so adsorbieren, dass verschiedene Segmente derselben Polymerkette an verschiedenen Tröpfchen adsorbiert werden, wodurch die Tröpfchen trotz der elektrischen Abstoßung aneinander gebunden oder „überbrückt" werden [10]. Bei Polyelektrolyten mit entgegengesetzter Ladung zu den Tröpfchen besteht eine weitere Möglichkeit: Die Tröpfchenladung kann durch den adsorbierten Polyelektrolyten teilweise oder vollständig neutralisiert werden, wodurch die elektrische Abstoßung verringert oder aufgehoben und die Tröpfchen destabilisiert werden.

Wirksame Flockungsmittel sind in der Regel lineare Polymere, oft mit hohem Molekulargewicht, die nichtionische, anionische oder kationische Eigenschaften haben können. Ionische Polymere sollten streng genommen als Polyelektrolyte bezeichnet werden. Die wichtigsten Eigenschaften sind das Molekulargewicht und die Ladungsdichte. Es gibt mehrere polymere Flockungsmittel auf der Basis von Naturprodukten, z. B. Stärke und Alginate, aber die am häufigsten verwendeten Flockungsmittel sind synthetische Polymere und Polyelektrolyte, z. B. Polyacrylamid und Copolymere aus Acrylamid und einem geeigneten kationischen Monomer wie Dimethylaminoethylacrylat oder Methacrylat. Andere synthetische polymere Flockungsmittel sind Polyvinylalkohol, Polyethylenoxid (nichtionisch), Natriumpolystyrolsulfonat (anionisch) und Polyethylenimin (kationisch).

Wie bereits erwähnt, kommt es zur Brückenflockung, weil Segmente einer Polymerkette gleichzeitig an verschiedene Tropfen adsorbieren und sie so miteinander verbinden. Die Adsorption ist ein wesentlicher Schritt, der eine günstige Wechselwirkung zwischen den Polymersegmenten und den Tröpfchen erfordert. Für die Adsorption, die von Natur aus irreversibel ist, sind mehrere Arten von Wechselwirkungen verantwortlich:

(1) elektrostatische Wechselwirkung, wenn ein Polyelektrolyt an einer Oberfläche adsorbiert, die entgegengesetzt geladene ionische Gruppen trägt, z. B. Adsorption eines kationischen Polyelektrolyts an einer negativen Emulsionsoberfläche;

(2) hydrophobe Bindung, die für die Adsorption unpolarer Segmente auf einer hydrophoben Oberfläche verantwortlich ist, z. B. teilweise hydrolysiertes Polyvinylacetat (PVA) auf einer hydrophoben Oberfläche wie Kohlenwasserstofföl;

(3) Wasserstoffbindung, wie z. B. die Wechselwirkung der Amidgruppe von Polyacrylamid mit Hydroxylgruppen auf einer Emulsionsoberfläche;

(4) Ionenbindung, wie im Fall der Adsorption von anionischem Polyacrylamid auf einer negativ geladenen Oberfläche in Gegenwart von Ca^{2+}.

Eine wirksame brückenbildende Flockung setzt voraus, dass das adsorbierte Polymer weit genug von der Tröpfchenoberfläche entfernt ist, um sich an andere Tröpfchen anzulagern, und dass eine ausreichende freie Oberfläche für die Adsorption dieser Segmente verlängerter Ketten vorhanden ist. Wenn überschüssiges Polymer adsorbiert wird, können die Tröpfchen restabilisiert werden, entweder aufgrund von Oberflächensättigung oder durch sterische Stabilisierung, wie zuvor beschrieben. Dies ist eine Erklärung für die Tatsache, dass oft eine „optimale Dosierung" des Flockungsmittels gefunden wird; bei niedriger Konzentration ist nicht genügend Polymer vorhanden, um ausreichende Verbindungen zu schaffen, und bei größeren Mengen kann eine Restabilisierung auftreten. Ein schematisches Bild der brückenbildenden Flockung und der Restabilisierung durch adsorbiertes Polymer ist in Abb. 9.7 dargestellt

Wenn der Anteil der vom Polymer bedeckten Tröpfchenoberfläche θ ist, dann ist der Anteil der unbedeckten Oberfläche $(1 - \theta)$ und die erfolgreiche Überbrückung zwischen den Tröpfchen sollte proportional zu $\theta (1 - \theta)$ sein, mit einem Maximum bei $\theta = 0,5$. Dies ist die bekannte Bedingung der „halben Oberflächenbedeckung", die als optimale Flockung vorgeschlagen wurde.

Eine wichtige Voraussetzung für die brückenbildende Flockung mit geladenen Tröpfchen ist die Rolle der Elektrolytkonzentration. Letztere bestimmt die Ausdehnung („Dicke") der Doppelschicht, die Werte von bis zu 100 nm erreichen kann (in 10^{-5} mol dm^{-3}

1:1-Elektrolyt wie NaCl). Damit es zu einer brückenbildenden Flockung kommt, muss sich das adsorbierte Polymer weit genug von der Oberfläche entfernen, um eine Entfernung, über die eine elektrostatische Abstoßung stattfindet (> 100 nm im obigen Beispiel). Dies bedeutet, dass bei niedrigen Elektrolytkonzentrationen Polymere mit recht hohem Molekulargewicht erforderlich sind, damit eine Überbrückung stattfinden kann. Mit zunehmender Ionenstärke verringert sich der Bereich der elektrischen Abstoßung, und Polymere mit geringerem Molekulargewicht sollten wirksam sein.

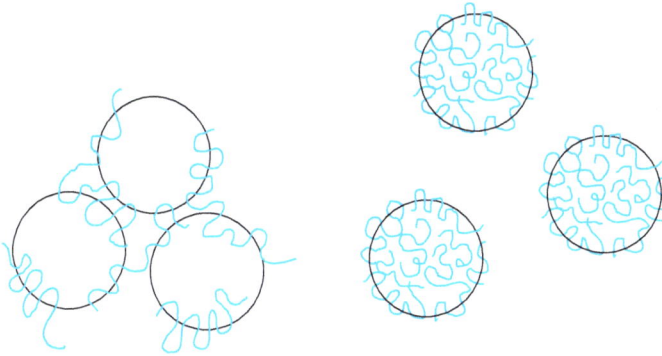

Abb. 9.7: Schematische Darstellung der brückenbildenden Flockung (links) und Restabilisierung (rechts) durch adsorbiertes Polymer.

In vielen praktischen Anwendungen hat sich gezeigt, dass die wirksamsten Flockungsmittel Polyelektrolyte sind, deren Ladung der der Tröpfchen entgegengesetzt ist. In wässrigen Medien sind die meisten Tröpfchen negativ geladen, so dass häufig kationische Polyelektrolyte wie Polyethylenimin erforderlich sind. Bei entgegengesetzt geladenen Polyelektrolyten ist es wahrscheinlich, dass die Adsorption zu einer eher flachen Konfiguration der adsorbierten Kette führt, was auf die starke elektrostatische Anziehung zwischen den positiven ionischen Gruppen auf dem Polymer und den negativ geladenen Stellen auf der Tröpfchenoberfläche zurückzuführen ist. Dies würde vermutlich die Wahrscheinlichkeit von Brückenkontakten mit anderen Partikeln verringern, insbesondere bei Polyelektrolyten mit relativ niedrigem Molekulargewicht und hoher Ladungsdichte. Die Adsorption eines kationischen Polyelektrolyten an ein negativ geladenes Tröpfchen verringert jedoch die Oberflächenladung des Letzteren, und diese Ladungsneutralisierung könnte ein wichtiger Faktor für die Destabilisierung der Teilchen sein. Ein weiterer Mechanismus für die Destabilisierung wurde von Gregory [10] vorgeschlagen, der ein „Electrostatic-patch"-Modell vorschlug. Dieses Modell gilt für Fälle, in denen die Tröpfchen eine relativ geringe Dichte an unbeweglichen Ladungen und der Polyelektrolyt eine relativ hohe Ladungsdichte aufweisen. Unter diesen Bedingungen ist es physikalisch nicht möglich, dass jede Oberflächenstelle durch ein geladenes Segment der Polymerkette neutralisiert wird, auch wenn das Tröpfchen genügend Polyelektrolyt adsorbiert hat, um eine Gesamtneutralität zu erreichen. Es gibt dann „Flecken" mit über-schüssiger positiver Ladung, die den adsorbierten Polyelektrolytketten entsprechen (wahrscheinlich in einer eher flachen Konfiguration), umgeben von Bereichen mit nega-tiver Ladung, die die ursprüngliche Partikeloberfläche darstellen. Tröpfchen, die diese „fleckige" oder „mosaikartige" Verteilung der Oberflächenladung aufweisen, können so miteinander interagieren, dass sich die positiven und negativen „Flecken" berühren, was zu einer recht starken Anziehung führt (wenn auch nicht so stark wie bei der brü-ckenbildenden Flockung). Eine schematische Darstellung dieser Art von Wechselwir-kung ist in Abb. 9.8 zu sehen. Das Konzept des elektrostatischen Patches (das als eine andere Form der "Verbrückung" angesehen werden kann) kann eine Reihe von Merk-malen der Flockung negativ geladener Tröpfchen mit positiven Polyelektrolyten erklä-ren. Dazu gehören die eher geringe Auswirkung einer Erhöhung des Molekulargewichts und die Auswirkung der Ionenstärke auf die Breite des Flockungs-Dosierungsbereichs und die Flockungsrate bei optimaler Dosierung.

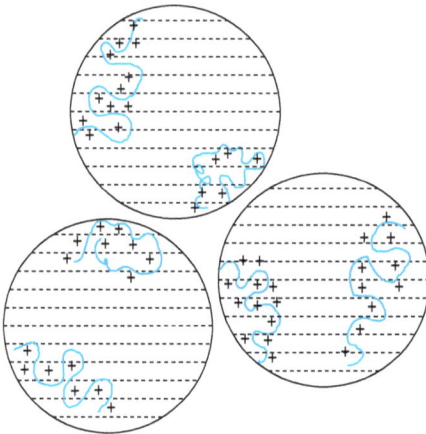

Abb. 9.8: „Electrostatic-patch"-Modell für die Wechselwirkung von negativ geladenen Tröpfchen mit adsorbierten kationischen Polyelektrolyten.

9.3 Allgemeine Regeln zur Verringerung (Beseitigung) der Flockung

9.3.1 Ladungsstabilisierte Emulsionen, z. B. mit ionischen Tensiden

Das wichtigste Kriterium ist, G_{max} so hoch wie möglich zu machen; dies wird durch drei Hauptbedingungen erreicht: hohes Oberflächen- oder Zetapotenzial, niedrige Elektrolytkonzentration und niedrige Wertigkeit der Ionen.

9.3.2 Sterisch stabilisierte Emulsionen

Vier Hauptkriterien sind erforderlich:

(1) Vollständige Bedeckung der Tröpfchen durch die stabilisierenden Ketten.

(2) Feste Bindung (starke Verankerung) der Ketten an die Tröpfchen. Dies setzt voraus, dass die Ketten in dem Medium unlöslich und in dem Öl löslich sind. Dies ist jedoch unvereinbar mit der Stabilisierung, die eine Kette erfordert, die im Medium löslich ist und durch ihre Moleküle stark solvatisiert wird. Diese widersprüchlichen Anforderungen werden durch die Verwendung von A-B-, A-B-A-Block- oder BA$_n$-Pfropfcopolymeren gelöst (B ist die „Ankerkette" und A ist die stabilisierende Kette). Beispiele für die B-Ketten für O/W-Emulsionen sind Polystyrol, Polymethylmethacrylat, Polypropylenoxid und Alkylpolypropylenoxid. Für die A-Kette(n) sind Polyethylenoxid (PEO) oder Polyvinylalkohol gute Beispiele. Bei W/O-Emulsionen kann PEO die B-Kette bilden, während die A-Kette(n) aus Polyhydroxystearinsäure (PHS) bestehen könnte(n), die von den meisten Ölen stark solvatisiert wird.

(3) Dicke adsorbierte Schichten; die Dicke der adsorbierten Schicht sollte im Bereich von 5 bis 10 nm liegen. Das bedeutet, dass das Molekulargewicht der Stabilisierungsketten im Bereich von 1000 bis 5000 liegen könnte.

(4) Die Stabilisierungskette sollte bei allen Temperaturschwankungen während der Lagerung unter guten Lösungsmittelbedingungen ($\chi < 0{,}5$) gehalten werden.

Literatur

[1]   Tadros, Th. F. und Vincent, B., in „Encyclopedia of Emulsion Technology", Becher, P. (Herausgeber), Marcel Dekker, N. Y. (1983).

[2]   Deryaguin, B. V. und Landau, L., Acta Physicochem. USSR 14, 633 (1941).

[3]   Verwey, E. J. W. und Overbeek, J. Th. G., „Theory of Stability of Lyophobic Colloids", Elsevier, Amsterdam (1948).

[4]   Smoluchowski, M. V., Z. Phys. Chem., 92, 129 (1927).

[5]   Fuchs, N., Z. Physik, **89**, 736 (1936).

[6]   Reerink, H. und Overbeek, J. Th. G., Disc. Faraday Soc., 18, 74 (1954).

[7]   Tadros, Th. F., „Interfacial Phenomena, Basic Principles", De Gruyter, Deutschland (2015).

[8]   Tadros, Th. F. (Herausgeber), „Effect of Polymers on Dispersion Stability", Academic Press, London (1982), Chapter 1.

[9]   Asakura, A. und Oosawa, F., J. Chem. Phys., **22**, 1235 (1954); Asakura, A. und Oosawa, F., J. Polymer Sci., 93, 183 (1958).

[10] Gregory, J., in „Solid/Liquid Dispersions",Tadros, Th. F. (Herausgeber), Academic Press, London (1987).

10 Ostwald-Reifung in Emulsionen und ihre Verhinderung

10.1 Treibende Kraft für die Ostwald-Reifung

Die treibende Kraft der Ostwald-Reifung ist der Unterschied in der Löslichkeit zwischen den kleineren und den größeren Tröpfchen [1]. Die kleinen Tröpfchen mit dem Radius r_1 haben eine höhere Löslichkeit als die größeren Tröpfchen mit dem Radius r_2. Dies lässt sich leicht anhand der Kelvin-Gleichung [2] erkennen, die die Löslichkeit eines Teilchens oder Tröpfchens S(r) mit der eines Teilchens oder Tröpfchens mit unendlichem Radius S(∞) in Beziehung setzt:

$$S(r) = S(\infty)\exp\left(\frac{2\gamma\,V_m}{rRT}\right), \tag{10.1}$$

wobei γ die Grenzflächenspannung im Bereich fest/flüssig oder flüssig/flüssig ist, V_m ist das molare Volumen der dispersen Phase, R die Gaskonstante und T die absolute Temperatur. Die Größe $(2\gamma V_m/RT)$ hat die Dimension der Länge und wird als charakteristische Länge bezeichnet, mit einer Größenordnung von ≈ 1 nm.

Eine schematische Darstellung der Zunahme der Löslichkeit c(r)/c(0) mit Abnahme der Tropfengröße gemäß der Kelvin-Gleichung ist in Abb. 10.1 zu sehen.

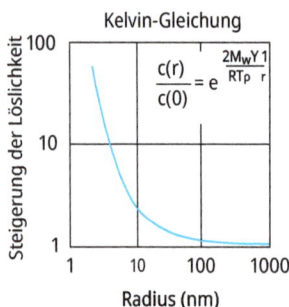

Abb. 10.1: Erhöhung der Löslichkeit bei Abnahme des Partikel- oder Tröpfchenradius.

Aus Abb. 10.1 ist ersichtlich, dass die Löslichkeit von Tröpfchen sehr schnell zunimmt, wenn der Radius abnimmt, insbesondere wenn r < 100 nm ist. Das bedeutet, dass ein Tröpfchen mit einem Radius von z. B. 4 nm eine etwa 10-fache Löslichkeitsverbesserung aufweist, verglichen mit einem Tröpfchen mit einem Radius von 10 nm, das nur eine 2-fache Löslichkeitsverbesserung aufweist. Mit der Zeit findet also eine molekulare Diffusion zwischen den kleineren und größeren Tröpfchen statt, wobei die meisten kleinen Tröpfchen schließlich verschwinden. Dies führt zu einer Verschiebung der Tröpfchengrößenverteilung zu größeren Werten bei der Lagerung der Emulsion. Dies kann zur Bildung einer Dispersion mit einer Tröpfchengröße von größer einem Mikrometer füh-

https://doi.org/10.1515/9783110798593-010

ren. Diese Instabilität kann zu schwerwiegenden Problemen, wie Aufrahmung oder Sedimentation, Ausflockung oder sogar Koaleszenz der Emulsion, führen.

Für zwei Tröpfchen mit den Radien r_1 und r_2 ($r_1 < r_2$) gilt:

$$\frac{RT}{V_m} \ln \left[\frac{S(r_1)}{S(r_2)} \right] = 2\gamma \left[\frac{1}{r_1} - \frac{1}{r_2} \right]. \tag{10.2}$$

Gleichung (10.2) wird manchmal als Ostwald-Gleichung bezeichnet und zeigt, dass die Ostwald-Reifungsrate umso höher ist, je größer der Unterschied zwischen r_1 und r_2 ist. Aus diesem Grund wird bei der Herstellung von Anfang an eine enge Größenverteilung angestrebt.

10.2 Kinetik der Ostwald-Reifung

Die Kinetik der Ostwald-Reifung wird mit Hilfe der von Lifshitz und Slesov [3] und Wagner [4] entwickelten Theorie (auch als LSW-Theorie bezeichnet) beschrieben. Die LSW-Theorie geht von folgenden Annahmen aus: (1) Der Stofftransport erfolgt durch molekulare Diffusion durch die kontinuierliche Phase. (2) Die Tröpfchen der dispergierten Phase sind kugelförmig und im Raum fixiert. (3) Es gibt keine Wechselwirkungen zwischen benachbarten Tröpfchen (die Tröpfchen sind durch einen Abstand getrennt, der viel größer als der Durchmesser der Tröpfchen ist). (4) Die Konzentration der molekular gelösten Spezies ist außer in der Nähe der Tröpfchengrenzen konstant.

Die Geschwindigkeit der Ostwald-Reifung ω ist gegeben durch:

$$\omega = \frac{d}{dr} \left(r_c^3 \right) = \left(\frac{8\gamma \, DS(\infty)V_m}{9RT} \right) f(\varphi) = \left(\frac{4DS(\infty)\alpha}{9} \right) f(\varphi), \tag{10.3}$$

dabei ist r_c der Radius eines Teilchens oder Tröpfchens, das weder wächst noch kleiner wird, D der Diffusionskoeffizient der dispersen Phase in der kontinuierlichen Phase, $f(\varphi)$ ein Faktor, der die Abhängigkeit von ω vom dispersen Volumenanteil widerspiegelt, und α die charakteristische Längenskala (= $2\gamma V_m/RT$).

Tröpfchen mit $r > r_c$ wachsen auf Kosten kleinerer Tröpfchen, während Tröpfchen mit $r < r_c$ eher verschwinden. Die Gültigkeit der LSW-Theorie wurde von Kabalanov et al. [5] getestet, die 1,2-Dichlorethan-in-Wasser-Emulsionen verwendeten, wobei die Tröpfchen auf der Oberfläche eines Objektträgers fixiert wurden, um ihre Koaleszenz zu verhindern. Die Entwicklung der Tröpfchengrößenverteilung wurde als Funktion der Zeit durch mikroskopische Untersuchungen verfolgt.

Die LSW-Theorie sagt voraus, dass das Tröpfchenwachstum im Laufe der Zeit proportional zu r_c^3 sein wird. Dies ist in Abb. 10.2 für Dichlorethan-in-Wasser-Emulsionen dargestellt.

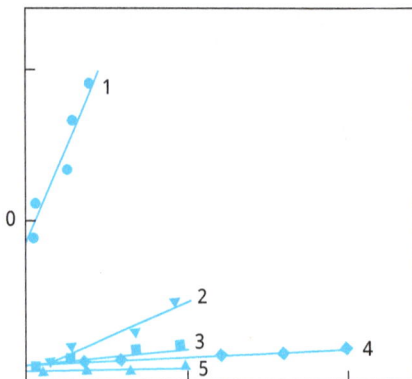

Abb. 10.2: Veränderung des durchschnittlichen Tröpfchenradius mit der Zeit während der Ostwald-Reifung in Emulsionen von: (1) 1,2-Dichlorethan; (2) Benzol; (3) Nitrobenzol; (4) Toluol; (5) P-Xylol.

Eine weitere Folge der LSW-Theorie ist die Vorhersage, dass die Größenverteilungsfunktion g(u) für den normierten Tröpfchenradius u = r/r$_c$ eine zeitunabhängige Form annimmt, die gegeben ist durch:

$$g(u) = \frac{81\,eu^2 \exp\left[1/(2u/3-1)\right]}{32^{1/3}(u+3)^{7/3}(1,5-u)^{11/3}} \quad \text{für } 0 < u \leq 1,5 \tag{10.4}$$

und

$$g(u) = 0 \qquad\qquad \text{für } u > 1,5 \tag{10.5}$$

Ein charakteristisches Merkmal der Größenverteilung ist der Cut-off bei u > 1,5.

Ein Vergleich der experimentell ermittelten Größenverteilung (Dichlorethan-in-Wasser-Emulsionen) mit den theoretischen Berechnungen auf der Grundlage der LSW-Theorie ist in Abb. 10.3 dargestellt.

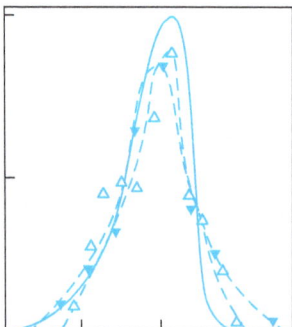

Abb. 10.3: Vergleich zwischen theoretischer Funktion g(u) (durchgezogene Linie) und experimentell ermittelten Funktionen für 1,2-Dichlorethan-Tröpfchen zur Zeit 0 (ungefüllte Dreiecke) und bei 300 s (auf dem Kopf stehende, gefüllte Dreiecke).

Der Einfluss der Alkylkettenlänge des Kohlenwasserstoffs auf die Ostwald-Reifung srate von Nanoemulsionen wurde von Kabalanov et al. systematisch untersucht [6]. Eine Zunahme der Alkylkettenlänge des für die Emulsion verwendeten Kohlenwasserstoffs führt zu einer Abnahme der Öllöslichkeit. Nach der LSW-Theorie sollte diese

Verringerung der Löslichkeit zu einer Verringerung der Ostwald-Reifungsrate führen. Dies wurde durch die Ergebnisse von Kabalanov et al [6] bestätigt, die zeigten, dass die Ostwald-Reifungsrate mit zunehmender Alkylkettenlänge von C_9 bis C_{16} abnimmt. Tabelle 10.1 zeigt die Löslichkeit des Kohlenwasserstoffs, die experimentell ermittelte Rate ω_e und die theoretischen Werte ω_t sowie das Verhältnis von ω_e/ω_t.

Tab. 10.1: Einfluss der Alkylkettenlänge auf die Ostwald-Reifungsrate.

Kohlenwasserstoff	$c(\infty)$ / ml ml^{-1} [a]	ω_e / cm^3 s^{-1}	ω_t / cm^3 s^{-1} [b]	$\omega_r = \omega_e/\omega_t$
C_9H_{20}	$3,1 \cdot 10^{-7}$	$6,8 \cdot 10^{-19}$	$2,9 \cdot 10^{-19}$	2,3
$C_{10}H_{22}$	$7,1 \cdot 10^{-8}$	$2,3 \cdot 10^{-19}$	$0,7 \cdot 10^{-19}$	3,3
$C_{11}H_{24}$	$2,0 \cdot 10^{-8}$	$5,6 \cdot 10^{-20}$	$2,2 \cdot 10^{-20}$	2,5
$C_{12}H_{26}$	$5,2 \cdot 10^{-9}$	$1,7 \cdot 10^{-20}$	$0,5 \cdot 10^{-20}$	3,4
$C_{13}H_{28}$	$1,4 \cdot 10^{-9}$	$4,1 \cdot 10^{-21}$	$1,6 \cdot 10^{-21}$	2,6
$C_{14}H_{30}$	$3,7 \cdot 10^{-10}$	$1,0 \cdot 10^{-21}$	$0,4 \cdot 10^{-21}$	2,5
$C_{15}H_{32}$	$9,8 \cdot 10^{-11}$	$2,3 \cdot 10^{-22}$	$1,4 \cdot 10^{-22}$	1,6
$C_{16}H_{34}$	$2,7 \cdot 10^{-11}$	$8,7 \cdot 10^{-23}$	$2,2 \cdot 10^{-23}$	4,0

[a]Die molekularen Löslichkeiten der Kohlenwasserstoffe in Wasser sind entnommen aus: C. McAuliffe, J. Phys. Chem., 1966, 1267.
[b]Für die theoretische Berechnung wurden die Diffusionskoeffizienten nach der Hayduk-Laudie-Gleichung geschätzt (W. Hayduk and H. Laudie, AIChE J., 1974, 20, 611) und der Korrektur-Koeffizient $f(\varphi)$ wurde angenommen als 1,75 für $\varphi = 0,1$ (P. W. Voorhees, J. Stat. Phys., 1985, 38, 231).

Obwohl die Ergebnisse die lineare Abhängigkeit des Kubus des Tröpfchenradius von der Zeit in Übereinstimmung mit der LSW-Theorie zeigten, waren die experimentellen Raten etwa 2–3 Mal höher als die theoretischen Werte. Die Abweichung zwischen Theorie und Experiment wurde auf den Effekt der Brownschen Bewegung zurückgeführt [6]. Die LSW-Theorie geht davon aus, dass die Tröpfchen im Raum fixiert sind und die molekulare Diffusion der einzige Mechanismus des Stofftransfers ist. Bei Tröpfchen, die sich in Brownscher Bewegung befinden, muss man die Beiträge der molekularen und konvektiven Diffusion berücksichtigen, wie sie durch die Peclet-Zahl vorhergesagt werden:

$$Pe = \frac{rv}{D},$$ (10.6)

dabei ist v die Geschwindigkeit der Tröpfchen, die näherungsweise gegeben ist durch:

$$v = \left(\frac{3kT}{M}\right)^{1/2},$$ (10.7)

wobei k die Boltzmann-Konstante ist, T die absolute Temperatur und M die Masse des Tropfens. Für r = 100 nm ist Pe = 8, was darauf hindeutet, dass der Massentransfer im Vergleich zu dem von der LSW-Theorie vorhergesagten beschleunigt wird.

Die LSW-Theorie geht davon aus, dass es keine Wechselwirkungen zwischen den Tröpfchen gibt, und sie ist auf niedrige Ölvolumenanteile beschränkt. Bei höheren Volumenanteilen hängt die Reifungsgeschwindigkeit von der Wechselwirkung zwischen den Diffusionskugeln benachbarter Tropfen ab. Es wird erwartet, dass Emulsionen mit höheren Volumenanteilen an Öl eine breitere Tröpfchengrößenverteilung und schnellere absolute Wachstumsraten aufweisen als von der LSW-Theorie vorhergesagt. Experimentelle Ergebnisse mit hohen Tensidkonzentrationen (5 %) zeigten jedoch, dass die Geschwindigkeit unabhängig vom Volumenanteil im Bereich von $0{,}01 \leq \varphi \leq 0{,}3$ ist. Es wurde vermutet, dass die Emulsionströpfchen möglicherweise durch Tensidmizellen voneinander abgeschirmt wurden [7]. Eine starke Abhängigkeit vom Volumenanteil wurde bei Fluorkohlenstoff-in-Wasser-Emulsionen beobachtet [8]. Ein dreifacher Anstieg von ω wurde festgestellt, als φ von 0,08 auf 0,52 erhöht wurde.

Es wurde vermutet, dass Mizellen eine Rolle bei der Erleichterung des Stofftransfers zwischen Emulsionströpfchen spielen, indem sie als Träger von Ölmolekülen fungieren [9]. Es wurden drei Mechanismen vorgeschlagen:

(1) Ölmoleküle werden durch direkte Kollisionen zwischen Tröpfchen und Mizellen übertragen.

(2) Ölmoleküle verlassen den Öltropfen und werden von Mizellen in unmittelbarer Nähe des Tropfens eingefangen.

(3) Ölmoleküle verlassen den Öltropfen gemeinsam mit einer großen Anzahl von Tensidmolekülen und bilden eine Mizelle.

Bei Mechanismus (1) ist der mizellare Beitrag zur Stoffübertragungsrate direkt proportional zur Anzahl der Kollisionen von Tröpfchen und Mizellen, d. h. zum Volumenanteil der Mizellen in der Lösung. In diesem Fall wird die molekulare Löslichkeit des Öls in der LSW-Gleichung durch die mizellare Löslichkeit ersetzt, die viel höher ist. Mit zunehmender Mizellenkonzentration würde man einen starken Anstieg der Stoffübertragungsrate erwarten. Zahlreiche Studien deuten jedoch darauf hin, dass das Vorhandensein von Mizellen den Stofftransport nur in geringem Maße beeinflusst [10]. Ergebnisse wurden für Decan-in-Wasser-Emulsionen mit Natriumdodecylsulfat (SDS) als Emulgator bei Konzentrationen oberhalb der kritischen Mizellbildungskonzentration (CMC) erzielt. Dies wird in Abb. 10.4 veranschaulicht, die Plots von $\left(d_{inst}/d_{inst}^{o}\right)^{3}$ zeigt, wobei d_{inst} der Durchmesser zum Zeitpunkt t und d_{inst}^{o} der Durchmesser zum Zeitpunkt 0 als Funktion der Zeit sind. Die Ergebnisse zeigen, dass ω oberhalb der CMC nur um das Zweifache ansteigt. Dieses Ergebnis stimmt mit vielen anderen Studien überein, die einen Anstieg des Stofftransfers um das Zweifache bis Fünffache bei steigender Mizellenkonzentration zeigen. Das Fehlen einer starken Abhängigkeit des Stofftransfers von der Mizellenkonzentration bei ionischen Tensiden könnte auf die elektrostatische Abstoßung zwischen den Emulsionströpfchen und den Mizellen zurückzuführen sein, wodurch eine hohe Energiebarriere gebildet wird, die eine Kollision zwischen Tröpfchen und Mizellen verhindert.

Bei Mechanismus (2) nimmt eine Mizelle in der Nähe eines Emulsionströpfchens schnell gelöstes Öl aus der kontinuierlichen Phase auf. Diese „aufgequollene" Mizelle diffundiert zu einem anderen Tröpfchen, wo das Öl erneut abgelagert wird. Es ist zu erwarten, dass ein solcher Mechanismus zu einem Anstieg des Massentransfers führt, der über den von der LSW-Theorie erwarteten hinausgeht, und zwar um einen Faktor φ, der durch die folgende Gleichung gegeben ist:

$$\varphi = 1 + \frac{\varphi_s \Gamma D_m}{D} = 1 + \frac{\chi^{eq} D_m}{c^{eq} D}, \tag{10.8}$$

wobei φ_s der Volumenanteil der Mizellen in der Lösung ist, $\chi^{eq} = \varphi_s c_m^{eq}$ die Netto-Öllöslichkeit in der Mizelle pro Volumeneinheit der mizellaren Lösung, reduziert um die Dichte der gelösten Substanz, $= c_m^{eq}/c^{eq} \approx 10^6$ bis 10^{11} der Verteilungskoeffizient für das Öl zwischen der Mizelle und der wässrigen Hauptphase am Sättigungspunkt, D_m die mizellare Diffusivität ($\approx 10^{-6}$ bis 10^{-7} cm^2 s^{-1}. Für eine Decan-Wasser-Nanoemulsion in Gegenwart von 0,1 mol dm^{-3} SDS sagt Gleichung (10.8) einen Anstieg der seltenen Reifung um drei Größenordnungen voraus, was in starkem Gegensatz zu den experimentellen Ergebnissen steht.

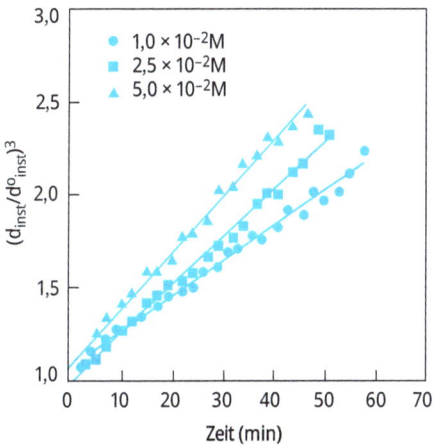

Abb. 10.4: Veränderung von $\left(d_{inst}/d_{inst}^o\right)^3$ mit der Zeit für Decan-in-Wasser-Emulsionen unterschiedlicher SDS-Konzentrationen oberhalb der CMC.

Um die Diskrepanz zwischen Theorie und Experiment in Gegenwart von Tensidmizellen zu erklären, untersuchte Kabalanov [11] die Kinetik der mizellaren Solubilisierung und schlug vor, dass die Geschwindigkeit des Austauschs von Ölmonomeren zwischen den Öltröpfchen und den Mizellen langsam und geschwindigkeitsbestimmend ist. So ist bei niedriger Mizellenkonzentration nur ein kleiner Teil der Mizellen in der Lage, das Öl schnell zu solubilisieren. Dies führt zu einem geringen, aber messbaren Anstieg der Ostwald-Reifungsrate mit der Mizellenkonzentration. Taylor und Ottewill [12] schlugen vor, dass auch die Mizellendynamik eine Rolle spielen könnte. Nach Aniansson et al. [13] erfolgt das Mizellenwachstum schrittweise und ist durch zwei Relaxationszeiten gekennzeichnet: τ_1 und τ_2. Die kurze Relaxationszeit τ_1 steht im Zusammenhang mit dem Transfer von Monomeren in und aus den Mizellen, während die lange Relaxationszeit τ_2 die Zeit ist, die für das Aufbrechen und die Neubildung der Mizelle benötigt wird. Bei niedriger SDS-Konzentration (0,05 mol dm^{-3}) ist $\tau_2 \approx 0,01$ s, während bei höherer SDS-Konzentration (0,2 mol dm^{-3}) $\tau_2 \approx 6$ s ist. Taylor und Ottewill [12] schlugen vor, dass τ_2 bei niedriger SDS-Konzentration schnell genug sein kann, um eine Auswirkung auf die Ostwald-Reifungsrate zu haben, aber bei 5 % SDS kann τ_2 bis zu 1000 s dauern (unter Berücksichtigung der Auswirkung der Solubilisierung auf τ_2), was zu lang ist, um eine bedeutende Auswirkung auf die Ostwald-Reifungsrate zu haben.

Bei der Verwendung von nichtionischen Tensidmizellen ist ein stärkerer Anstieg der Ostwald-Reifungsrate zu erwarten, da die nichtionischen Tensidmizellen ein größeres Solubilisierungsvermögen haben und keine elektrostatische Abstoßung zwischen den Nanoemulsionströpfchen und den ungeladenen Mizellen besteht. Dies wurde von Weiss et al. [14] bestätigt, die einen starken Anstieg der Ostwald-Reifungsrate bei Tetradecan-in-Wasser-Emulsionen in Gegenwart von Tween-20-Mizellen feststellten.

10.3 Verringerung der Ostwald-Reifung

10.3.1 Zusatz eines geringen Anteils an hochunlöslichem Öl

Higuchi und Misra [15] schlugen vor, dass die Zugabe einer zweiten dispersen Phase, die in der kontinuierlichen Phase praktisch unlöslich ist, wie z. B. Squalan, die Ostwald-Reifungsrate erheblich verringern kann. In diesem Fall wird eine signifikante Verteilung zwischen verschiedenen Tröpfchen vorhergesagt, wobei die Komponente mit der geringen Löslichkeit in der kontinuierlichen Phase (z. B. Squalan) in den kleineren Tröpfchen konzentriert sein dürfte. Während der Ostwald-Reifung in einem dispersen Zweikomponentensystem stellt sich ein Gleichgewicht ein, wenn der Unterschied im chemischen Potenzial zwischen unterschiedlich großen Tröpfchen, der sich aus Krümmungseffekten ergibt, durch den Unterschied im chemischen Potenzial ausgeglichen wird, der sich aus der Verteilung der beiden Komponenten ergibt. Higuchi und Misra [15] leiteten den folgenden Ausdruck für die Gleichgewichtsbedingung ab, wobei das überschüssige chemische Potenzial $\Delta\mu_1$ der im Medium löslichen Komponente für alle Tröpfchen in einem polydispersen Medium gleich ist:

$$\frac{\Delta\mu_i}{RT} = \left(\frac{a_1}{r_{eq}}\right) + \ln\left(1 - X_{eq2}\right) = \left(\frac{a_1}{r_{eq}}\right) - X_{02}\left(\frac{r_0}{r_{eq}}\right)^3 = \text{const.}, \qquad (10.9)$$

wobei $\Delta\mu_1 = \mu_1 - \mu_1^*$ das überschüssige chemische Potenzial der ersten Komponente in Bezug auf den Zustand μ_1^* ist, wenn der Radius $r = \infty$ und $X_{02} = 0$ ist, r_0 und r_{eq} sind die Radien eines beliebigen Tropfens unter Anfangs- bzw. Gleichgewichtsbedingungen, X_{02} und X_{eq2} sind die Anfangs- und Gleichgewichtsmolfraktionen der im Medium unlöslichen Komponente 2, a_1 ist die charakteristische Längenskala der im Medium löslichen Komponente 1.

Das durch Gleichung (10.9) bestimmte Gleichgewicht ist stabil, wenn die Ableitung $\partial\Delta\mu_1/\partial r_{eq}$ für alle Tröpfchen in einem polydispersen System größer als null ist. Auf der Grundlage dieser Analyse haben Kabalanov et al. [16] das folgende Kriterium abgeleitet:

$$X_{02} > \frac{2a_1}{3d_0},$$ (10.10)

Dabei ist d_0 der anfängliche Tröpfchendurchmesser. Wenn das Stabilitätskriterium für alle Tröpfchen erfüllt ist, ergeben sich zwei Wachstumsmuster, die von der Löslichkeitscharakteristik der Nebenkomponente abhängen. Wenn die sekundäre Komponente in der kontinuierlichen Phase nicht löslich ist, weicht die Größenverteilung nicht wesentlich von der anfänglichen ab, und die Wachstumsrate ist gleich null. Im Falle einer begrenzten Löslichkeit der sekundären Komponente unterliegt die Verteilung ähnlichen Regeln wie die LSW-Theorie, d. h. die Verteilungsfunktion ist zeitabhängig. In diesem Fall ist die Ostwald-Reifungsrate ω_{mix} eine Mischungswachstumsrate, die annähernd durch die folgende Gleichung gegeben ist [16]:

$$\omega_{mix} = \left(\frac{\varphi_1}{\omega_1} + \frac{\varphi_2}{\omega_2}\right)^{-1},$$ (10.11)

wobei φ_1 der Volumenanteil der im Medium löslichen Komponente ist, und φ_2 der Volumenanteil der im Medium unlöslichen Komponente.

Wenn das Stabilitätskriterium nicht erfüllt ist, wird vorhergesagt, dass sich aus der ursprünglich monomodalen Verteilung eine bimodale Größenverteilung ergibt. Da das chemische Potenzial der löslichen Komponente für alle Tröpfchen als konstant vorausgesagt wird, lässt sich auch die folgende Gleichung für die Quasi-Gleichgewichtskomponente 1 ableiten:

$$X_{02} + \frac{2a_1}{d} = const.,$$ (10.12)

wobei d der Durchmesser zum Zeitpunkt t ist.

Kabalanov et al. [17] untersuchten die Wirkung der Zugabe von Hexadecan zu einer Hexan-in-Wasser-Nanoemulsion. Hexadecan, das weniger löslich ist als Hexan, wurde in drei Stufen untersucht: X_{02} = 0,001, 0,01 und 0,1. Für die höheren Molanteile von Hexadecan – nämlich 0,01 und 0,1 – hatte die Emulsion das gleiche physikalische Erscheinungsbild wie eine Emulsion, die nur Hexadecan enthielt, und die Ostwald-Reifungsrate wurde durch Gleichung (10.11) zuverlässig vorhergesagt. Die Emulsion mit X_{02} = 0,001 trennte sich jedoch schnell in zwei Schichten, eine sedimentierte Schicht mit einer Tröpfchengröße von ca. 5 µm und eine dispergierte Population von Tröpfchen im Submikronbereich (d. h. eine bimodale Verteilung). Da das Stabilitätskriterium für diesen geringen Volumenanteil von Hexadecan nicht erfüllt wurde, ist die beobachtete bimodale Verteilung der Tröpfchen vorhersehbar.

10.3.2 Modifizierung der Grenzflächenschicht zur Verringerung der Ostwald-Reifung

Nach der LSW-Theorie ist die Ostwald-Reifungsrate ω direkt proportional zur Grenzflächenspannung γ. Durch die Verringerung von γ wird also ω verringert. Dies konnte durch die Messung von ω als Funktion der SDS-Konzentration für Decan-in-Wasser-Emulsionen [10] unterhalb der kritischen Mizellbildungskonzentration (CMC) bestätigt werden. Unterhalb der CMC zeigt γ eine lineare Abnahme mit Zunahme der log [SDS]-Konzentration. Die Ergebnisse sind in Tab. 10.2 zusammengefasst.

Tab. 10.2: Variation der Ostwald-Reifungsrate mit der SDS-Konzentration für Decan-in-Wasser-Emulsionen.

[SDS]-Konzentration / mol dm^{-3}	ω / cm^3 s^{-1}
0,0	$2,50 \cdot 10^{-18}$
$1,0 \cdot 10^{-4}$	$4,62 \cdot 10^{-19}$
$5,0 \cdot 10^{-4}$	$4,17 \cdot 10^{-19}$
$1,0 \cdot 10^{-3}$	$3,68 \cdot 10^{-19}$
$5,0 \cdot 10^{-3}$	$2,13 \cdot 10^{-19}$

CMC von SDS = $8,0 \cdot 10^{-3}$

Es wurden mehrere andere Mechanismen vorgeschlagen, um die Ostwald-Reifungsrate durch Modifizierung der Grenzflächenschicht zu verringern. So schlug Walstra [18] vor, dass Emulsionen durch die Verwendung von Tensiden, die stark an der Grenzfläche adsorbiert werden und während des Ostwald-Reifungsprozesses nicht desorbieren, wirksam gegen die Ostwald-Reifung stabilisiert werden könnten. In diesem Fall würden der Anstieg des Grenzflächendilatationsmoduls ε und die Abnahme der Grenzflächenspannung γ für die schrumpfenden Tröpfchen beobachtet werden. Schließlich würde der Unterschied in ε und γ zwischen den Tröpfchen den Unterschied im Kapillardruck (d. h. Krümmungseffekte) ausgleichen, was zu einem Quasi-Gleichgewichtszustand führt. In diesem Fall würden Emulgatoren mit geringer Löslichkeit in der kontinuierlichen Phase, wie z. B. Proteine, bevorzugt werden. Langkettige Phospholipide mit einer sehr geringen Löslichkeit (CMC $\approx 10^{-10}$ mol dm^{-3}) sind ebenfalls wirksam bei der Reduzierung der Ostwald-Reifung einiger Emulsionen. Das Phospholipid müsste eine Löslichkeit in Wasser haben, die um etwa drei Größenordnungen geringer ist als die des Öls [19].

10.4 Einfluss der anfänglichen Tröpfchengröße von Emulsionen auf die Ostwald-Reifungsrate

Der Einfluss der anfänglichen Tröpfchengröße auf die Ostwald-Reifung kann durch die Berücksichtigung der Abhängigkeit der charakteristischen Zeit von der Tröpfchengröße (τ_{OR}) erkannt werden:

$$\tau_{OR} \approx \frac{r^3}{\alpha\, S(\infty) D} \approx \frac{r^3}{\omega}.$$ (10.13)

Die Werte von τ_{OR} bei $r = 100$ nm sind in Tab. 10.3 für eine Reihe von Kohlenwasserstoffen mit zunehmender Kettenlänge angegeben, was deutlich die Verringerung der Ostwald-Reifungsrate mit zunehmender Kettenlänge zeigt (aufgrund der Verringerung der Löslichkeit $S(\infty)$). Die dramatische Abhängigkeit von τ_{OR} mit zunehmender Kettenlänge ist offensichtlich. Die charakteristische Zeit zeigt eine große Abhängigkeit vom anfänglichen durchschnittlichen Radius, wie in Abb. 10.5 für eine Reihe von Emulsionen dargestellt. Es wird deutlich, dass die Ostwald-Reifungsrate bei kleinen Tröpfchengrößen extrem schnell sein kann und damit eine Schlüsselkomponente bei der Bestimmung der anfänglichen Tröpfchengröße darstellt. So ist es beispielsweise unwahrscheinlich, dass bei Decan-in-Wasser-Nanoemulsionen Tröpfchen mit Radien unter 100 nm beobachtet werden, da die Tröpfchen innerhalb weniger Minuten auf diese Größe reifen. Dies wurde von Kabalanov et al. [5] bestätigt, die große Unterschiede in der anfänglichen Tröpfchengröße für Kohlenwasserstoff-in-Wasser-Emulsionen feststellten, wenn die Kettenlänge des Kohlenwasserstoffs verringert wurde. Zum Beispiel hatten Nonan-in-Wasser-Nanoemulsionen eine anfängliche Tröpfchengröße von 178 nm, Decan-in-Wasser-Nanoemulsionen eine Größe von 124 nm und Undecan-in-Wasser-Nanoemulsionen eine Größe von 88 nm. Aus Abb. 10.5 ist ersichtlich, dass die treibende Kraft für die Ostwald-Reifung mit zunehmender Tröpfchengröße drastisch abnimmt.

Tab. 10.3: Charakteristische Zeit für die Ostwald-Reifung in Kohlenwasserstoff-in-Wasser-Nanoemulsionen, stabilisiert mit 0,1 mol dm^{-3} SDS.

Kohlenwasserstoff	ω_e / cm^3 s^{-1}	$\tau_{OR} \approx (r^3/\omega_e)$
C_9H_{20}	$6{,}8 \cdot 10^{-19}$	25 min
$C_{10}H_{22}$	$2{,}3 \cdot 10^{-19}$	73 min
$C_{11}H_{24}$	$5{,}6 \cdot 10^{-20}$	5 h
$C_{12}H_{26}$	$1{,}7 \cdot 10^{-20}$	16 h
$C_{13}H_{28}$	$4{,}1 \cdot 10^{-21}$	3 d
$C_{14}H_{30}$	$1{,}0 \cdot 10^{-21}$	12 d
$C_{15}H_{32}$	$2{,}3 \cdot 10^{-22}$	50 d
$C_{16}H_{34}$	$8{,}7 \cdot 10^{-23}$	133 d

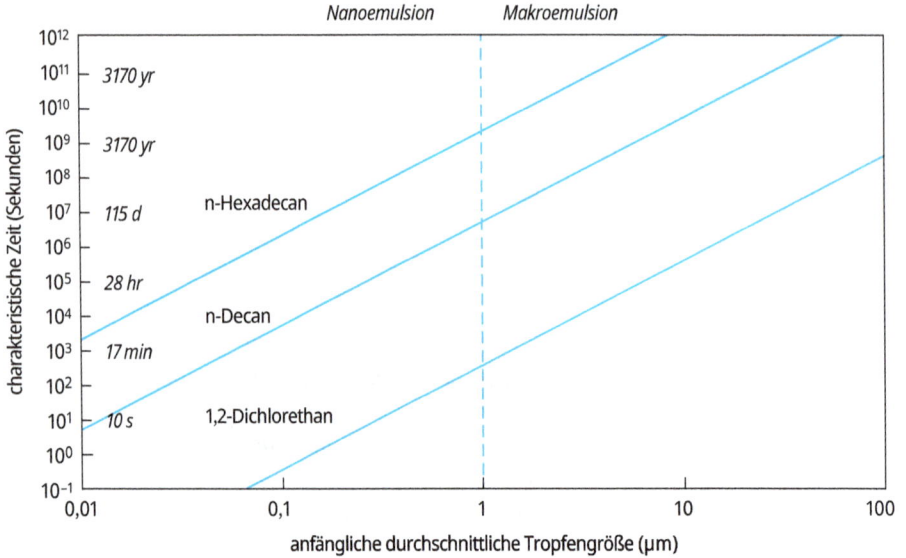

Abb. 10.5: Charakteristische Zeit für die Ostwald-Reifung in Abhängigkeit von der Tröpfchengröße.

Literatur

[1]   Weers, J. G., „Molecular Diffusion in Emulsions and Emulsion Mixtures", in „Modern Aspects of Emulsion Science", Binks, B. P. (Herausgeber), Royal Society of Chemistry Publicaton, Cambridge, U. K.

[2]   Thompson, W. (Lord Kelvin), Phil. Mag., 42, 448 (1871).

[3]   Lifshitz, I. M. und Slesov, V. V., Sov. Phys. JETP, 35, 331 (1959).

[4]   Wagner, C., Z. Electrochem. 35, 581 (1961).

[5]   Kabalanov, A. S. und Shchukin, E. D., Adv. Colloid Interface Sci., 38, 69 (1992).

[6]   Kabalanov, A. S., Makarov, K. N., Pertsov, A. V. und Shchukin, E. D., J. Colloid Interface Sci, 138, 98 (1990).

[7]   Taylor, P., Colloids und Surfaces A, 99, 175 (1995).

[8]   Ni, Y., Pelura, T. J., Sklenar, T. A., Kinner, R. A. und Song, D., Art. Cells Blood Subs. Immob. Biorech., 22, 1307 (1994).

[9]   Karaboni, S., van Os, N. M., Esselink, K. und Hilbers, P. A. J., Langmuir, 9, 1175 (1993).

[10]   Soma, J. und Papadopoulos, K. D., J. Colloid Interface Sci., 181, 225 (1996).

[11]   Kabalanov, A. S., Langmuir, 10, 680 (1994).

[12]   Taylor, P. und Ottewill, R. H., Colloids und Surfaces A, 88, 303 (1994).

[13]   Aniansson, E. A. G., Wall, S. N., Almegren, M., Hoffmann, H., Kielmann, I., Ulbricht, W., Zana, R., Lang, J. und Tondre, C., J. Phys. Chem., 80, 905 (1976).

[14]   Weiss, J., Coupland, J. N., Brathwaite, D. und McClemments, D. J., Colloids und Surfaces A, 121, 53 (1997).

[15]   Higuchi, W. I. und Misra, J., J. Pharm. Sci., 51, 459 (1962).

[16]   Kabalanov, A. S., Pertsov, A. V. und Shchukin, E. D., Colloids und Surfaces, 24, 19 (1987).

[17]   Kabalanov, A. S., Pertsov, A. V., Aprosin, Y. D. und Shchukin, E. D., Kolloid Zh., 47, 1048 (1995).

[18]   Walstra, P., in „Encyclopedia of Emulsion Technology", Vol. 4, Becher, P. (Herausgeber), Marcel Dekker, N. Y. (1996).

[19]   Kabalanov, A., Weers, J., Arlauskas, P. und Tarara, T., Langmuir, 11, 2966 (1995).

11 Emulsionskoaleszenz und ihre Verhinderung

11.1 Einleitung

Wenn zwei Emulsionströpfchen in einer Flocken- oder Cremeschicht oder während der Brownschen Diffusion in engen Kontakt kommen, bildet sich zwischen ihnen ein dünner Flüssigkeitsfilm oder eine Lamelle [1]. Dies ist in Abb. 11.1 dargestellt.

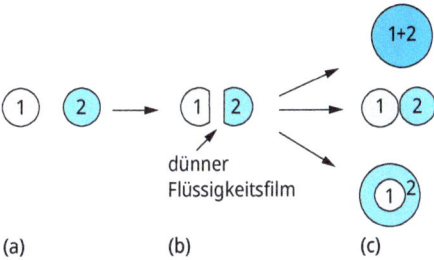

Abb. 11.1: Koaleszenz, Adhäsion und Verschlucken von Tröpfchen.

Die Koaleszenz entsteht durch das Zerreißen dieses Films, wie in Abb. 11.1c oben dargestellt. Kann der Film nicht zerrissen werden, kann es zu Adhäsion (Abb. 11.1c Mitte) oder Verschlucken (Abb. 11.1c unten) kommen. Der Filmriss beginnt in der Regel an einer bestimmten „Stelle" in der Lamelle, die durch die Ausdünnung in diesem Bereich entsteht. Dies wird in Abb. 11.2 veranschaulicht, die Flüssigkeitsoberflächen zeigt, die einigen Fluktuationen unterliegen und dabei Oberflächenwellen bilden. Die Oberflächenwellen können an Amplitude zunehmen und die Scheitelpunkte können sich infolge der starken Van-der-Waals-Anziehung (am Scheitelpunkt ist die Filmdicke am geringsten) verbinden. Das Gleiche gilt, wenn der Film auf einen kleinen Wert (kritische Dicke für die Koaleszenz) verdünnt wird. Um das Verhalten dieser Filme zu verstehen, muss man zwei physikalische Aspekte berücksichtigen: (1) die Art der Kräfte, die auf den Film einwirken, diese bestimmen, ob der Film thermodynamisch stabil, metastabil oder instabil ist; (2) die kinetischen Aspekte, die mit lokalen (thermischen oder mechanischen) Schwankungen der Filmdicke verbunden sind.

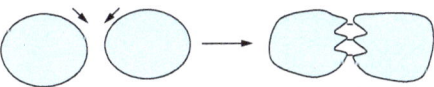

Abb. 11.2: Schematische Darstellung von Oberflächenfluktuationen.

11.2 Kräfte über Flüssigfilme hinweg

Abbildung 11.3 zeigt die allgemeinen Merkmale der Lamelle zwischen zwei Tröpfchen der Phase α in einer kontinuierlichen Phase β. Der Film besteht aus zwei flachen, parallelen Grenzflächen, die durch einen Abstand b voneinander getrennt sind. Am Ende des Films befindet sich ein Grenz- oder Übergangsbereich, in dem die Grenzflächen eine starke Krümmung aufweisen, d. h. im Vergleich zur Krümmung der Tröpfchen selbst. Bei größeren Werten von b (d. h. jenseits des Bereichs der über den Film wirkenden Kräfte) nimmt die Krümmung schließlich auf die Krümmung der Tröpfchen selbst ab, d. h. sie wird auf der hier betrachteten Skala für Tröpfchen im Bereich von 1 μm effektiv flach. Man kann einen makroskopischen Kontaktwinkel θ definieren, wie in Abb. 11.3 gezeigt.

Bei der Betrachtung der Kräfte, die auf den Film wirken, sind zwei Bereiche von Interesse:

(1) b > 2δ, wobei δ die Filmdicke ist, in denen die Kräfte in Form von langreichweitigen Van-der-Waals-Kräften und elektrischen Doppelschicht-Wechselwirkungen wirken, wie sie durch die DLVO-Theorie (Deyaguin-Landau, Verwey-Overbeek) [2, 3] beschrieben werden. Dieser Fall ist in Abb. 11.4 schematisch dargestellt. Diese zeigt ein sekundäres Minimum, ein Energiemaximum und ein primäres Minimum. Wenn sich der Film entweder im primären oder im sekundären Minimum befindet, ist die Nettokraft auf den Film gleich null (d. h. dG/dh = 0). Diese beiden metastabilen Zustände entsprechen jeweils den so genannten schwarzen Newton-Filmen.

(2) Wenn sich der Film im primären Minimum befindet und b < 2δ ist, kommen – wie in Kapitel 3 erörtert – sterische Wechselwirkungen ins Spiel. In diesem Fall steigt G sehr stark mit der Abnahme von b, und damit der Film reißt, müssen die sterischen Wechselwirkungen zusammenbrechen.

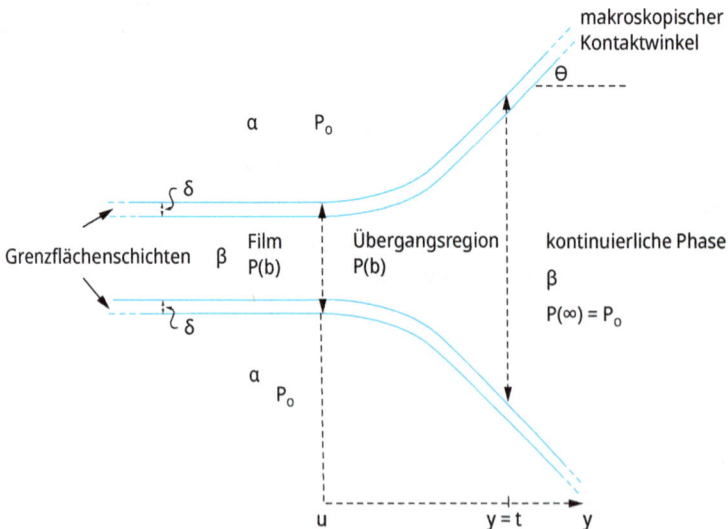

Abb. 11.3: Schematische Darstellung des dünnen Films und der Grenzbereiche zwischen zwei Flüssigkeitstropfen (α) in einer kontinuierlichen Phase (β).

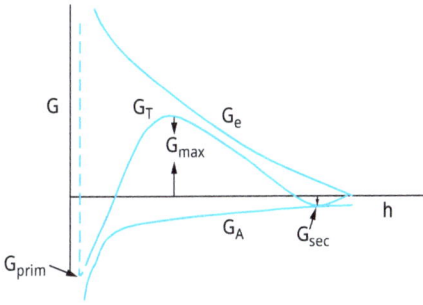

Abb. 11.4: Energie-Abstands-Kurven nach der DLVO-Theorie [2, 3].

Für die Analyse der Stabilität von dünnen Filmen im Hinblick auf die relevanten Wechselwirkungen wurden zwei Hauptansätze in Betracht gezogen. Der erste Ansatz wurde von Deryaguin [4] verfolgt, der das Konzept des Trennungsdrucks einführte. Der zweite Ansatz berücksichtigt die Grenzflächenspannung des Films, die mit dem tangentialen Druck an der Grenzfläche in Verbindung gebracht werden kann [5]. Beide Ansätze werden im Folgenden beschrieben.

11.2.1 Ansatz des Trennungsdrucks

Deryaguin [4] schlug vor, dass im Film ein "Trennungsdruck" $\pi(h)$ entsteht, der den überschüssigen Normaldruck ausgleicht:

$$\pi(b) = P(b) - P_0, \tag{11.1}$$

wobei P(b) der Druck eines Films mit der Dicke b und P_0 der Druck eines ausreichend dicken Films ist, so dass die freie Nettowechselwirkungsenergie gleich null ist.

$\pi(b)$ kann mit der Nettokraft (oder Energie) pro Flächeneinheit gleichgesetzt werden, die auf die Folie wirkt:

$$\pi(b) = -\frac{dG_T}{db}, \tag{11.2}$$

wobei G_T die gesamte Wechselwirkungsenergie im Film ist.

$\pi(b)$ setzt sich aus drei Beiträgen zusammen, die auf elektrostatische Abstoßung (π_E), sterische Abstoßung (π_s) und Van-der-Waals-Anziehung (π_A) zurückzuführen sind:

$$\pi(b) = \pi_E + \pi_s + \pi_A. \tag{11.3}$$

Um einen stabilen Film zu erzeugen, ist $\pi_E + \pi_s > \pi_A$ die treibende Kraft für die Verhinderung der Koaleszenz, die durch zwei Mechanismen und deren Kombination erreicht werden kann: (1) verstärkte elektrostatische und sterische Abstoßung; (2) Dämpfung der Fluktuation durch Erhöhung der Gibbs-Elastizität. Im Allgemeinen sind kleinere Tröpfchen weniger anfällig für Oberflächenfluktuationen, so dass die Koaleszenz geringer ist.

11.2.2 Grenzflächenspannung von Flüssigkeitsfilmen

Die Grenzflächenspannung $\gamma(b)$ kann mit der Veränderung des tangentialen Drucktensors P_t an einer Grenzfläche in Beziehung gesetzt werden. Wie in Abb. 11.5 schematisch dargestellt, ergibt sich eine ähnliche Variation von P_t über den Flüssigkeitsfilm bei einer bestimmten Dicke b.

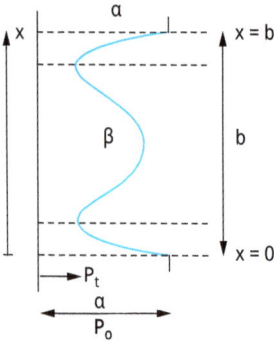

Abb. 11.5: Die Veränderung des tangentialen Drucks P_t durch einen dünnen Film.

Man kann eine Grenzflächenspannung für den gesamten Film definieren:

$$\gamma(b) = \int_0^b (P_t - P_0)dx.$$ (11.4)

Wählt man eine Trennebene in der Mitte des Films (bei einem symmetrischen Film liegt diese bei $x = b/2$), so kann man $\gamma(b)$ in zwei Beiträge aufteilen, einen von der oberen und einen von der unteren Grenzfläche:

$$\gamma(b) = \gamma^{\alpha\beta}(b) + \gamma^{\beta\alpha}(b) = 2\gamma^{\alpha\beta}(b).$$ (11.5)

Man beachte, dass $\gamma^{\alpha\beta}(b) \neq \gamma^{\alpha\beta}(\infty)$, für die Grenzflächenspannung einer isolierten $\alpha\beta$-Grenzfläche, d. h. zwischen den Flüssigkeiten α oder β, bei einer Emulsion im Bereich der Grenzfläche des Tropfens weit entfernt von der Kontaktzone. $\gamma(b)$ ist mit $G_i(b)$ und $\pi(b)$ durch die folgenden Beziehungen verbunden:

$$\gamma(b) = \gamma(\infty) - G_i(b),$$ (11.6)

$$\gamma(b) = \gamma(\infty) + \int_{\infty}^{b} \pi(b) \, db.$$

$$(11.7)$$

Gleichung (11.7) ergibt sich aus der Kombination der Gleichungen (11.6) und (11.2).

11.3 Filmriss

Der Filmriss ist ein Nichtgleichgewichtseffekt und geht mit lokalen thermischen oder mechanischen Schwankungen der Filmdicke b einher. Eine notwendige Bedingung für das Auftreten eines Filmrisses, speziell für eine spontane Fluktuation, lautet:

$$\frac{d\pi_A}{db} > \frac{d\pi_E}{db}.$$

$$(11.8)$$

Dies würde jedoch voraussetzen, dass es bei einem bestimmten Wert von b keine Änderungen der $\gamma(b)$-Fluktuationen gibt. Dies ist nicht der Fall, da eine lokale Fluktuation zwangsläufig mit einer lokalen Vergrößerung der Grenzfläche einhergeht, was zu einer Abnahme der Adsorption von Tensiden oder Polymeren in diesem Bereich und somit zu einem lokalen Anstieg der Grenzflächenspannung führt. Dieser Effekt (der als Gibbs-Marangoni-Effekt bezeichnet wird, siehe Kapitel 5) wirkt der Fluktuation entgegen. Gleichung (11.8) muss modifiziert werden, indem auf der rechten Seite ein Term eingefügt wird, um den Fluktuationseffekt in der lokalen Grenzflächenspannung zu berücksichtigen:

$$\frac{d\pi_A}{db} > \frac{d\pi_E}{db} + \frac{d\pi_\gamma}{db}.$$

$$(11.9)$$

Wenn ein Film aufgrund von Fluktuationen lokal dünner wird und die Bedingungen von Gleichung (11.9) bei einer kritischen Dicke, b_{cr}, erfüllt sind, wird der Film instabil und die Fluktuation „wächst", was zum Bruch führt. Scheludko [5] führte das Konzept der kritischen Dicke ein und leitete die folgende Gleichung für die kritische Dicke ab:

$$b_{cr} = \left(\frac{A\pi}{32K^2\gamma_0} \right)^{1/4},$$

$$(11.10)$$

dabei ist A die Netto-Hamaker-Konstante des Films, K die Wellenzahl der Fluktuation und γ_0 [$= \gamma(\infty)$] die Grenzflächenspannung der isolierten Flüssig/flüssig-Grenzfläche. K hängt vom Radius der (angenommenen) kreisförmigen Filmzone ab.

Vrij [6] hat alternative Ausdrücke für b_{cr} abgeleitet. Für große Dicken, bei denen $\pi_A \ll \pi_\gamma$ ergibt sich:

$$b_{cr} = 0,268 \left(\frac{A^2 R^2}{\gamma_0 \pi_\gamma f} \right). \tag{11.11}$$

Für kleine Dicken, bei denen $\pi_\gamma \ll \pi_A$:

$$b_{cr} = 0,22 \left(\frac{A R^2}{\gamma f} \right)^{1/4}, \tag{11.12}$$

wobei f ein Faktor ist, der von b abhängt.

Die Gleichungen (11.10) und (11.12) von Scheludko und Vrij haben bei kleinen Dicken die gleiche Form. Gleichung (11.12) sagt voraus, dass bei $\gamma \to 0$ der Film bei großen b-Werten spontan reißen sollte. Dies ist jedoch nicht der Fall, denn wenn $\gamma \to 0$, wird die Emulsion sehr stabil. Gleichung (11.12) sagt auch voraus, dass bei $R \to 0$, $b_{cr} \to 0$, d. h. sehr kleine Tröpfchen sollten niemals reißen. Experimente an wässrigen Schaumfilmen deuten darauf hin, dass man endliche Werte für b_{cr} beobachtet, wenn $R \to 0$ geht. Experimente an Emulsionströpfchen zeigten keine Änderungen von b_{cr} bei Änderung der Größe der Kontaktfläche. Dies liegt daran, dass die Lamellen, die sich zwischen zwei Öltröpfchen bei nicht gleichgewichtigen Abständen bilden, nicht die idealisierte, ebene Grenzfläche aufweisen, die in Abb. 11.3 dargestellt ist. Vielmehr weisen sie eine „Grübchen"-Struktur auf, wie in Abb. 11.6 dargestellt.

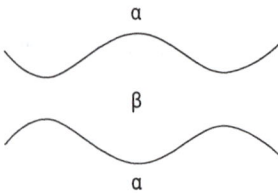

Abb. 11.6: Schematische Darstellung des „Grübchens" zwischen zwei Emulsionströpfchen.

Die oben beschriebene „Grübchenstruktur" entsteht nicht durch Fluktuationen, sondern durch einen Effekt, der durch das Abfließen der Lösung aus dem Filmbereich entsteht und mit hydrodynamischen Effekten verbunden ist. Der dünnste Bereich des Films befindet sich an der Peripherie der Kontaktzone, und hier kommt es tendenziell zum Reißen. Bei polymerstabilisierten Filmen ist der Dimpling-Effekt aufgrund der höheren Steifigkeit der Grenzfläche weit weniger ausgeprägt. Der Dimpling-Effekt ist auch der Grund dafür, dass die Grenzflächenspannung γ_0 nur einen geringen Einfluss auf den Filmriss in Emulsionssystemen zu haben scheint.

11.4 Koaleszenzrate zwischen Tröpfchen

Van den Tempel [7] leitete einen Ausdruck für die Koaleszenzrate von Emulsionströpfchen ab, indem er annahm, dass die Rate proportional zur Anzahl der Kontaktpunkte zwischen den Tröpfchen in einem Aggregat ist. Sowohl Ausflockung als auch Koaleszenz werden gleichzeitig berücksichtigt. Die durchschnittliche Anzahl der Primärtropfen n_a in einem Aggregat zum Zeitpunkt t ist durch die Smoluchowski-Theorie gegeben (siehe Kapitel 9). Die Anzahl der Tröpfchen n, die sich zum Zeitpunkt t noch nicht zu Aggregaten zusammengeschlossen haben, ist gegeben durch:

$$n = \frac{n_0}{(1 + kn_0 t)^2},$$

(11.13)

wobei n_0 die anfängliche Anzahl der Tröpfchen ist.

Die Anzahl der Aggregate n_v ist gegeben durch:

$$n_v = \frac{kn_0^2 t}{(1 + kn_0 t)^2}.$$

(11.14)

Die Gesamtzahl der Primärtropfen in allen Aggregaten ist gegeben durch:

$$n_0 - n_t = n_0 \left[1 - \frac{1}{(1 + kn_0 t)^2} \right].$$

(11.15)

Daraus folgt:

$$n_a = \frac{(n_0 - n_t)}{n_0} = 2 + an_0 t,$$

(11.16)

wobei a nun die Flockungsrate bezeichnet.

Wenn m die Anzahl der einzelnen Tröpfchen in einem Aggregat ist, dann ist m < n_a, da eine gewisse Koaleszenz stattgefunden hat; m ist nur geringfügig kleiner als n_a, wenn die Koaleszenz langsam ist, während m → 1 geht, wenn die Koaleszenz sehr schnell ist. Die Koaleszenzrate ist dann proportional zu m − 1, d. h. zur Anzahl der Kontakte zwischen den Tröpfchen in einem Aggregat. In einem kleinen Aggregat beobachtete van den Tempel [7], dass kleine Aggregate in ausreichend verdünnten Emulsionen im Allgemeinen ein großes Tröpfchen zusammen mit einem oder zwei kleinen enthalten und sich linear aufbauen. So nimmt n_v direkt proportional zu m − 1 ab, während m gleichzeitig durch Adhäsion an andere Tröpfchen zunimmt. Die durch die Ausflockung verursachte Vergrößerungsrate ist nach Gleichung (11.16) gegeben durch:

$$\frac{dm}{dt} = an_0 - K(m - 1),$$

(11.17)

dabei ist K die Koaleszenzrate.

Integration von Gleichung (11.17) für die Randbedingungen m = 2 für t = 0:

$$m - 1 = \frac{an_0}{K} + \left(1 - \frac{an_0}{K} \right) \exp(-Kt).$$

(11.18)

Die Gesamtzahl der ausgeflockten oder nicht ausgeflockten Tröpfchen in einer koagulierenden Emulsion zum Zeitpunkt t erhält man, indem man die Zahl der nicht umgesetzten Primärtropfen zur Zahl der Tröpfchen in Aggregaten addiert:

$$n = n_t + n_v m = \frac{n_v}{1 + kn_0 t} + \frac{kn_0^2 t}{(1 + kn_0 t)^2} \left[\frac{kn_0}{K} + \left(1 - \frac{kn_0}{K} \right) \exp(-kt) \right]. \qquad (11.19)$$

Der erste Term auf der rechten Seite von Gleichung (11.19) gibt die Anzahl der Tröpfchen an, die vorhanden wären, wenn jedes Tröpfchen als einzelnes Tröpfchen gezählt würde. Der zweite Term gibt die Anzahl der Tröpfchen an, die sich ergeben, wenn die Zusammensetzung der Aggregate berücksichtigt wird. Im Grenzfall $K \to \infty$ ist der zweite Term auf der rechten Seite von Gleichung (11.19) gleich null, und die Gleichung reduziert sich auf die Smoluchowski-Gleichung (siehe Kapitel 9). Ist hingegen $K = 0$, d. h. es findet keine Koaleszenz statt, ist $n = n_0$ für alle Werte von t. Für den Fall $0 < K < \infty$ ist die Auswirkung einer Änderung der Tropfenzahlkonzentration auf die Flockungsgeschwindigkeit durch Gleichung (11.19) gegeben. Daraus geht klar hervor, dass die Änderung der Tropfenzahlkonzentration mit der Zeit von der anfänglichen Tropfenzahlkonzentration n_0 abhängt. Dies verdeutlicht den Unterschied zwischen Emulsionen und Suspensionen. Im letzteren Fall ist der zeitliche Anstieg von 1/n unabhängig von der Partikelanzahlkonzentration. Einige Berechnungen unter Verwendung angemessener Werte für die Flockungsrate [bezeichnet mit a, das in Gleichung (11.19) k entspricht] und die Koaleszenzrate K sind in Abb. 11.7 für verschiedene Werte von n_0 dargestellt. Es ist klar, dass die Anstiegsrate von 1/n (oder die Abnahme der Tröpfchenzahlkonzentration) mit t schneller ansteigt, wenn n_0 abnimmt. Van den Tempel trug $\Delta(1/n)$, d. h. die Abnahme der Tröpfchenzahlkonzentration nach 5 Minuten, gegen die anfängliche Tröpfchenzahlkonzentration n_0 für zwei Werte von K und k (oder a) auf. Die Ergebnisse sind in Abb. 11.8 dargestellt, die deutlich zeigt, dass sich die Ausflockungsgeschwindigkeit, gemessen am Wert von 1/n, mit n_0 weder für verdünnte noch für konzentrierte Emulsionen signifikant ändert. In dem Bereich, in dem $kn_0 K$ in der Größenordnung von 1 liegt, nimmt die Flockungsrate jedoch mit der Erhöhung von n_0 stark ab.

Zur Vereinfachung von Gleichung (11.19) stellte van den Tempel mehrere Näherungen auf:

(1) In einer flockenden konzentrierten Emulsion $kn_0 \gg K$. In den meisten realen Systemen ist K im Allgemeinen viel kleiner als 1 und $kn_0 \geq 1$ ist ausreichend, um diese Bedingung zu erfüllen. Somit wird kn_0 schnell größer als 1 und der Beitrag der nicht umgesetzten Primärtropfen kann vernachlässigt werden. In diesem Fall reduziert sich Gleichung (11.19) auf:

$$n = \frac{kn_0^2 t}{(1 + kn_0 t)^2} \frac{kn_0}{K} [1 - \exp(-kt)]. \qquad (11.20)$$

Da $kn_0 t \gg 1$, ist dann $1 + kn_0 t \sim kn_0 t$, so dass:

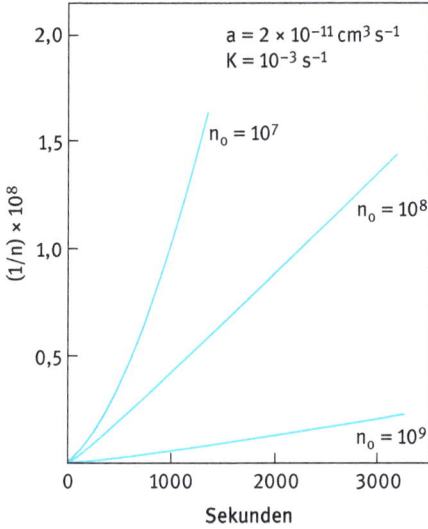

Abb. 11.7: Veränderung von 1/n mit t bei verschiedenen n_o-Werten.

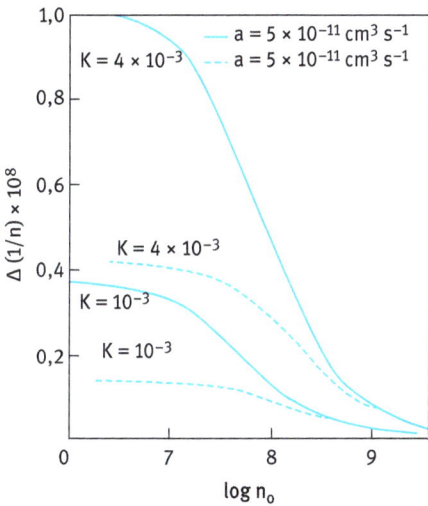

Abb. 11.8: Darstellung von $\Delta(1/n)$ gegen $\log n_o$ für zwei Werte von K und a (oder k).

$$n = \frac{n_o}{Kt}\left[1 - \exp\left(-kt\right)\right]. \qquad (11.21)$$

Dies bedeutet, dass die Koaleszenzrate bei konzentrierten Emulsionen nicht mehr von der Flockungsrate abhängt. Van den Tempel berechnete die Änderung der Tropfenzahlkonzentration mit der Zeit für konzentrierte Emulsionen ($n_o > 10^{10}$ cm^{-3}) und für verdünnte Emulsionen ($n_o = 10^9$ cm^{-3}) sowie für Werte von k = 5 x 10^{-11} cm^3 s^{-1} und K = 10^{-3} s^{-1}; die Ergebnisse sind in Abb. 11.9 dargestellt.

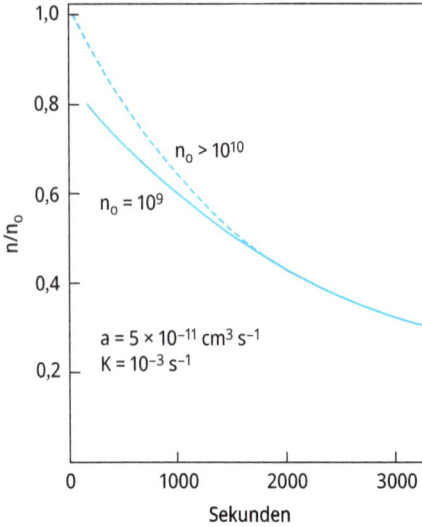

Abb. 11.9: Veränderung der Tröpfchenzahlkonzentration mit der Zeit für verdünnte und konzentrierte Emulsionen.

Für konzentrierte Emulsionen führen die Gleichungen (11.19) bis (11.21) zu ähnlichen Ergebnissen, während Gleichung (11.21) für verdünnte Emulsionen bei Werten von t kleiner als 1000 Sekunden zu einer gravierenden Abweichung führt. Außerdem wird festgestellt, dass die Konzentration der Tröpfchenanzahl ungefähr exponentiell mit der Zeit abnimmt, bis Kt im Vergleich zur Einheit groß wird. Eine weitere Einschränkung für die Anwendung der Gleichungen (11.19) bis (11.21) ist die in ihrer Herleitung gemachte Annahme, dass die Anzahl der Kontaktpunkte zwischen m Tröpfchen m – 1 beträgt. Dies ist bei konzentrierten Emulsionen, bei denen die Aggregate eine große Anzahl von Kontaktpunkten aufweisen, sicherlich nicht der Fall. In einem dicht gepackten Aggregat aus Kugeln gleicher Größe berührt jedes Tröpfchen 12 andere Tröpfchen. Die Anzahl der Kontaktpunkte ist proportional zu m und nicht zu m – 1. In einem heterodispersen System kann ein Tröpfchen sogar 12 andere Tröpfchen berühren. Dies kann berücksichtigt werden, indem Gleichung (11.17) wie folgt umgeschrieben wird:

$$\frac{dm}{dt} = kn_0 - pKm, \tag{11.22}$$

wobei p einen Wert zwischen 1 und 6 hat. Integriert man Gleichung (11.22), erhält man:

$$m = \frac{kn_0}{pK} + \left(2 - \frac{kn_0}{pK}\right) \exp\left(- pKt\right), \tag{11.23}$$

Diese ersetzt die Gleichung (11.18) für konzentrierte Emulsionen. Dies bedeutet, dass bei konzentrierten Emulsionen die Koaleszenzrate mit der Tröpfchenkonzentration in Abhängigkeit von der Tröpfchengrößenverteilung, dem Packungsgrad und der Größe der Aggregate zunimmt.

(2) In einer sehr verdünnten Emulsion kann kn_0/K viel kleiner als 1 sein, wenn die Koaleszenz sehr schnell eintritt. Nachdem die Ausflockung lange genug fortgeschritten ist, so dass $Kt \gg 1$ ist, kann der zweite Term auf der rechten Seite von Gleichung (11.19) gegenüber dem ersten Term vernachlässigt werden. Diese Gleichung reduziert sich auf die Smoluchowski-Gleichung, d. h. die Flockungsgeschwindigkeit ist unabhängig von der Koaleszenz.

(3) Wenn der Koaleszenzgrad sehr klein ist, kann der Exponentialterm in Gleichung (11.19) in eine Potenzreihe erweitert werden, wobei die ersten beiden Terme nur dann erhalten bleiben, wenn $K \ll 1$ ist, so dass sich die Gleichung reduziert auf:

$$n = n_0 \left[1 - \frac{Kt}{(1 + kn_0 t)} + \frac{Kt}{(1 + kn_0 t)^2} \right].$$ (11.24)

Gleichung (11.24) sagt erwartungsgemäß nur eine sehr geringe Abnahme der Tröpfchenzahlkonzentration mit der Zeit voraus.

(4) Wenn die Ausflockung lange genug fortgeschritten ist, kann Kt viel größer als 1 sein. In diesem Fall kann der Exponentialterm vernachlässigt werden, und $kn_0/t \gg 1$ (im Nenner), dann gilt:

$$n = \frac{n_0}{Kt} + \frac{1}{kt}.$$ (11.25)

Bei großem n_0 überwiegt der erste Term auf der rechten Seite von Gleichung (11.25), so dass $1/kt$ vernachlässigt werden kann.

Davies und Rideal [8] erörterten das Problem der Koaleszenz, indem sie einen Term der Energiebarriere in die Smoluchowsi-Gleichung aufnahmen, um die langsame Koaleszenz von durch Natriumoleat stabilisierten Emulsionen zu erklären. Die Smoluchowsi-Gleichung kann in Bezug auf das mittlere Volumen V der Emulsionströpfchen so geschrieben werden:

$$V = \frac{\varphi}{n_0} + 4\pi DR\varphi\, t,$$ (11.26)

wobei φ der Volumenanteil der dispergierten Phase ist, D ist der Diffusionskoeffizient der Tröpfchen und R ist der Kollisionsradius. D kann mithilfe der Stokes-Einstein-Gleichung berechnet werden:

$$D = \frac{kT}{6\pi\eta R},$$ (11.27)

wobei k die Boltzmann-Konstante ist, T ist die absolute Temperatur, η ist die Viskosität des Mediums und R ist der Tröpfchenradius.

Gleichung (11.26) sagt voraus, dass sich das mittlere Volumen der Tröpfchen in etwa 43 Sekunden verdoppeln sollte, während Experimente zeigen, dass dies in Gegenwart von Natriumoleat etwa 50 Tage dauert. Um dies zu berücksichtigen, wurde in Gleichung (11.26) eine Energiebarriere (ΔG_{coal}) eingeführt:

$$V = V_0 + 4\pi DR\varphi\, t \exp\left(-\frac{\Delta G_{coal}}{kT}\right). \tag{11.28}$$

Setzt man D aus Gleichung (11.27) ein und differenziert nach t, so ergibt sich die Koaleszenzrate für eine O/W-Emulsion wie folgt:

$$\frac{dV}{dt} = \frac{4\varphi\, kT}{3\eta_w} \exp\left(-\frac{\Delta G_{coal}}{kT}\right) = C_1 \exp\left(-\frac{\Delta G_{coal}}{kT}\right), \tag{11.29}$$

wobei η_w die Viskosität der kontinuierlichen Phase (Wasser bei O/W-Emulsionen) ist und C_1 ein durch Gleichung (11.29) definierter Kollisionsfaktor.

Für eine W/O-Emulsion würde die entsprechende Beziehung lauten:

$$\frac{dV}{dt} = \frac{4(1-\varphi)kT}{3\eta_0} \exp\left(-\frac{\Delta G_{coal}}{kT}\right) = C_2 \exp\left(-\frac{\Delta G_{coal}}{kT}\right), \tag{11.30}$$

mit η_0 als Viskosität der kontinuierlichen Ölphase, und C_2 als entsprechendem Kollisionsfaktor.

Davies und Rideal betrachteten die Energiebarriere in Form des elektrischen Potenzials ψ_0 an der Oberfläche der Öltröpfchen, das von durch ionische Tenside stabilisierten Tropfen ausgeht. Die Energiebarriere, die die Koaleszenz verhindert, ist proportional zu $\psi_0{}^2$ gemäß der oben beschriebenen DLVO-Theorie [2, 3]:

$$\Delta G_{coal} = B\psi_0^2, \tag{11.31}$$

Dabei ist B eine Konstante, die vom Krümmungsradius der Tröpfchen abhängt. Wenn zwei sich nähernde Tröpfchen dazu neigen, sich im Kontaktbereich einer Lamelle abzuflachen, kann der für Emulsionströpfchen zu verwendende Krümmungsradius erheblich vom tatsächlichen Tröpfchenradius abweichen. Der Grad der Abflachung ist jedoch bei kleinen Emulsionströpfchen (< 1 µm Durchmesser) vernachlässigbar. Liegt eine spezifische Adsorption von Gegenionen vor, so ist das elektrische Potenzial, das für die Bewertung der elektrischen Doppelabstoßung zu verwenden ist, kleiner als ψ_0. In diesem Fall muss das Stern-Potenzial ψ_d in der Ebene der spezifisch adsorbierten Ionen verwendet werden (siehe Kapitel 3), d. h.:

$$\Delta G_{coal} = B\psi_d^2. \tag{11.32}$$

11.5 Verringerung der Koaleszenz

11.5.1 Verwendung von gemischten Tensidfilmen

Es ist seit langem bekannt, dass gemischte Tenside eine synergistische Wirkung auf die Stabilität von Emulsionen haben können, und zwar in Bezug auf die Koaleszenzraten. So stellten Schulman und Cockbain [9] fest, dass sich die Stabilität von Nujol/Wasser-Emulsionen deutlich erhöht, wenn einer mit Natriumcetylsulfat hergestellten Emulsion Cetylalkohol oder Cholesterin zugesetzt wird. Es wurde angenommen, dass die erhöhte Stabilität mit der Bildung einer dicht gepackten Grenzflächenschicht zusammenhängt. Die größte Wirkung wird erzielt, wenn ein wasserlösliches Tensid (Cetylsulfat) und ein öllösliches Tensid (Cetylalkohol) – manchmal auch als Co-Tensid bezeichnet – in Kombination verwendet werden. Geeignete Kombinationen führen zu einer erhöhten Stabilität im Vergleich zu den Einzelkomponenten. Diese gemischten Tensidfilme erzeugen auch eine niedrige Grenzflächenspannung, die im Bereich von $0{,}1\ \mathrm{mNm}^{-1}$ oder darunter liegt. Diese Verringerung der Grenzflächenspannung könnte auf die kooperative Adsorption der beiden Tensidmoleküle zurückzuführen sein, wie sie durch die Gibbs-Adsorptionsgleichung für Mehrkomponentensysteme vorhergesagt wird.

Für ein Mehrkomponentensystem i mit einer Adsorption Γ_i (mol m^{-2}, bezeichnet als Oberflächenexzess) wird die Verringerung von γ, d. h. dγ, durch den folgenden Ausdruck gegeben:

$$d\gamma = -\sum \Gamma_i\, d\mu_i = -\sum \Gamma_i RT\, d\ln C_i, \tag{11.33}$$

wobei μ_i das chemische Potenzial der Komponente i ist, R ist die Gaskonstante, T die absolute Temperatur und C_i die Konzentration (mol dm^{-3}) der einzelnen Tensidkomponenten.

Der Grund für die Verringerung von γ bei Verwendung von zwei Tensidmolekülen lässt sich aus der Betrachtung der Gibbs'schen Adsorptionsgleichung für Mehrkomponentensysteme [11] ableiten. Für zwei Komponenten sa (Tensid) und co (Co-Tensid) lautet die Gleichung (11.33):

$$d\gamma = -\Gamma_{sa} RT\, d\ln C_{sa} - \Gamma_{co} RT\, d\ln C_{co}. \tag{11.34}$$

Die Integration von Gleichung (11.34) ergibt:

$$\gamma = \gamma_o - \int_0^{C_{sa}} \Gamma_{sa} RT\, d\ln C_{sa} - \int_0^{C_{co}} \Gamma_{co} RT\, d\ln C_{co}, \tag{11.35}$$

was deutlich zeigt, dass γ_o durch zwei Terme gesenkt wird, die von Tensiden und Co-Tensiden herrühren.

Die beiden Tensidmoleküle sollten gleichzeitig adsorbieren und nicht miteinander interagieren, da sie sonst ihre jeweiligen Aktivitäten verringern. Daher sollten die

Tensid- und Co-Tensid-Moleküle von unterschiedlicher Beschaffenheit sein, wobei eines überwiegend wasserlöslich (wie ein anionisches Tensid) und das andere überwiegend öllöslich (wie ein langkettiger Alkohol) sein sollte.

Es wurden mehrere Mechanismen vorgeschlagen, um die durch die Verwendung von gemischten Tensidfilmen erzeugte erhöhte Stabilität zu erklären, die im Folgenden zusammengefasst werden.

(1) Grenzflächenspannung und Gibbs'sche Elastizität

Die synergistische Wirkung von Tensidmischungen lässt sich durch die stärkere Senkung der Grenzflächenspannung der Mischung im Vergleich zu den einzelnen Komponenten erklären. So führt beispielsweise die Zugabe von Cetylalkohol zu einer durch Cetyltrimethylammoniumbromid stabilisierten O/W-Emulsion zu einer Verringerung der Grenzflächenspannung und einer Verschiebung der kritischen Mizellbildungskonzentration (CMC) zu niedrigeren Werten, was wahrscheinlich auf die verstärkte Packung der Moleküle an der O/W-Grenzfläche zurückzuführen ist [1]. Ein weiterer Effekt der Verwendung von Tensidmischungen ist auf die erhöhte Gibbs'sche Dilatationselastizität ε zurückzuführen:

$$\varepsilon = \frac{d\gamma}{d\ln A}, \tag{11.36}$$

wobei $d\gamma$ die Änderung der Grenzflächenspannung ist, die sich aus der Vergrößerung der Grenzflächenfläche dA bei der Erweiterung der Grenzfläche ergibt.

Prince und van den Tempel [10] zeigten, dass die Tensidmischung Natriumlaurat plus Laurinsäure eine sehr hohe Gibbs-Elastizität (in der Größenordnung von 10^3 mNm^{-1}) aufweist, verglichen mit der von Natriumlaurat allein. In Gegenwart von Laurat-Ionen hat Laurinsäure eine extrem hohe Oberflächenaktivität. Bei halber Bedeckung enthält die Grenzfläche 1,3 mol dm^{-3} Laurat-Ionen und 4,8 x 10^{-7} mol dm^{-3} Laurinsäure. Unter diesen Bedingungen kann also der Nebenbestandteil mehr zur Gibbs-Elastizität beitragen als der Hauptbestandteil. Ähnliche Ergebnisse wurden von Prince et al. [10] erzielt, die zeigten, dass ε in Gegenwart von Laurylalkohol für O/W-Emulsionen, die mit Natriumlaurylsulfat stabilisiert wurden, deutlich zunimmt. Für mit Proteinen stabilisierte O/W-Emulsionen wurde eine Korrelation zwischen der Filmelastizität und der Koaleszenzrate festgestellt [12].

(2) Grenzflächenviskosität

Lange Zeit wurde angenommen, dass eine hohe Grenzflächenviskosität für die Stabilität von Flüssigkeitsfilmen verantwortlich sein könnte. Diese muss unter dynamischen Bedingungen eine Rolle spielen, d. h. wenn zwei Tropfen sich einander nähern. Unter statischen Bedingungen spielt die Grenzflächenviskosität keine direkte Rolle. Eine hohe Grenzflächenviskosität geht jedoch häufig mit einer hohen Grenzflächenelastizität einher, was indirekt zur erhöhten Stabilität der Emulsion beitragen kann. Prince und van den Tempel [10] sprechen sich gegen eine Rolle der Grenzflächenviskosität aus, und zwar aufgrund von zwei Hauptbeobachtungen, nämlich den geringen Änderungen der Filmstabilität bei Temperaturänderungen (die einen signifikanten Einfluss auf die Grenzflächenviskosität haben sollten) und der plötzlichen Abnahme der Grenzflächenviskosität bei geringem Anstieg der Konzentration der Hauptkomponente. So führten Prince und van den Tempel [10] die erhöhte Emulsionsstabilität, die sich aus der Anwesenheit einer Nebenkomponente ergibt, ausschließlich auf eine Erhöhung der Grenzflächenelastizität zurück.

(3) Hindernisse für die Diffusion

Eine andere mögliche Erklärung für die erhöhte Stabilität in Gegenwart von gemischten Tensiden könnte mit der behinderten Diffusion der Tensidmoleküle in dem kondensierten Film zusammenhängen. Dies würde bedeuten, dass die Desorption der Tensidmoleküle bei der Annäherung zweier Emulsionströpfchen behindert und somit die Ausdünnung des Films verhindert wird.

(4) Bildung einer flüssigkristallinen Phase

Friberg und Mitarbeiter [13] führten die erhöhte Stabilität von Emulsionen, die mit Tensidmischungen gebildet werden, auf die Bildung von dreidimensionalen Strukturen, nämlich von Flüssigkristallen, zurück. Diese Strukturen können sich z. B. in einem Dreikomponentensystem aus Tensid, Alkohol und Wasser bilden, wie in Abb. 11.10 dargestellt. Die lamellare flüssigkristalline Phase, die im Phasendiagramm mit N (reine Phase) bezeichnet wird, ist besonders wichtig für die Stabilisierung der Emulsion gegen Koaleszenz. In diesem Fall „wickeln" sich die Flüssigkristalle in mehreren Schichten um die Tröpfchen, wie weiter unten gezeigt wird. Diese Mehrfachschichten bilden eine Barriere gegen Koaleszenz, wie weiter unten erläutert wird. Friberg et al. [13] haben eine Erklärung für die verringerte Anziehungsenergie zwischen zwei Emulsionströpfchen gegeben, die jeweils von einer Schicht aus flüssigkristalliner Phase umgeben sind. Sie haben auch Veränderungen in den hydrodynamischen Wechselwirkungen im Intertröpfchenbereich berücksichtigt, die die Aggregationskinetik beeinflussen.

Friberg et al. [13] haben berechnet, wie sich das Vorhandensein einer flüssigkristallinen Phase, die die Tröpfchen umgibt, auf die Van-der-Waals-Anziehung auswirkt. Eine schematische Darstellung der Ausflockung und Koaleszenz von Tropfen mit und ohne flüssigkristalline Schicht ist in Abb. 11.11 zu sehen.

Der obere Teil von Abb. 11.11 (A bis F) zeigt den Flockungsprozess, wenn der Emulgator als monomolekulare Schicht adsorbiert wird. Der Abstand d zwischen den Wassertröpfchen nimmt bis zu einem Abstand m ab, bei dem der Film reißt und die Tröpfchen koaleszieren; m ist so gewählt, dass es der Dicke der hydrophilen Schichten in der flüssigkristallinen Phase entspricht. Dies vereinfacht die Berechnungen und erleichtert den Vergleich mit dem Fall, in dem die flüssigkristalline Schicht um die Tröpfchen herum adsorbiert ist.

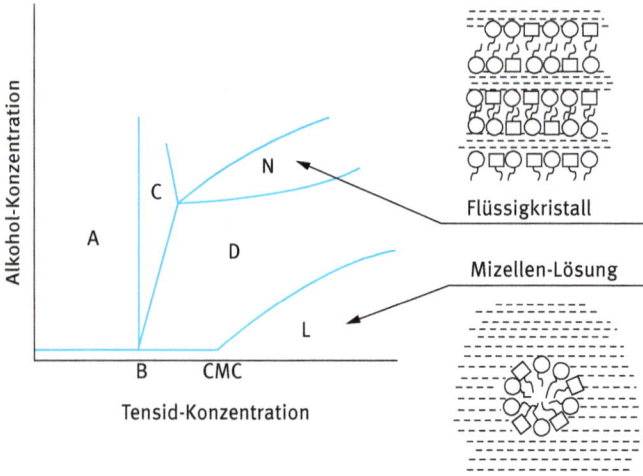

Abb. 11.10: Phasendiagramm eines Tensid-Alkohol-Wasser-Systems.

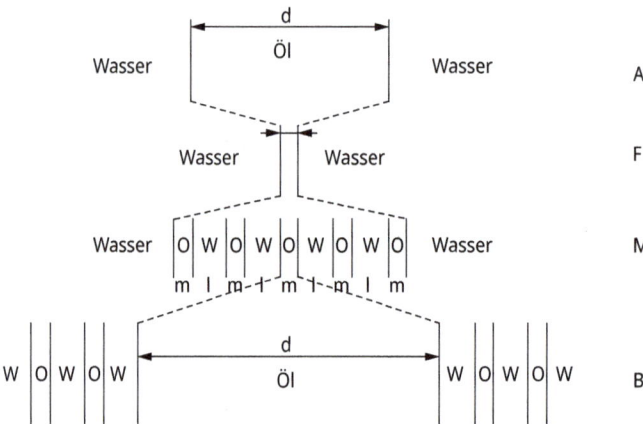

Abb. 11.11: Schematische Darstellung der Ausflockung und Koaleszenz in Anwesenheit
und Abwesenheit von flüssigkristallinen Phasen.

Der Flockungsprozess für den Fall, dass die Tröpfchen mit flüssigkristallinen
Schichten bedeckt sind, ist im unteren Teil von Abb. 11.11 (B bis M) dargestellt. Die
Ölschicht zwischen den Tröpfchen verdünnt sich bis zur Dicke m. Beim anschließen-
den Koaleszenzprozess werden die aufeinanderfolgenden Schichten zwischen den
Tröpfchen entfernt, bis eine Schichtdicke erreicht ist (F); der letzte Koaleszenzschritt
erfolgt in ähnlicher Weise wie bei einer monomolekularen Schicht aus adsorbiertem
Tensid.

Für den Fall A wird die Van-der-Waals-Anziehungskraft durch den Ausdruck
gegeben:

$$G_A = -\frac{A}{12\pi d^2},$$ (11.37)

wobei A die effektive Hamaker-Konstante ist, und

$$A = \left(A_{11}^{1/2} - A_{22}^{1/2}\right)^2,$$ (11.38)

wobei A_{11} und A_{22} die Hamaker-Konstanten der beiden Phasen sind.

Für den Fall B kann G_B aus der algebraischen Summierung dieses Ausdrucks für die wässrige Schicht auf jeder Seite der zentralen Schicht erhalten werden. Das Verhältnis G_B/G_A ist dann gegeben durch,

$$\frac{G_B}{G_A} = d^2 \left\{ \sum_{p=0}^{n} \sum_{q=0}^{n} [d + (p+q)(1+m)]^{-2} + \sum_{p=0}^{n-1} \sum_{q=0}^{n-1} [d + 21 + (p+q)(1+m)]^{-2} \right.$$

$$\left. - \sum_{p=0}^{n} \sum_{q=0}^{n-1} [2(d+1) + (p+q)(1+m)]^{-2} \right\},$$ (11.39)

dabei sind l und m die Dicken der Wasser- und Ölschichten, n ist die Anzahl der Wasserschichten (die gleich der Anzahl der Ölschichten ist), und p und q sind ganze Zahlen.

Die mit der Koaleszenz verbundene Änderung der freien Energie (d. h. M → F) wird aus der Veränderung der Van-der-Waals-Wechselwirkung an den Tröpfchenwänden berechnet. Diese Behandlung spiegelt die Energieänderung wider, die mit den aus dem Zwischentropfenbereich herausgedrückten Schichten verbunden ist. Das Problem wird umgangen, indem angenommen wird, dass diese verdrängten Schichten an den vergrößerten Tröpfchen haften, so dass sich ihre freie Energie dabei nicht wesentlich ändert. Auf diese Weise ergibt sich das Verhältnis der Wechselwirkungsenergien in den Zuständen F und M aus der Summation der Van-der-Waals-Wechselwirkungen der einzelnen Schichten auf den Wasserteilen:

$$\frac{G_M}{G_F} = m^2 \left\{ \sum_{p=0}^{n} [(m+p)(m+1)]^{-2} - \sum_{p=0}^{n} [(p+1)(m+1)]^{-2} \right\}.$$ (11.40)

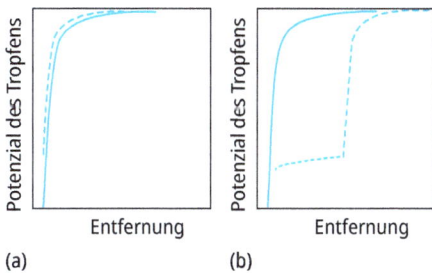

Abb. 11.12: Van-der-Waals-Energie-Entfernungs-Kurven für Flockung (a) und Koaleszenz (b) in Gegenwart (– –) bzw. Abwesenheit (——) von flüssigkristallinen Phasen.

Zur Veranschaulichung der relativen Bedeutung der Van-der-Waals-Anziehungsenergie wurden Berechnungen unter Verwendung der obigen Ausdrücke für den Fall der Ausflockung (d. h. A und B) und für den Fall der Koaleszenz (d. h. F und M) durchgeführt. Die Ergebnisse sind in Abb. 11.12a bzw. b dargestellt.

Abbildung 11.12a zeigt, dass der Einfluss der flüssigkristallinen Schichten um die Tröpfchen auf den Flockungsprozess unbedeutend ist. Im Gegensatz dazu ist die Auswirkung auf die Änderung der freien Energie ganz erheblich. Bei beispielsweise neun Schichten auf jedem Tropfen und einer Schichtdicke in angemessener Größenordnung (l = m = 5 nm) reduziert sich die gesamte Van-der-Waals-Wechselwirkung für den Koaleszenzprozess im Falle der Schichtstruktur auf nur 10 % ihres ursprünglichen Werts. Dies ist zu vergleichen mit 98 % im Fall von zwei Tröpfchen im gleichen Abstand, die jedoch durch die Ölphase statt durch die flüssigkristalline Phase getrennt sind. Noch wichtiger sind die extrem geringen Änderungen der Anziehungsenergie nach Entfernung der ersten Schichten. Die ersten Schichten bewirken einen Abfall, der 1,5 % der gesamten Van-der-Waals-Wechselwirkungsenergie (A bis F) entspricht. Die letzte Schicht, bevor der Zustand F erreicht wird, entspricht 78 % der gesamten Van-der-Waals-Energie. Es scheint also, dass das Vorhandensein einer flüssigkristallinen Phase einen starken Einfluss auf die Abstandsabhängigkeit der Van-der-Waals-Energie hat, was zu einer drastischen Verringerung der Anziehungskraft zwischen den Emulsionströpfchen führt.

(5) Verwendung von polymeren Tensiden

Die zweckmäßigsten polymeren Tenside sind solche vom Typ der Block- und Pfropfcopolymere. Ein Blockcopolymer ist eine lineare Anordnung von Blöcken mit unterschiedlicher Monomerzusammensetzung. Die Nomenklatur für ein Di-Block ist Poly-A-Block-Poly-B und für ein Triblock ist Poly-A-Block-Poly-B-Poly-A. Zu den am häufigsten verwendeten polymeren Triblock-Tensiden gehören die „Pluronics" (BASF, Deutschland), die aus zwei Poly-A-Blöcken aus Polyethylenoxid (PEO) und einem Block aus Polypropylenoxid (PPO) bestehen. Es sind verschiedene Kettenlängen von PEO und PPO erhältlich.

Die oben genannten polymeren Tenside können als Emulgatoren eingesetzt werden, wobei davon ausgegangen wird, dass die hydrophobe PPO-Kette an der hydrophoben Oberfläche verbleibt und die beiden PEO-Ketten in wässriger Lösung baumeln lässt. Somit wird für eine sterische Abstoßung gesorgt, wodurch die Koaleszenz von Emulsionen verringert oder verhindert wird.

Zur Stabilisierung von Emulsionen wurde ein Pfropfcopolymer auf der Basis von Inulin, einer linearen Polyfructosekette mit einem Glucoseende, entwickelt [14]. Dieses Molekül wird zur Herstellung einer Reihe von Pfropfcopolymeren durch zufälliges Aufpfropfen von Alkylketten (unter Verwendung von Alkylisocyanat) auf das Inulin-Grundgerüst verwendet. Das erste Molekül dieser Serie ist INUTEC® SP1, das durch zufälliges Aufpfropfen von C_{12}-Alkylketten gewonnen wird. Es hat ein durchschnittliches Molekulargewicht von etwa 5000 Dalton. Das Molekül ist in Abb. 11.13 schematisch dargestellt, die die hydrophile Polyfructosekette (Grundgerüst) und die zufällig angebrachten Alkylketten zeigt.

Inulin-Gerüst

Alkylketten

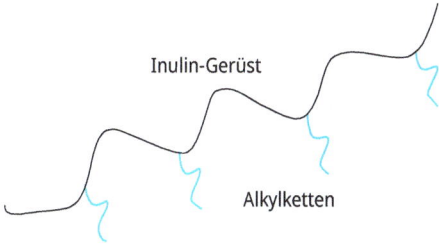

Abb. 11.13: Schematische Darstellung von INUTEC® SP1, einem polymeren Tensid.

Die wichtigsten Vorteile von INUTEC® SP1 als Stabilisator für Emulsionen sind:
- Starke Adsorption an das Tröpfchen durch Mehrpunktbindung mit mehreren Alkylketten. Dadurch wird eine Desorption und Verdrängung des Moleküls von der Grenzfläche verhindert.
- Starke Hydratation der linearen Polyfructoseketten sowohl in Wasser als auch in Gegenwart hoher Elektrolytkonzentrationen und hoher Temperaturen. Dies gewährleistet eine wirksame sterische Stabilisierung.

Emulsionen aus Isopar M/Wasser und Cyclomethicon/Wasser wurden mit INUTEC® SP1 hergestellt. Es wurden O/W-Emulsionen (50:50; Vol./Vol.) hergestellt und die Emulgatorkonzentration wurde von 0,25 bis 2 % (Gew./Vol.), bezogen auf die Ölphase, variiert. 0,5 % (Gew./Vol.) Emulgator waren für die Stabilisierung dieser Emulsionen ausreichend [14]. Die Emulsionen wurden bei Raumtemperatur und 50 °C gelagert, und in bestimmten Zeitabständen (ein Jahr lang) wurden optische Mikrofotografien angefertigt, um die Stabilität zu überprüfen. Die in Wasser hergestellten Emulsionen waren sehr stabil und zeigten über einen Zeitraum von mehr als einem Jahr keine Veränderung der Tröpfchengrößenverteilung, was auf eine fehlende Koaleszenz hindeutet. Eine eventuell auftretende schwache Ausflockung war reversibel und die Emulsion konnte durch leichtes Schütteln wieder dispergiert werden. Abbildung 11.14 zeigt eine mikroskopische Aufnahme einer verdünnten 50:50-Emulsion (Vol./Vol.), die 1,5 und 14 Wochen bei 50 °C gelagert wurde. Nach einer Lagerung von mehr als einem Jahr bei 50 °C wurde keine Veränderung der Tröpfchengröße festgestellt, was auf eine fehlende Koaleszenz hindeutet. Das gleiche Ergebnis wurde bei der Verwendung verschiedener Öle erzielt. Die Emulsionen waren auch in Gegenwart hoher Elektrolytkonzentrationen (bis zu 4 mol dm^{-3} oder ≈ 25 % NaCl) stabil gegen Koaleszenz. Diese Stabilität bei hohen Elektrolytkonzentrationen wird bei polymeren Tensiden auf Basis von Polethylenoxid nicht beobachtet. Die hohe Stabilität von INUTEC® SP1 hängt mit seiner starken Hydratation sowohl in Wasser als auch in Elektrolytlösungen zusammen. Die Hydratation von Inulin (dem Grundgerüst von HMI; engl.: Hydrophobically Modified Inulin) konnte anhand von Trübungspunktmessungen bewertet werden. Es wurde auch ein Vergleich mit PEO mit zwei Molekulargewichten, nämlich 4000 und 20000, durchgeführt.

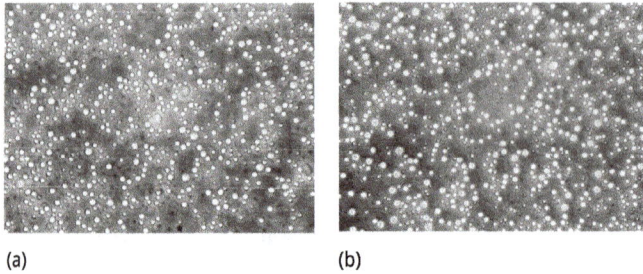

(a)   (b)

Abb. 11.14: Optische Mikrofotografien von O/W-Emulsionen, die mit INUTEC® SP1 stabilisiert wurden und 1,5 Wochen (A) bzw. 14 Wochen (B) bei 50 °C gelagert wurden.

Die hohe Stabilität des Flüssigkeitsfilms zwischen den Emulsionstropfen bei Verwendung von INUTEC® SP1 wurde von Exerowa et al. [15] durch Messungen des Trennungsdrucks nachgewiesen. Dies wird in Abb. 11.15 veranschaulicht, die ein Diagramm des Trennungsdrucks gegen den Abstand zwischen zwei Emulsionstropfen bei verschiedenen Elektrolytkonzentrationen zeigt. Die Ergebnisse zeigen, dass durch Erhöhung des Kapillardrucks ein stabiler Newton Black Film (NBF) bei einer Schichtdicke von ≈ 7 nm entsteht. Die Tatsache, dass der Film bei dem höchsten angewendeten Druck von $4,5 \times 10^4$ Pa nicht reißt, deutet auf die hohe Stabilität des Films in Wasser und in hohen Elektrolytkonzentrationen (bis zu 2,0 mol dm^{-3} NaCl) hin.

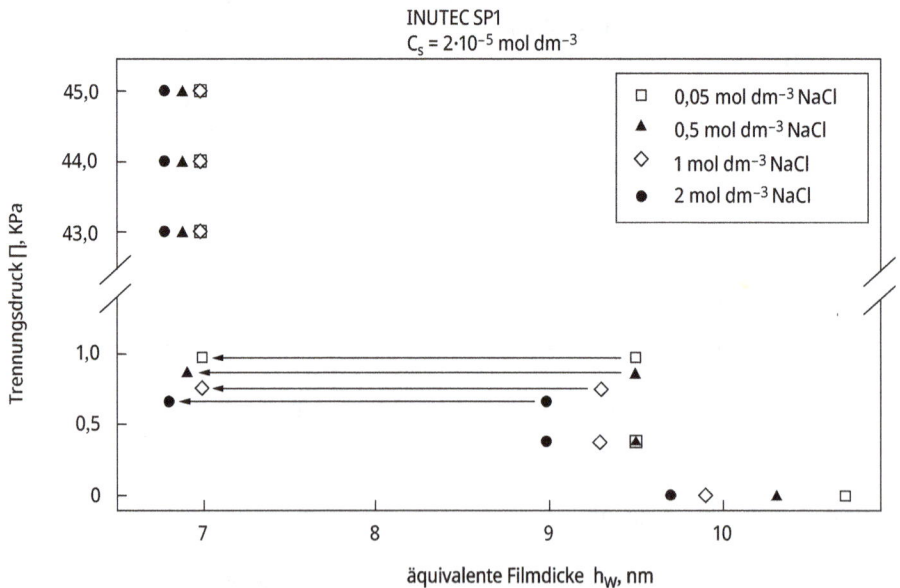

Abb. 11.15: Veränderung des Trennungsdrucks mit der äquivalenten Filmdicke bei verschiedenen NaCl-Konzentrationen.

Die Tatsache, dass der NBF bis zum höchsten angewendeten Druck, nämlich $4{,}5 \times 10^4$ Pa, nicht reißt, zeigt deutlich die hohe Stabilität des Flüssigkeitsfilms in Gegenwart hoher NaCl-Konzentrationen (bis zu 2 mol dm^{-3}). Dieses Ergebnis steht im Einklang mit der hohen Emulsionsstabilität, die bei hohen Elektrolytkonzentrationen und hohen Temperaturen erzielt wird. Isopar M-in-Wasser-Emulsionen sind unter solchen Bedingungen sehr stabil, was auf die hohe Stabilität der NBF zurückzuführen sein könnte. Die Tröpfchengröße der mit 2 % INUTEC® SP1 hergestellten 50:50-O/W-Emulsionen liegt im Bereich von 1 bis 10 µm. Dies entspricht einem Kapillardruck von ≈ 3×10^4 Pa für die 1-µm-Tropfen und ≈ 3×10^3 Pa für die 10-µm-Tropfen. Diese Kapillardrücke sind niedriger als die, denen die NBF ausgesetzt waren, was eindeutig auf die hohe Stabilität dieser Emulsionen gegen Koaleszenz hinweist.

Literatur

[1] Tadros, Th. F. und Vincent, B., in „Encyclopedia of Emulsion Technology", Becher, P. (Herausgeber), Marcel Dekker, N. Y. (1983).

[2] Deryaguin, B. V. und Landau, L., Acta Physicochem. USSR 14, 633 (1941).

[3] Verwey, E. J. W. und Overbeek, J. Th. G., „Theory of Stability of Lyophobic Colloids", Elsevier, Amsterdam (1948).

[4] Deryaguin, B. V. und Scherbaker, R. L., Kolloid Zh., 23, 33 (1961).

[5] Scheludko, A., Advances Colloid Interface Sci., **1**, 391 (1967).

[6] Vrij, A., Discussion Faraday Soc. **42**, 23 (1966).

[7] van den Tempel, M., Rec. Trav. Chim., **72**, 433, 442 (1953).

[8] Davies, J. T. und Rideal, E. K., „Interfacial Phenomena", Academic Press, N. Y. (1961).

[9] Schulman, J. H. und Cockbain, E. G., Transaction Faraday Soc., **36**, 661 (1940).

[10] Prince, A. und van den Tempel, M., Proc. Int. Congr. Surface Activity (4th), Vol. II, Gordon und Breach, London (1967), p. 1119.

[11] Prince, A., Arcuri, C. und van den Tempel, M., J. Colloid and Interface Sci., 24, 811 (1967).

[12] Biswas, B. und Haydon, D. A., Proc. Roy. Soc., A271, 296 (1963); A2, 317 (1963).

[13] Friberg, S., Jansson, P. O. und Cederberg, E., J. Colloid Interface Sci., 55, 614 (1976).

[14] Tadros, Th. F., Vandamme, A., Levecke, B., Booten, K. und Stevens, C. V., Advances Colloid Interface Sci., **108–109**, 207 (2004).

[15] Exerowa, D., Gotchev, G., Kolarev, T., Khristov, Khr., Levecke, B. und Tadros, Th. F., Langmuir, **23**, 1711 (2007).

12 Phasenumkehr und ihre Verhinderung

12.1 Einleitung

Als Phasenumkehr oder Phaseninversion bezeichnet man den Vorgang, bei dem sich die innere und die äußere Phase einer Emulsion plötzlich umkehren, z. B. von O/W zu W/O oder umgekehrt [1, 2]. Die katastrophale Inversion wird durch eine Erhöhung des Volumenanteils der dispersen Phase ausgelöst. Diese Art der Inversion ist nicht umkehrbar [2]; der Wert des Wasser/Öl-Verhältnisses beim Übergang, wenn Öl zu Wasser hinzugefügt wird, ist nicht derselbe wie bei der Zugabe von Wasser zu Öl. Der Inversionspunkt hängt von der Intensität des Rührens und der Geschwindigkeit der Flüssigkeitszugabe zur Emulsion ab.

Die Phaseninversion kann auch durch die Veränderung von Faktoren, die den HLB-Wert des Systems beeinflussen, wie z. B. die Temperatur und/oder die Elektrolytkonzentration, herbeigeführt werden. Die durchschnittliche Tröpfchengröße nimmt ab und die Emulgierrate (definiert als die Zeit, die benötigt wird, um eine stabile Tröpfchengröße zu erreichen) nimmt zu, wenn sich die Inversion nähert. Beide Trends stehen im Einklang mit der O/W-Grenzflächenspannung, die in der Nähe des Inversionspunkts ein Minimum erreicht.

12.2 Katastrophischer Umsturz

Die katastrophale Inversion wird in Abb. 12.1 veranschaulicht, die die Veränderung der Viskosität und der Leitfähigkeit mit dem Ölvolumenanteil φ zeigt. Wie zu erkennen ist, erfolgt die Inversion bei einem kritischen Wert φ_{cr}, der mit dem maximalen Packungsanteil identifiziert werden kann [1]. Bei φ_{cr} nimmt η plötzlich ab; die invertierte W/O-Emulsion hat einen viel geringeren Volumenanteil. κ nimmt am Inversionspunkt ebenfalls stark ab, da die kontinuierliche Phase nun Öl ist. Ähnliche Tendenzen werden beobachtet, wenn einer W/O-Emulsion Wasser zugesetzt wird, aber in diesem Fall steigt die Leitfähigkeit der Emulsion am Inversionspunkt stark an. Geht man beispielsweise von einer W/O-Emulsion aus, so steigt die Viskosität der Emulsion bei Erhöhung des Volumenanteils der Wasserphase (der dispersen Phase) allmählich an, bis ein Höchstwert erreicht wird, im Allgemeinen $\approx 0{,}74$. Bei der Umkehrung in eine O/W-Emulsion beträgt der Volumenanteil der dispersen Phase (des Öls) nun $\approx 0{,}26$; daher der drastische Rückgang der Viskosität.

In den frühen Theorien zur Phaseninversion wurde postuliert, dass die Inversion aufgrund der Schwierigkeit, die Emulsionströpfchen oberhalb eines bestimmten Volumenanteils zu packen, stattfindet. Nach Ostwald [3] sollte beispielsweise eine Anordnung von Kugeln mit gleichen Radien 74 % des Gesamtvolumens einnehmen. Bei

https://doi.org/10.1515/9783110798593-012

einem Phasenvolumen $\varphi > 0{,}74$ müssen die Emulsionströpfchen also dichter gepackt werden, als dies möglich ist.

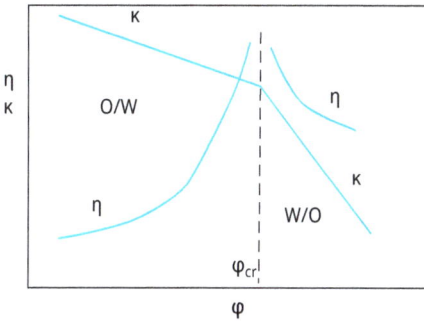

Abb. 12.1: Veränderung von Leitfähigkeit und Viskosität mit dem Volumenanteil des Öls.

Dies bedeutet, dass jeder Versuch, das Phasenvolumen über diesen Punkt hinaus zu vergrößern, zu Verzerrungen, Brüchen oder Inversionen führen sollte. Mehrere Untersuchungen haben jedoch gezeigt, dass dieses Argument nicht stichhaltig ist, da die Inversion bei Phasenvolumina stattfindet, die viel größer oder kleiner als dieser kritische Wert sind. So zeigten Shinoda und Saito [4], dass die Inversion von Olivenöl/Wasser-Emulsionen bei $\varphi = 0{,}25$ stattfindet. Außerdem zeigte Sherman [5], dass der Volumenanteil, bei dem die Inversion stattfindet, in hohem Maße von der Art des Emulgators abhängt. Es sei darauf hingewiesen, dass die Ostwald-Theorie [3] nur für die Packung von starren, nicht verformbaren Kugeln gleicher Größe gilt. Emulsionströpfchen sind weder verformungsbeständig, noch sind sie im Allgemeinen gleich groß. Die breite Verteilung der Tröpfchengröße ermöglicht es, einen höheren Volumenanteil der inneren Phase zu erreichen, da die kleineren Tröpfchen in die Zwischenräume zwischen den größeren passen. Fügt man noch die Möglichkeit hinzu, dass die Tröpfchen zu Polyedern verformt werden können, ist eine noch dichtere Packung möglich. Dies ist das Prinzip der Herstellung von Emulsionen mit hoher innerer Phase (HIPE), die $\varphi > 0{,}95$ erreichen.

Ein nützlicher Index zur Charakterisierung der Phaseninversion ist die Messung des Emulsionsinversionspunkts (EIP). Der EIP bezieht sich auf die Inversion von W/O-Emulsionen in O/W-Emulsionen bei konstanter Temperatur [6]. Eine wässrige Phase wird (schrittweise) zu einer begrenzten Menge Öl hinzugefügt, das eine bekannte Menge eines Tensids enthält. Das Gemisch wird bei jeder Zugabe 15 Sekunden lang mit einem Turbinenmischer gerührt, und der Emulsionstyp wird bestimmt. Der EIP ist einfach das Verhältnis zwischen dem Volumen der wässrigen Phase am Inversionspunkt und dem Volumen der Ölphase. Die Ergebnisse zeigen, dass der EIP mit zunehmendem HLB-Wert abnimmt, bis ein Minimum erreicht wird. Der HLB-Wert am Minimum ist der erforderliche HLB-Wert des Öls, um eine stabile Emulsion zu erzeugen. Die genaue Position des EIP-Minimums kann jedoch durch die Rührbedingungen beeinflusst werden.

Bei den EIP-Experimenten wurden mehrere Erkenntnisse gewonnen:

(1) Beim EIP-Minimum findet eine Inversion von W/O zu O/W statt, wodurch Emulsionen mit sehr kleinen Tropfen entstehen.

(2) Der EIP-Wert steigt mit der Zunahme des lipophilen Tensids, während der EIP-Wert mit der Zunahme der Konzentration des hydrophilen Tensids abnimmt.

(3) In einer Reihe von Alkanen ist der erforderliche HLB-Wert umso geringer, je höher der EIP-Wert ist.

(4) Die höchste Viskosität und die niedrigste Grenzflächenspannung treten beim EIP auf.

(5) Bei aromatischen Kohlenwasserstoffen nehmen mit zunehmender Methylgruppensubstitution der EIP-Wert und der erforderliche HLB-Wert ab.

(6) Der EIP zeigt Veränderungen des erforderlichen HLB-Werts eines Öls, die durch die Zugabe von Additiven, z. B. Alkoholen und Polyethylenglycol, verursacht werden.

Wenn die katastrophale Inversion durch Zugabe der wässrigen Phase zur Ölphase (hoher HLB-Wert) herbeigeführt wird, können vor der Phaseninversion zwei Tropfentypen vorhanden sein: instabile Wassertropfen, die Tensidmizellen enthalten, in einer kontinuierlichen Ölphase (d. h. W_m/O) und stabile Öltropfen in Wassertropfen in einer kontinuierlichen Ölphase (d. h. O/W_m/O). Wenn die katastrophale Inversion durch Zugabe der Ölphase zur Wasserphase (niedriger HLB-Wert) herbeigeführt wird, können vor der Phaseninversion zwei Tröpfchentypen vorhanden sein: instabile Öltropfen, die Tensidmizellen enthalten, in einer kontinuierlichen wässrigen Phase (d. h. O_m/W) und stabile Wassertropfen innerhalb von Öltropfen, in einer kontinuierlichen wässrigen Phase (d. h. W/O_m/W).

Nach der katastrophalen Inversion besteht die resultierende Emulsion aus stabilen Öltropfen in einer kontinuierlichen Wasserphase, die Tensidmizellen enthält (d. h. O/W_m), wenn die ursprüngliche kontinuierliche Phase Öl ist. Wenn die anfängliche kontinuierliche Phase wässrig ist, besteht die resultierende Emulsion aus stabilen Wassertropfen in einer kontinuierlichen Ölphase, die Tensidmizellen enthält (d. h. W/O_m).

Ostwald [3] modellierte erstmals, dass katastrophale Inversionen durch die vollständige Koaleszenz der dispergierten Phase im dicht gepackten Zustand verursacht werden, während Marzall [7] gezeigt hat, dass katastrophale Inversionen in einem breiten Bereich des Wasser/Öl-Verhältnisses auftreten können. Dies könnte auf die Bildung von Doppelemulsionstropfen (O/W_m/O) zurückzuführen sein, die das tatsächliche Volumen der dispergierten Phase erhöhen.

Die dynamischen Faktoren, die sich auf die katastrophale Inversion auswirken, befassen sich mit der Verschiebung der Inversionsgrenzen bei Änderungen der Systemzusammensetzung oder Änderungen der Systemdynamik, wie z. B. die Auswirkungen von Rührbedingungen. Bei Systemen, die keine stabilisierenden Tenside enthalten, tritt nachweislich eine Inversionshysterese auf. Je höher die Viskosität der Ölphase ist, desto eher wird das Öl zur dispergierten Phase. Die Inversion verschiebt sich zu einem höheren Anteil der dispergierten Phase, wenn die Rührgeschwindigkeit zunimmt.

12.3 Übergangsinversion

Die Übergangsinversion wird durch die Änderung des HLB-Werts des Systems bei konstanter Temperatur unter Verwendung von Tensidmischungen verursacht. Dies wird in Abb. 12.2 veranschaulicht, die die Änderung des Sauter-Tropfendurchmessers d_{32} (Volumen/Flächenmittel-Durchmesser) und der Geschwindigkeitskonstante (min^{-1}) als Funktion des HLB-Werts von (nichtionischen) Tensidmischungen zeigt [2].

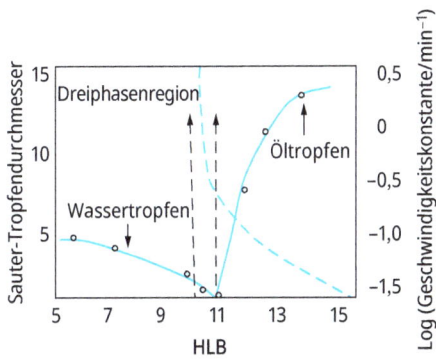

Abb. 12.2: Emulsionstropfendurchmesser (Kreise) und Geschwindigkeitskonstante für die Erreichung einer konstanten Größe (Quadrate) in Abhängigkeit vom HLB-Wert des Tensids in Cyclohexan/0,067 mol dm^{-3} KCl, das Nonylphenolethoxylate enthält, bei 25 °C.

Aus Abb. 12.2 ist ersichtlich, dass der durchschnittliche Tröpfchendurchmesser abnimmt und die Emulgierrate (definiert als die Zeit, die benötigt wird, um eine stabile Tröpfchengröße zu erreichen) zunimmt, wenn man sich der Inversion nähert. Die Ergebnisse stimmen damit überein, dass die Grenzflächenspannung zwischen Öl und Wasser innerhalb des HLB-Bereichs, in dem sich drei Phasen bilden, ein Minimum durchläuft. Es wurde auch festgestellt, dass die durch Übergangsinversion gebildeten Emulsionen feiner sind und weniger Energie benötigen als die durch direkte Emulgierung hergestellten.

Verschiedene andere Bedingungen können eine Phasenumkehr bewirken, wie z. B. die Zugabe von Elektrolyt und/oder die Erhöhung der Temperatur, insbesondere bei Emulsionen auf der Basis von nichtionischen Tensiden des Ethoxylats. Um den Prozess der Phaseninversion zu verstehen, muss man die Affinität des Tensids zu den Öl- und Wasserphasen berücksichtigen, wie sie durch das Winsor-Verhältnis R_0 [8] beschrieben wird, in dem sich das Verhältnis der intermolekularen Anziehung von Ölmolekülen (O) und dem lipophilen Teil des Tensids (L), C_{LO}, zu der von Wasser (W) und dem hydrophilen Teil (H), C_{HW}, widerspiegelt:

$$R_O = \frac{C_{LO}}{C_{HW}}. \qquad (12.1)$$

Auf der Öl- und der Wasserseite der Grenzfläche können mehrere Wechselwirkungs-parameter ermittelt werden. Man kann mindestens neun Wechselwirkungsparameter identifizieren, wie in Abbildung 7.10 in Kapitel 7 bereits schematisch dargestellt wurde. Diese Abbildung wird hier zur Verdeutlichung als Abb. 12.3 wiedergegeben.

C_{LL}, C_{OO}, C_{LO} (auf der Ölseite)

C_{HH}, C_{WW}, C_{HW} (auf der Wasserseite)

C_{LW}, C_{HO}, C_{LH} (an der Grenzfläche)

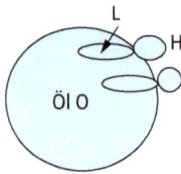

Abb. 12.3: Verschiedene Wechselwirkungsparameter in der Öl- und Wasserphase.

In Abb. 12.3 beziehen sich C_{LL}, C_{OO} und C_{LO} auf die Wechselwirkungsenergien zwischen den beiden lipophilen Teilen des Tensidmoleküls, die Wechselwirkungsenergie zwischen zwei Ölmolekülen bzw. die Wechselwirkungsenergie zwischen der lipophilen Kette und Öl. C_{HH}, C_{WW} und C_{HW} beziehen sich auf die Wechselwirkungsenergien zwischen den beiden hydrophilen Teilen des Tensidmoleküls, die Wechselwirkungsenergie zwischen zwei Wassermolekülen bzw. die Wechselwirkungsenergie zwischen der hydrophilen Kette und Wasser. C_{LW}, C_{HO} und C_{LH} beziehen sich auf die Wechselwirkungsenergien an der Grenzfläche zwischen dem lipophilen Teil des Tensidmoleküls und Wasser, die Wechselwirkungsenergie zwischen dem hydrophilen Teil und Öl bzw. die Wechselwirkungsenergie zwischen dem lipophilen und dem hydrophilen Teil.

Die drei Fälle $R_o < 1$, $R_o > 1$ und $R_o = 1$ entsprechen dem Phasenverhalten vom Typ I (O/W), Typ II (W/O) bzw. Typ III (ebene Grenzfläche). Bei $R_o < 1$ beispielsweise führt eine Temperaturerhöhung zu einer Verringerung der Hydratation des hydrophilen Teils des Tensidmoleküls und die Emulsion wechselt von Winsor I zu Winsor III zu Winsor II, was eine Phasenumkehr von einer O/W- zu einer W/O-Emulsion bewirkt. Diese Inversion findet bei einer bestimmten Temperatur statt, die als Phaseninversionstemperatur (PIT) bezeichnet wird (siehe unten).

In Systemen vom Typ I nach Winsor ($R_o < 1$) übersteigt die Affinität des Tensids zur Wasserphase seine Affinität zur Ölphase. Daher ist die Grenzfläche zum Wasser hin konvex und das nichtionische Tensid/Öl/Wasser-System (nSOW) kann ein- oder zweiphasig sein. Ein zweiphasiges System teilt sich in eine Ölphase, die gelöste Tensidmonomere bei der CMC$_o$ (kritische Mizellbildungskonzentration in der Ölphase) enthält, und eine wässrige Mikroemulsions-Wasser-Phase, die solubilisiertes Öl in normalen Tensid-mizellen enthält.

In Systemen vom Typ II nach Winsor ($R_0 > 1$) übersteigt die Affinität des Tensids zur Ölphase seine Affinität zur Wasserphase. Daher ist die Grenzfläche zum Öl hin konvex und das nichtionische Tensid/Öl/Wasser-System (nSOW) kann ein- oder zweiphasig sein. Ein zweiphasiges System teilt sich in eine Wasserphase, die gelöste Tensidmonomere bei der CMC_W (kritische Mizellbildungskonzentration in der Wasserphase) enthält, und eine ölige Mikroemulsions-Phase, die in den inversen Tensidmizellen gelöstes Wasser enthält.

In einem System vom Typ III nach Winsor ($R_0 = 1$) ist die Affinität der Tenside zu den Öl- und Wasserphasen ausgeglichen. Die Grenzfläche ist eben und das nSOW-System kann je nach seiner Zusammensetzung eine, zwei oder drei Phasen aufweisen. Im mehrphasigen Bereich kann das System (1) zweiphasig sein, d. h. es gibt eine Wasserphase und eine ölige Mikroemulsion; (2) zweiphasig, mit einer Ölphase und einer wässrigen Mikroemulsion; (3) dreiphasig, mit einer Wasserphase mit Tensidmonomeren bei CMC_W, einer Ölphase mit Tensidmonomeren bei CMC_O und einer „Tensid-phase". Die letztgenannte Phase kann eine bikontinuierliche Struktur aufweisen, die aus cosolubilisiertem Öl und Wasser besteht, die durch eine Tensidschicht voneinander getrennt sind. Die „Tensidphase" wird manchmal als mittlere Phase bezeichnet, da sie aufgrund ihrer mittleren Dichte in einem phasengetrennten nSOW-System vom Typ III zwischen der Öl- und der Wasserphase erscheint.

12.4 Die Phaseninversionstemperatur (PIT)

Eine Möglichkeit, die Affinität in einem nSOW-System zu verändern, besteht in der Änderung der Temperatur, wodurch sich die Affinität des Tensids zu den beiden Phasen ändert. Bei hoher Temperatur wird das nichtionische Tensid in der Ölphase löslich, während es bei niedriger Temperatur stärker in der Wasserphase löslich wird. Bei einer konstanten Tensidkonzentration ändert sich also das Phasenverhalten mit der Temperatur [9]. Mit steigender Temperatur nimmt also die Affinität des Tensids zur Ölphase zu, und das System wechselt von Winsor I zu Winsor III und schließlich zu Winsor II, d. h. die Emulsion kehrt sich bei einer bestimmten Temperatur, die als Phaseninversionstemperatur (PIT) bezeichnet wird, von einem O/W- zu einem W/O-System um. Eine schematische Darstellung der Änderung des Phasenverhaltens im nSOW-System ist in Abb. 12.4 zu sehen. Bei niedriger Temperatur, im Bereich von Winsor I, können O/W-Emulsionen leicht gebildet werden und sind recht stabil, wie in Abb. 12.4a dargestellt. Mit steigender Temperatur (siehe Pfeil in Abb. 12.4) nimmt die Stabilität der O/W-Emulsion ab, und die Makroemulsion löst sich schließlich auf, wenn das System den Winsor-III-Zustand erreicht (dargestellt in Abb. 12.4c). Innerhalb dieses Bereichs sind sowohl O/W- als auch W/O-Emulsionen instabil, wobei die minimale Stabilität im Gleichgewichtsbereich liegt. Bei höheren Temperaturen, über dem

Winsor-II-Bereich, werden W/O-Emulsionen stabil, wie in Abb. 12.4e dargestellt. Dieses Verhalten wird bei nichtionischen Systemen immer dann beobachtet, wenn die Tensidkonzentration oberhalb der CMC liegt und die Volumenanteile der Komponenten nicht extrem sind. Die Stabilität der Makroemulsion ist im Wesentlichen symmetrisch in Bezug auf den Gleichgewichtspunkt, ebenso wie das Phasenverhalten. Bei positiver Spontankrümmung sind O/W-Emulsionen stabil, während bei negativer Spontankrümmung W/O-Emulsionen stabil sind.

Abbildung 12.5 zeigt das deutlichste Bild der Makroemulsionsinversion in Abhängigkeit von der Temperatur [9]. Gleiche Volumina von Öl und Wasser werden bei verschiedenen Temperaturen emulgiert. Fünf Stunden nach der Herstellung rahmen die Makroemulsionen vollständig auf oder sedimentieren, je nach Temperatur. Unterhalb der Gleichgewichtstemperatur bildet sich eine stabile O/W-Rahmschicht, die keine sichtbare Koaleszenz aufweist. Ebenso bildet sich oberhalb des Gleichgewichtspunkts ein stabiles Sediment einer W/O-Emulsion. In der Nähe des Gleichgewichtspunkts, dem engen Temperaturbereich zwischen 66 und 68 °C, in dem das Dreiphasengleichgewicht herrscht, sind weder O/W- noch W/O-Makroemulsionen stabil.

Innerhalb des Winsor-III-Bereichs ist die Stabilität der Makroemulsionen sehr temperaturabhängig. Obwohl sie sich genau im Gleichgewichtszustand befinden, sind die Makroemulsionen sehr instabil und zerbrechen innerhalb von Minuten; das System wird erst einige zehn Grad vom Gleichgewichtspunkt entfernt stabil, während es sich immer noch im Winsor-III-Bereich befindet. Das Stabilitätsmuster der Makroemulsionen ist nicht vollständig symmetrisch. W/O-Emulsionen erreichen ihre maximale Stabilität bei ≈ 20 °C über dem Gleichgewichtspunkt, danach beginnt die Stabilität zu sinken. Andererseits gibt es kein ähnliches Stabilitätsmaximum für die Stabilität von O/W-Emulsionen bei sehr niedrigen Temperaturen.

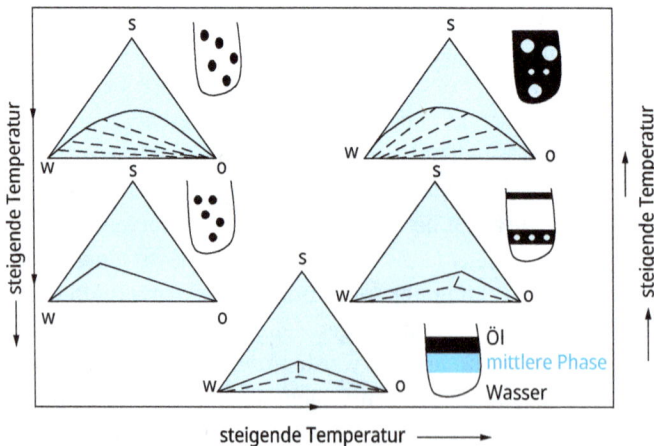

Abb. 12.4: Auswirkung der Temperaturerhöhung auf das Phasenverhalten des nSOW-Systems. Das PIT-Konzept.

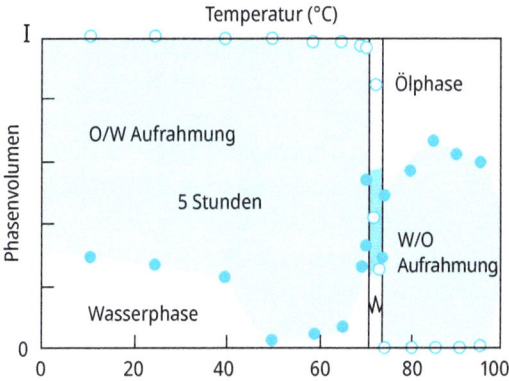

Abb. 12.5: Makroemulsions-Stabilitätsdiagramm eines Cyclohexan/Wasser/Polyoxyethylen/Nonylphenolether-Systems.

Das Phasenverhalten von Makroemulsionen kann nicht nur durch Temperaturänderungen, sondern auch durch Zugabe von Co-Lösungsmitteln, Co-Tensiden oder Elektrolyten „eingestellt" werden [9]. So liegt beispielsweise der Gleichgewichtspunkt eines $n\text{-}C_8H_{18}\text{-}C_{10}E_5$-Wasser-Systems bei $\approx 45\,°C$, während der eines $n\text{-}C_8H_{18}\text{-}C_{10}E_5$-10 %-NaCl-Systems bei $\approx 28\,°C$ liegt. Die durch die Zusatzstoffe verursachten Veränderungen des Makroemulsionsphasenverhaltens führen zu einer ähnlichen Verschiebung des Makroemulsionsstabilitätsprofils. Wenn dem System also 10 % NaCl zugesetzt werden, liegt der neue Gleichgewichtspunkt bei 28 °C, und Makroemulsionen, die bei weniger als 28 °C hergestellt werden, weisen nun einen O/W-Typ auf. Der gleiche Effekt wird festgestellt, wenn der Gleichgewichtspunkt durch Zugabe von Co-Lösungsmittel zu Öl und Wasser, durch Änderung der Kettenlänge des Öls und durch Zugabe von Co-Tensiden gesteuert wird.

Es wurden mehrere empirische Gleichungen vorgeschlagen, um die Lage des Gleichgewichtspunkts zu bestimmen. Salager et al. [10] schlugen beispielsweise die folgende empirische Gleichung zur Bestimmung der „optimalen Tensidformulierung" (d. h. des Gleichgewichtspunkts) für anionische Tensidsysteme vor:

$$\ln S - K \cdot ACN - f(A) + \sigma - a_T \Delta T = 0, \tag{12.2}$$

wobei S der Gewichtsanteil von NaCl ist, ACN ist die Alkankohlenstoffzahl (ein charakteristischer Parameter der Ölphase), ΔT ist die Temperaturabweichung von einer bestimmten Referenz (25 °C), f(A) ist eine Funktion des Alkoholtyps und der Konzentration, und K, σ und a_T sind empirische Parameter, die das Tensid charakterisieren.

Eine ähnliche empirische Gleichung wurde für nichtionische Tenside vorgeschlagen [10]:

$$\alpha - EON + bS - kACN - \varphi(A) + c_T \Delta T = 0. \tag{12.3}$$

EON ist dabei die durchschnittliche Anzahl der Ethylenoxidgruppen pro Tensidmolekül, φ(A) ist eine weitere empirische Funktion der Alkoholart und -konzentration, und α, c_T und k sind empirische Konstanten, die das Tensid charakterisieren. Es ist klar, dass die linken Seiten der Gleichungen (12.2) und (12.3) proportional zur spontanen Krümmung der Monoschicht sind, wobei das Vorzeichen umgekehrt ist.

Die Makroemulsionen kehren sich um, wenn einer der Zusammensetzungsparameter kontinuierlich so verändert wird, dass das System die optimale Zusammensetzung (ausgeglichener Zustand) durchläuft und die linke Seite der Gleichungen (12.2) und (12.3) das Vorzeichen wechselt. Wenn die Spontankrümmung durch Änderung des Molanteils eines der Tenside in der Mischung, der Zusammensetzung der Ölphase oder des Molanteils des Alkohols variiert wird, durchläuft das System die Abfolge Winsor I – Winsor III – Winsor II. Dies wird in Abb. 12.6 veranschaulicht, wo n-Pentanol zu einer 50:50-O/W-Emulsion aus Kerosin/2 Gew.-% NaCl unter Verwendung eines anionischen Tensids als Emulgator hinzugefügt wird. Es ist zu erkennen, dass die O/W-Emulsion den Gleichgewichtspunkt bei ≈ 5,5 % Pentanol erreicht, wobei die Emulsionsstabilität (gemessen an der Lebensdauer der Emulsion) am Gleichgewichtspunkt ein Minimum (von einigen Minuten) erreicht. Jede Zugabe von Pentanol oberhalb des Gleichgewichtspunkts führt zu einer Inversion der Emulsion, die sich in einem raschen Abfall der Leitfähigkeit der

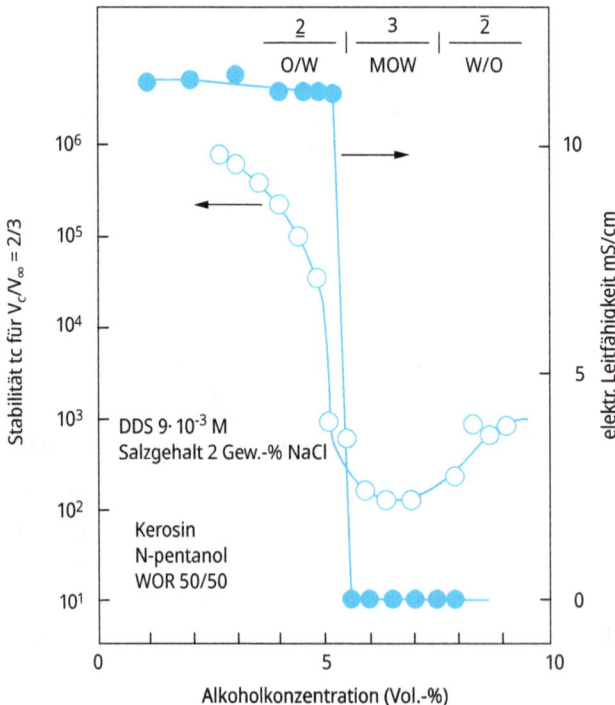

Abb. 12.6: Makroemulsionsinversion durch Zugabe von n-Pentanol.

Emulsion zeigt. Die Lebensdauer der Emulsion kann mehrere Stunden oder Tage erreichen, je weiter man sich vom Gleichgewichtspunkt entfernt.

Das Gesamtmuster der Makroemulsionsstabilität in Abhängigkeit vom Salzgehalt oder der Temperatur wird anhand einer O/W-Emulsion aus n-Oktan/Wasser veranschaulicht, die durch ein nichtionisches Tensid wie $C_{12}E_5$ stabilisiert wurde. Abbildung 12.7 zeigt eine visuelle Inspektion der Emulsion in Abhängigkeit von der NaCl-Konzentration bei Raumtemperatur. Bei niedrigem Salzgehalt hat die Makroemulsion einen O/W-Typ. Mit zunehmendem Salzgehalt geht das System vom sehr stabilen O/W- zum sehr stabilen W/O-Typ über, wobei die Inversion im Bereich des Dreiphasengleichgewichts stattfindet. O/W-Emulsionen lassen sich von W/O-Emulsionen dadurch unterscheiden, dass erstere eine Rahmschicht am oberen Rand des Behälters bilden, während letztere ein milchiges Sediment am Boden des Behälters bilden. Eine schematische Darstellung der Emulsionsinversion bei zunehmender Temperatur oder zunehmender NaCl-Konzentration (bei Raumtemperatur) ist in Abb. 12.8 zu sehen, die die Veränderung der logarithmischen Lebensdauer ($\log\tau_{1/2}$) mit zunehmender Temperatur oder NaCl-Konzentration zeigt. Sowohl O/W- als auch W/O-Emulsionen sind weit vom Gleichgewichtspunkt entfernt sehr stabil. Das Verhalten ist nicht völlig identisch, wenn der Kurvenverlauf durch die Temperatur kontrolliert wird. Obwohl die O/W-Emulsion bei niedrigen Temperaturen sehr stabil ist, durchläuft die Stabilität der W/O-Emulsion ein Maximum und nimmt dann ab.

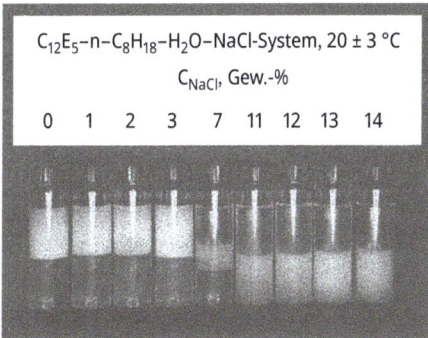

Abb. 12.7: Visuelle Beobachtung des Emulsionstyps in Abhängigkeit von der NaCl-Konzentration.

Im Winsor-III-Bereich ist die Makroemulsion extrem temperatur- und salzempfindlich. Dies wird in Abb. 12.9 veranschaulicht, die zeigt, dass Änderungen um nur einige Zehntel Grad oder einige Zehntel NaCl Änderungen der Makroemulsionsstabilität von Minuten bis zu Tagen bewirken.

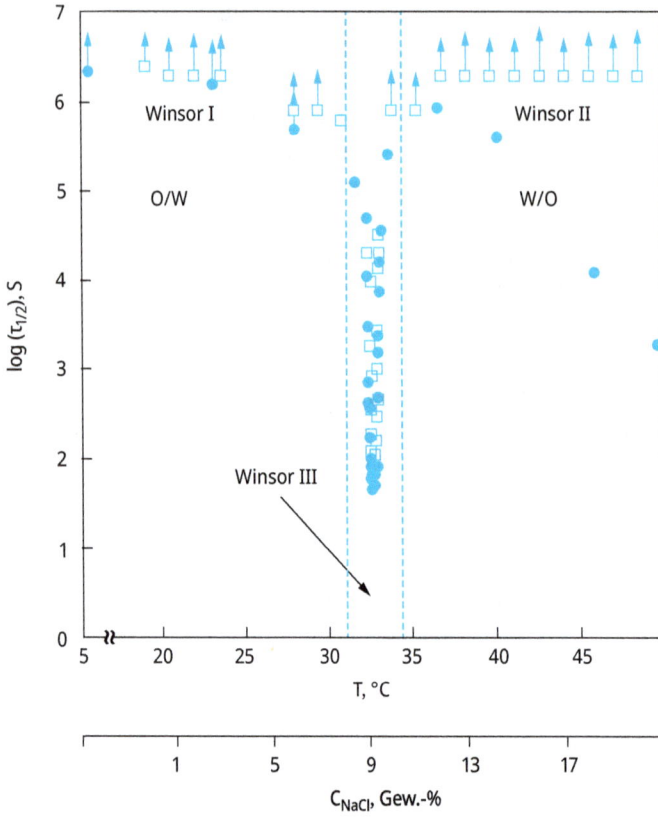

Abb. 12.8: Logarithmische Makroemulsionslebensdauer (log$\tau_{1/2}$) in Abhängigkeit von der Temperatur oder der NaCl-Konzentration.

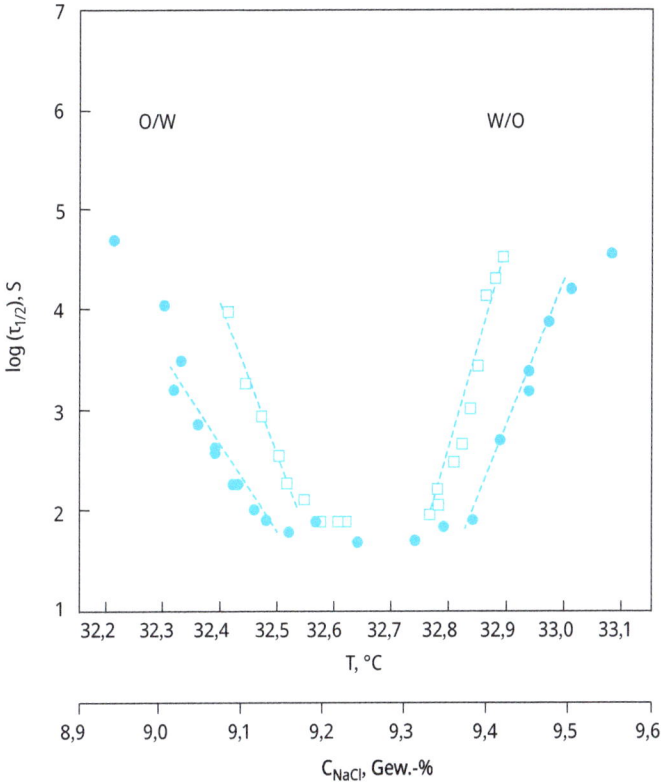

Abb. 12.9: $\log\tau_{1/2}$ in Abhängigkeit von der Temperatur (obere Kurve) oder der NaCl-Konzentration (untere Kurve).

Literatur

[1] Tadros, Th. F. und Vincent, B., in „Encyclopedia of Emulsion Technology", Becher, P. (Herausgeber), Marcel Dekker, N. Y. (1983).

[2] Binks, B. P., „Emulsions – Recent Advances in Understanding", in „Modern Aspects of Emulsion Science", Binks, B. P. (Herausgeber). The Royal Society of Chemistry Publication, Cambridge (1998).

[3] Ostwald, W. O., Kolloid Z., **6**, 103 (1910); **7**, 64 (1910).

[4] Shinoda, K. und Saito, H., J. Colloid Interface Sci., 30, 258 (1969).

[5] Sherman, P., J. Soc. Chem. Ind. (London), **69** (Suppl. No. 2), 570 (1950).

[6] Brooks, B. W., Richmond, H. N. und Zefra, M., „Phase Inversion and Drop Formation in Agitated Liquid-Liquid Dispersions", in „Modern Aspects of Emulsion Science", Binks, B. P. (Herausgeber), The Royal Society of Chemistry Publication, Cambridge (1998).

[7]   Marzall, L., in „Nonionic Surfactants: Physical Chemistry", Schick, M. J. (Herausgeber), Surfactant Science Series, Vol. 23, Dekker, New York (1967).

[8]   Winsor, P. A., Trans. Faraday Soc., **44**, 376 (1948).

[9]   Kabalanov, A. S., „Coalescence in Emulsions", in „Modern Aspects of Emulsion Science", Binks, B. P. (Herausgeber), The Royal Society of Chemistry Publication, Cambridge (1998).

[10] Salager, J. L., Morgan, J., Schechter, R., Wade, W. und Vasquez, E., Soc. Petrol. Eng. J., **19**, 107 (1979).

13 Charakterisierung von Emulsionen und Bewertung ihrer Stabilität

13.1 Einleitung

Für eine vollständige Charakterisierung der Eigenschaften von Emulsionen sind im Wesentlichen drei Arten von Untersuchungen erforderlich:

(1) Grundlegende Untersuchung des Systems auf molekularer Ebene. Dies erfordert Untersuchungen der Struktur der Flüssig/flüssig-Grenzfläche, d. h. der Struktur der elektrischen Doppelschicht (bei ladungsstabilisierten Emulsionen), der Adsorption von Tensiden, Polymeren und Polyelektrolyten und der Konformation der adsorbierten Schichten (z. B. der Dicke der adsorbierten Schicht). Es ist wichtig zu wissen, wie sich jeder dieser Parameter in Abhängigkeit von den Bedingungen, wie Temperatur, Löslichkeit des Mediums für die adsorbierten Schichten und Wirkung der Zugabe von Elektrolyten, verändert.

(2) Untersuchung des Zustands der Emulsion beim Stehenlassen, d. h. Aufkreuzen oder Sedimentation, Ausflockungsraten, Ausflockungspunkte bei sterisch stabilisierten Systemen, Ostwald-Reifung und Koaleszenz. All diese Phänomene erfordern eine genaue Bestimmung der Tröpfchengrößenverteilung in Abhängigkeit von der Lagerzeit

(3) Volumeneigenschaften der Suspension, was besonders für konzentrierte Emulsionen wichtig ist. Dies erfordert die Messung der Aufrahmungs-/Sedimentationsrate und der Gleichgewichtshöhe von Rahm/Sediment. Quantitativere Verfahren beruhen auf der Bewertung der rheologischen Eigenschaften der Emulsion (ohne Störung des Systems, d. h. ohne seine Verdünnung und Messung unter Bedingungen geringer Verformung) und deren Beeinflussung durch die Langzeitlagerung.

In diesem Kapitel beginne ich mit einer Zusammenfassung der Methoden, die zur Bewertung der Struktur der Fest/flüssig-Grenzfläche angewendet werden können. Danach folgt ein ausführlicherer Abschnitt über die Bewertung von Aufrahmung/Sedimentation, Flockung, Ostwald-Reifung und Koaleszenz. Für letztere (Ausflockung, Oswald-Reifung und Koaleszenz) benötigt man Informationen über die Tröpfchengrößenverteilung. Es gibt verschiedene Techniken, um diese Informationen über verdünnte Systeme zu erhalten. Es ist wichtig, die konzentrierte Emulsion mit ihrem eigenen Dispersionsmedium zu verdünnen, um den Zustand der Emulsion während der Untersuchung nicht zu beeinflussen. Das Dispersionsmedium kann durch Zentrifugation der Emulsion gewonnen werden, wobei die überstehende Flüssigkeit am oberen oder unteren Ende des Zentrifugenröhrchens entsteht. Es sollte darauf geachtet werden, dass das konzentrierte System mit der überstehenden Flüssigkeit verdünnt wird (d. h. mit minimaler Scherung).

https://doi.org/10.1515/9783110798593-013

13.2 Bewertung der Struktur der Fest/flüssig-Grenzfläche

13.2.1 Untersuchung der Doppelschicht

Die geeignetste Methode zur Untersuchung von Doppelschichten sind elektrokinetische und Zetapotenzial-Messungen [1]. Es gibt im Wesentlichen zwei Techniken zur Messung der elektrophoretischen Mobilität und des Zetapotenzials, nämlich die ultramikroskopische und die velocimetrische Technik. Letztere ist die bequemste Methode, da sie schnell und genau ist. Diese Methode eignet sich für kleine Partikel, die sich in Brownscher Bewegung befinden [1]. Das von kleinen Partikeln gestreute Licht weist als Folge der Brownschen Diffusion (Doppler-Verschiebung) Intensitätsschwankungen auf. Wenn ein Lichtstrahl eine kolloidale Dispersion durchquert, wird in den Teilchen eine oszillierende Dipolbewegung induziert, wodurch das Licht abgestrahlt wird. Aufgrund der zufälligen Position der Teilchen erscheint die Intensität des gestreuten Lichts zu jedem Zeitpunkt als zufällige Beugung („Speckle"-Muster). Da die Tröpfchen einer Brownschen Bewegung unterliegen, schwankt die zufällige Konfiguration des Musters, so dass die Zeit, die ein Intensitätsmaximum benötigt, um in ein Minimum überzugehen (die Kohärenzzeit), ungefähr der Zeit entspricht, die ein Teilchen benötigt, um sich um eine Wellenlänge λ zu bewegen. Das analoge Ausgangssignal wird digitalisiert (mit Hilfe eines digitalen Korrelators), der die Photonenzählungs-Korrelation (oder die Intensitäts-Korrelation) des gestreuten Lichts misst. Die Intensitätsschwankungen sind in Abb. 13.1 schematisch dargestellt.

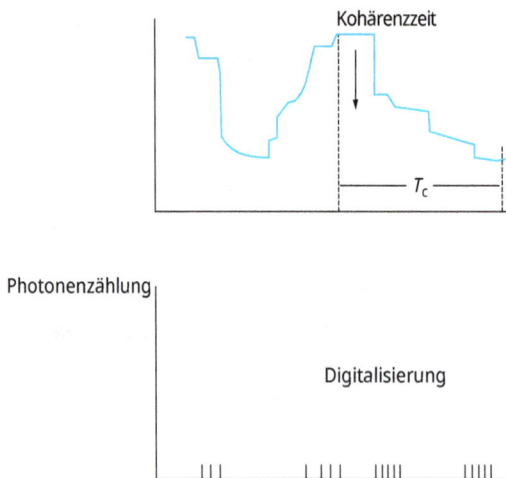

Abb. 13.1: Schematische Darstellung der Intensitätsschwankungen des Streulichts.

Die Photonenzählungs-Korrelationsfunktion $g^{(2)}(\tau)$ ist gegeben durch:

$$g^{(2)} = B[1 + \gamma^2 g^{(1)}(\tau)]^2, \tag{13.1}$$

wobei τ die Korrelationsverzögerungszeit ist.

Der Korrelator vergleicht $g^{(2)}(\tau)$ für viele Werte von τ. B ist der Hintergrundwert, auf den $g^{(2)}(\tau)$ bei langen Verzögerungszeiten abfällt. $g^{(1)}(\tau)$ ist die normierte Korrelationsfunktion des gestreuten elektrischen Feldes und γ ist eine Konstante (≈ 1).

Bei monodispersen, nicht interagierenden Tröpfchen gilt:

$$g^{(1)}(\tau) = \exp(-\Gamma\gamma). \tag{13.2}$$

Γ ist die Zerfallsrate oder inverse Kohärenzzeit, die mit dem translatorischen Diffusionskoeffizienten D folgendermaßen zusammenhängt:

$$\Gamma = DK^2, \tag{13.3}$$

wobei K der Streuungsvektor ist:

$$K = \left(\frac{4\pi n}{\lambda_0}\right)\sin\left(\frac{\theta}{2}\right). \tag{13.4}$$

Der Tröpfchenradius R kann mit Hilfe der Stokes-Einstein-Gleichung aus D berechnet werden:

$$D = \frac{kT}{6\pi\eta_0 R}, \tag{13.5}$$

wobei η_0 die Viskosität des Mediums ist.

Wird ein elektrisches Feld rechtwinklig zum einfallenden Licht und in der durch den einfallenden und den beobachteten Strahl definierten Ebene angelegt, bleibt die Linienverbreiterung unverändert, aber die Mittenfrequenz des gestreuten Lichts wird in einem durch die elektrophoretische Mobilität bestimmten Ausmaß verschoben. Die Verschiebung ist im Vergleich zur Einfallsfrequenz sehr gering (≈ 100 Hz bei einer Einfallsfrequenz von $\approx 6 \times 10^{14}$ Hz), kann aber mit einer Laserquelle durch Überlagerung (d. h. Mischen) des gestreuten Lichts mit dem Einfallsstrahl und Erfassung der Differenzfrequenz nachgewiesen werden. In diesem Fall wird ein Modulator verwendet, der eine scheinbare Dopplerverschiebung bei der modulierten Frequenz erzeugt. Um die Empfindlichkeit der Laser-Doppler-Methode zu erhöhen, sind die elektrischen Felder wesentlich höher als bei der herkömmlichen Elektrophorese. Die Joulesche Erwärmung wird durch das Pulsieren des elektrischen Feldes in entgegengesetzter Richtung minimiert. Die Brownsche Bewegung der Teilchen trägt ebenfalls zur Doppler-Verschiebung bei, und eine ungefähre Korrektur kann vorgenommen werden, indem die Spitzenbreite, die bei Abwesenheit eines elektrischen Feldes erzielt wird, vom elektrophoretischen Spektrum abgezogen wird. Als Lichtquelle wird ein He-Ne-Laser verwendet, dessen Ausgangssignal in zwei kohärente Strahlen aufgeteilt wird, die in der Zelle quer fokussiert werden, um die Probe zu beleuchten. Das von den Partikeln gestreute Licht wird zusammen mit dem Referenzstrahl von einem Photomultiplier erfasst. Der Ausgang wird verstärkt und analysiert, um die Signale in ein Frequenzverteilungsspektrum umzuwandeln. Am Schnittpunkt der Strahlen entstehen Interferenzen mit bekannten Abständen.

Die Größe der Dopplerverschiebung Δv steht mit der elektrophoretischen Mobilität u über folgenden Ausdruck in Beziehung:

$$\Delta v = \left(\frac{2n}{\lambda_0}\right) \sin\left(\frac{\theta}{2}\right) uE, \tag{13.6}$$

wobei n der Brechungsindex des Mediums, λ_0 die einfallende Wellenlänge im Vakuum, θ der Streuungswinkel und E die Feldstärke sind.

Für die Messung der elektrophoretischen Lichtstreuung stehen z. B. folgende kommerziellen Geräte zur Verfügung:

(1) Das Coulter DELSA 440SX (Coulter Corporation, USA) ist ein Laser-Doppler-System mit mehreren Winkeln, das Heterodyning und Autokorrelationssignalverarbeitung einsetzt. Die Messungen werden bei vier Streuwinkeln (8°, 17°, 25° und 34°) durchgeführt, und die Temperatur der Zelle wird durch ein Peltier-Gerät gesteuert. Das Gerät zeigt die elektrophoretische Mobilität, das Zetapotenzial, die Leitfähigkeit und die Partikelgrößenverteilung an.

(2) Malvern (Malvern Instruments, UK) verfügt über zwei Geräte: den ZetaSizer 3000 und den ZetaSizer 5000. Der ZetaSizer 3000 ist ein Laser-Doppler-System mit gekreuzten optischen Strahlen und Homodyn-Detektion mit Photonenkorrelationssignalverarbeitung. Das Zetapotenzial wird mit Laser-Doppler-Velocimetrie und die Partikelgröße mit Photonenkorrelationsspektroskopie (PCS) gemessen. Der ZetaSizer 5000 verwendet PCS, um sowohl die Bewegung der Partikel in einem elektrischen Feld zur Bestimmung des Zetapotenzials als auch die zufällige Diffusion der Partikel unter verschiedenen Messwinkeln zur Größenmessung an derselben Probe zu messen. Der Hersteller behauptet, dass das Zetapotenzial für Partikel im Bereich von 50 nm bis 30 μm gemessen werden kann. In beiden Geräten wird ein Peltier-Gerät zur Temperaturregelung verwendet.

13.2.2 Messung der Adsorption von Tensiden und Polymeren

Die Adsorption von Tensiden und Polymeren ist der Schlüssel zum Verständnis, wie diese Moleküle die Stabilität/Flockung der Emulsion beeinflussen. Die Adsorption von Tensiden (sowohl ionischen als auch nichtionischen) ist reversibel, und der Adsorptionsprozess kann mit der Gibbs'schen Adsorptionsisotherme beschrieben werden, wie in Kapitel 4 beschrieben. Grundsätzlich misst man die Veränderung der Grenzflächenspannung mit der Tensidkonzentration C, und die Menge der Tensidadsorption Γ kann mit Hilfe der Gibbs-Gleichung berechnet werden [2]:

$$\Gamma = -\frac{1}{RT}\left(\frac{d\gamma}{d\ln C}\right) \tag{13.7}$$

Aus Γ_∞ (dem Wert bei voller Sättigung) lässt sich die Fläche pro Tensid-Ion oder Tensid-Molekül berechnen:

$$\text{Fläche/Molekül} = \frac{1}{\Gamma_\infty N_{av}}\left(m^2\right) = \frac{10^{18}}{\Gamma_\infty N_{av}}\left(nm^2\right). \tag{13.8}$$

Wie in Kapitel 4 erläutert, gibt die Fläche pro Tensid-Ion/-Molekül Aufschluss über die Ausrichtung der Tensid-Ionen/-Moleküle an der Grenzfläche. Diese Information ist für die Stabilität der Emulsion von Bedeutung [3]. Bei der vertikalen Ausrichtung von Tensid-Ionen, z. B. Dodecylsulfat-Anionen, die für eine hohe Oberflächenladung (und damit eine verbesserte elektrostatische Stabilität) unerlässlich ist, wird die Fläche pro Molekül durch die Querschnittsfläche der Sulfatgruppe bestimmt, die im Bereich von 0,4 nm² liegt. Bei nichtionischen Tensiden, die aus einer Alkylkette und einer Polyethylenoxid-Kopfgruppe (PEO) bestehen, wird die Adsorption auf einer hydrophoben Oberfläche durch die hydrophobe Wechselwirkung zwischen der Alkylkette und der hydrophoben Oberfläche bestimmt. Bei vertikaler Ausrichtung einer Monolage aus Tensidmolekülen hängt die Fläche pro Molekül von der Größe der PEO-Kette ab. Letztere steht in direktem Zusammenhang mit der Anzahl der EO-Einheiten in der Kette. Ist die Fläche pro Molekül kleiner als die, die sich aus der Größe der PEO-Kette ergibt, können sich die Tensidmoleküle auf der Oberfläche zu Doppelschichten oder Hemimizellen zusammenlagern. Diese Information kann direkt mit der Stabilität der Emulsion in Verbindung gebracht werden.

Die Adsorption von Polymeren ist komplexer als die Adsorption von Tensiden, da man die verschiedenen Wechselwirkungen (Kette – Oberfläche, Kette – Lösungsmittel und Oberfläche – Lösungsmittel) sowie die Konformation der Polymerkette auf der Oberfläche berücksichtigen muss [4]. Vollständige Informationen über die Polymeradsorption erhält man, wenn man in der Lage ist, die Segmentdichteverteilung zu bestimmen, d. h. die Segmentkonzentration in allen Schichten parallel zur Oberfläche. Solche Informationen sind jedoch im Allgemeinen nicht verfügbar, so dass man drei Hauptparameter bestimmt: die Adsorptionsmenge Γ pro Flächeneinheit, den Anteil p der Segmente in direktem Kontakt mit der Oberfläche (d. h. in Zügen) und die Dicke der adsorbierten Schicht δ. Leider ist es schwierig, solche Informationen an der Grenzfläche zwischen Flüssigkeit und Flüssigkeit zu erhalten. Mit Hilfe der Niederwinkel-Neutronenstreuung können solche Informationen jedoch gewonnen werden. Bei dieser Technik wird deuteriertes Öl verwendet und das Medium aus einer Mischung von H_2O und D_2O hergestellt. Durch Anpassung der Zusammensetzung des Mediums kann man die Streulängendichte von Öl und Dispersionsmedium aufeinander abstimmen. In diesem Fall kann die Streuung an der Polymerschicht ermittelt werden, was Informationen über die Dicke der Schicht und ihre Konformation liefert [4].

13.3 Bewertung des Aufrahmens/Sedimentierens von Emulsionen

Wie in Kapitel 8 erwähnt, kommt es bei den meisten Emulsionen aufgrund der Schwerkraft und des Dichteunterschieds $\Delta\rho$ zwischen dem Tropfen und dem Dispersionsmedium beim Stehen zum Aufrahmen oder zur Sedimentation. Dies ist insbesondere dann der Fall, wenn der Tröpfchenradius 50 nm überschreitet und $\Delta\rho > 0,1$ ist. In diesem Fall kann die Brownsche Diffusion die Schwerkraft nicht überwinden, und es kommt zum Aufrahmen oder zur Sedimentation, was zu einem Anstieg der Tropfenkonzentration vom Boden zum oberen Rand des Behälters (beim Aufrahmen) oder vom oberen Rand zum unteren Rand (bei der Sedimentation) führt. Wie in Kapitel 8 beschrieben, werden der kontinuierlichen Phase "Verdickungsmittel" (Rheologiemodifikatoren) zugesetzt, um das Aufrahmen oder Absetzen der Tropfen zu verhindern. Die Aufrahmung/Sedimentation der Emulsion wird durch die Aufrahmungs-/Sedimentationsrate, das Aufrahmungs-/Sedimentationsvolumen, die Veränderung der Tropfengrößenverteilung während der Aufrahmung/Sedimentation und die Stabilität der Emulsion gegenüber Aufrahmung/Sedimentation charakterisiert. Die Bewertung des Aufrahmens/Sedimentierens einer Emulsion hängt von der Kraft ab, die auf die Tröpfchen in der Emulsion ausgeübt wird, und zwar von der Schwerkraft, der Zentrifugalkraft und der elektrophoretischen Kraft. Die Aufrahmungs-/Sedimentierungsprozesse sind komplex und unterliegen verschiedenen Fehlern bei Aufrahmungs-/Sedimentierungsmessungen. In der Regel wird eine Emulsion vor der Messung des Aufrahmens/Sedimentierens gerührt, um ein anfänglich homogenes System von Tröpfchen in zufälliger Bewegung sicherzustellen. Starkes Schütteln oder der Einsatz von Ultraschallkavitation muss vermieden werden, um ein Aufbrechen von Aggregaten und eine Veränderung der Tröpfchengrößenverteilung zu verhindern.

Die praktische Messung der Aufrahmung oder Sedimentation wird durch die Trübung der Emulsionen erschwert. Wenn die Geschwindigkeit der Tröpfchen aufgrund von Polydispersität oder Dichtevariationen variiert, verdeckt die sich langsamer bewegende Fraktion die Bewegung der schnelleren Tröpfchen. Die Analyse der Aufrahmungs- oder Sedimentationsgeschwindigkeit erfordert eine Kenntnis der Tropfenkonzentration in Abhängigkeit von Höhe und Zeit. Um diese Informationen zu erhalten, können zwei Methoden angewandt werden, nämlich die Rückstreuung von Nahinfrarot-Strahlung (NIR). Eine schematische Darstellung eines Instruments, das für solche Messungen verwendet werden kann, nämlich des Turbiscans, ist in Abb. 13.2 zu sehen. Bei dieser Technik werden Photonen (Licht) in die Probe geschickt. Diese Photonen werden von den Emulsionströpfchen gestreut, treten aus der Probe aus und werden vom Messgerät des Turbiscans erfasst. Ein mobiler Lesekopf, der aus einer NIR-Diode und zwei Detektoren (transmission/Durchgang T und backscattering/Rückstreuung BS) besteht, tastet eine

Zelle ab, die die Emulsion enthält. Die Turbiscan-Software ermöglicht dann eine einfache Interpretation der erhaltenen Daten. Die Messung ermöglicht die Quantifizierung mehrerer Parameter, da die BS- und T-Werte mit dem durchschnittlichen Tröpfchendurchmesser (d) und dem Volumenanteil (φ) folgendermaßen verbunden sind:

$$BS = f\left(\frac{d}{\varphi}\right). \tag{13.9}$$

Eine schematische Darstellung eines Ultraschallverfahrens ist in Abb. 13.3 zu sehen. Die Geschwindigkeit des Ultraschalls durch eine Emulsion ist empfindlich gegenüber der Zusammensetzung [5]. Dies ist das Prinzip des in Abb. 13.3 dargestellten Ultraschallmonitors, der die Ultraschallgeschwindigkeit in Abhängigkeit von der Höhe misst. Die „Flugzeit" eines Ultraschallimpulses wird durch eine rechteckige Probenzelle hindurch gemessen, die in ein thermostatisches Wasserbad getaucht ist. Die „Flugzeit"-Daten werden anhand von Messungen in zwei Kalibrierflüssigkeiten in Ultraschallgeschwindigkeit umgerechnet. Die Ultraschallgeschwindigkeitsdaten können zur Berechnung des Volumenanteils des Öls mit Hilfe der einfachen Mischungstheorie verwendet werden.

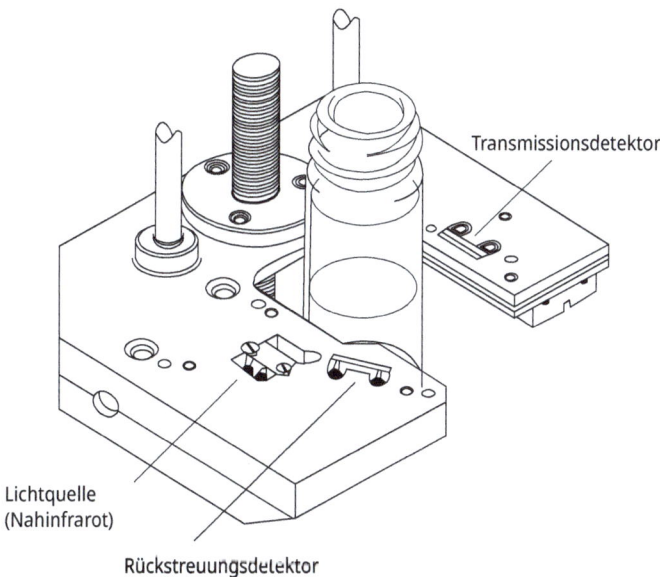

Abb. 13.2: Schematische Darstellung des Turbiscans.

Die Geschwindigkeit, mit der sich Ultraschall durch eine Emulsion ausbreitet, ist eine komplexe Funktion des Volumenanteils der Tröpfchen, der Größe und der Eigenschaften der Tröpfchen und der kontinuierlichen Phase. Wenn die Tröpfchen jedoch viel kleiner sind als die Wellenlänge des Ultraschalls und ein signifikanter Unterschied zwischen der Schallgeschwindigkeit in der dispergierten und der kontinuierlichen Phase besteht, überwiegt die Wirkung des Volumenanteils bei weitem alle anderen Effekte, so dass die Ultraschallgeschwindigkeit V unter der Annahme berechnet werden kann, dass sich das System wie ein einfaches Gemisch verhält, indem die folgende Gleichung verwendet wird:

$$
V = \left(\frac{V_c^2}{\left(1 - \varphi \left(1 - \frac{\rho_d}{\rho_c}\right)\right)\left(1 - \varphi \left(1 - \frac{\rho_c V_c^2}{\rho_d V_d^2}\right)\right)} \right)^{1/2},
\tag{13.10}
$$

dabei sind ρ_d, ρ_c, V_d und V_c die Dichten und Geschwindigkeiten des Ultraschalls durch die dispergierte bzw. kontinuierliche Phase und φ ist der Volumenanteil der dispergierten Phase.

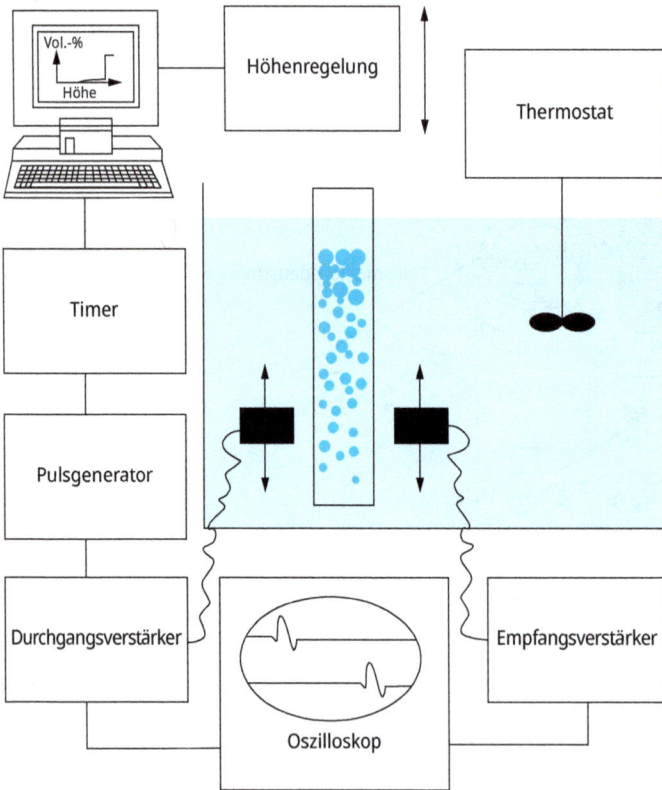

Abb. 13.3: Schematische Darstellung eines Ultraschall-Aufrahmzählers [5].

13.4 Bewertung von Flockung, Ostwald-Reifung und Koaleszenz

Die Bewertung von Ausflockung, Ostwald-Reifung und Koaleszenz einer Emulsion erfordert die Messung der Tröpfchengrößenverteilung in Abhängigkeit von der Zeit. Zu diesem Zweck können verschiedene Techniken angewandt werden, die im Folgenden zusammengefasst sind [6].

13.4.1 Optische Mikroskopie

Dies ist bei weitem das wertvollste Instrument für die qualitative oder quantitative Untersuchung einer Emulsion. Informationen über die Größe, Morphologie und Aggregation der Tröpfchen lassen sich bequem und mit minimalem Zeitaufwand für die Probenvorbereitung gewinnen. Da einzelne Tröpfchen direkt beobachtet werden können, gilt die Lichtmikroskopie als die einzige absolute Methode zur Charakterisierung von Tröpfchen. Allerdings hat die optische Mikroskopie Einschränkungen:

- Die Mindestgröße, die erkannt werden kann. Die praktische Untergrenze für eine genaue Messung der Tröpfchengröße liegt bei 1,0 μm, obwohl eine Erkennung bis hinunter zu 0,3 μm möglich ist.
- Der Bildkontrast ist möglicherweise nicht gut genug für die Beobachtung, insbesondere bei Verwendung einer Videokamera, die meist aus Bequemlichkeit verwendet wird. Der Kontrast kann durch Verkleinern der Irisblende verbessert werden, wodurch sich jedoch die Auflösung verringert. Der Kontrast des Bildes hängt vom Brechungsindex der Partikel im Verhältnis zu dem des Mediums ab. Daher kann der Kontrast verbessert werden, indem der Unterschied zwischen dem Brechungsindex der Partikel und dem des Immersionsmediums vergrößert wird. Leider ist es nicht praktikabel, das Medium für die Emulsion zu wechseln, da dies den Zustand der Emulsion beeinträchtigen kann. Glücklicherweise ist Wasser mit einem Brechungsindex von 1,33 ein geeignetes Medium für die meisten organischen Tröpfchen mit einem Brechungsindex von normalerweise > 1,4.

Das Ultramikroskop erweitert durch die Dunkelfeldbeleuchtung den Nutzbereich der Lichtmikroskopie auf kleine Tröpfchen, die bei einer Beleuchtung mit hellem Licht nicht sichtbar sind. Bei der Dunkelfeld-Beleuchtung wird ein hohler Lichtkegel mit einem großen Einfallswinkel verwendet. Das Bild wird durch das von den Tröpfchen gestreute Licht vor einem dunklen Hintergrund erzeugt. Es können Tröpfchen erkannt werden, die etwa 10-mal kleiner sind als diejenigen, die bei heller Beleuchtung sichtbar sind. Das erhaltene Bild ist jedoch anormal und die Tröpfchengröße kann nicht genau gemessen werden. Das Lichtmikroskop kann mit verschiedenen Aufsätzen versehen werden, die in den nächsten drei Abschnitten beschrieben werden.

13.4.1.1 Phasenkontrast

Dieser nutzt die Differenz zwischen den gebeugten Wellen des Hauptbildes und dem direkten Licht der Lichtquelle. Die Probe wird mit einem Lichtkegel beleuchtet, und diese Beleuchtung befindet sich innerhalb der Objektivblende. Das Licht beleuchtet die Probe und erzeugt Licht nullter und höherer Ordnung, das gebeugt wird. Der Lichtstrahl nullter Ordnung durchläuft das Objektiv und eine Phasenplatte, die sich in der hinteren Brennebene des Objektivs befindet. Der Unterschied zwischen dem optischen Weg des direkten Lichtstrahls und dem des von einem Tröpfchen gebeugten Strahls verursacht eine Phasendifferenz. Die konstruktiven und destruktiven Interferenzen führen zu Helligkeitsveränderungen, die den Kontrast verstärken. Dadurch entstehen scharfe Bilder, die eine genauere Messung der Tröpfchengröße ermöglichen. Das Phasenkontrastmikroskop verfügt über eine Platte in der Brennebene des Objektivs mit Auflagemaß. Der Kondensor ist anstelle einer herkömmlichen Irisblende mit einem Ring ausgestattet, der in seinen Abmessungen an die Phasenplatte angepasst ist.

13.4.1.2 Differenzieller Interferenzkontrast (DIC)

Diese Methode bietet einen besseren Kontrast als die Phasenkontrastmethode. Es nutzt eine Phasendifferenz zur Verbesserung des Kontrasts, aber die Trennung und Rekombination eines Lichtstrahls in zwei Strahlen wird durch Prismen erreicht. DIC erzeugt Interferenzfarben, und die Kontrasteffekte zeigen den Brechungsindexunterschied zwischen dem Tropfen und dem Medium an.

13.4.1.3 Polarisierte Lichtmikroskopie

Hierbei wird die Probe mit linear oder zirkular polarisiertem Licht beleuchtet, entweder im Reflexions- oder im Transmissionsmodus. Ein Polarisationselement, das sich unterhalb des Mikroskoptisches befindet, wandelt die Beleuchtung in polarisiertes Licht um. Der zweite Polarisator befindet sich zwischen dem Objektiv und dem Okular und dient der Erkennung von polarisiertem Licht. Linear polarisiertes Licht kann den zweiten Polarisator in gekreuzter Position nicht passieren, es sei denn, die Polarisationsebene wurde durch das Präparat gedreht.

13.4.1.4 Probenvorbereitung für die optische Mikroskopie

Ein Tropfen der Emulsion wird auf einen Glasträger gegeben und mit einem Deckglas abgedeckt. Wenn die Emulsion verdünnt werden muss, sollte das Dispersionsmedium (das durch Zentrifugieren der Emulsion gewonnen werden kann) als Verdünnungsmittel verwendet werden, um eine Aggregation zu vermeiden. Bei niedrigen Vergrößerungen ist der Abstand zwischen Objektiv und Probe in der Regel ausreichend, um die Probe zu manipulieren, aber bei hoher Vergrößerung kann das Objektiv zu nahe an der Probe sein. Ein angemessener Arbeitsabstand kann unter Beibehaltung der hohen Vergrößerung durch die Verwendung eines stärkeren Okulars mit einem Objektiv geringerer Leistung erreicht werden. Bei Emulsionen mit Brownscher Bewegung (wenn die Tröpfchengröße relativ klein ist) kann die mikroskopische Untersuchung von sich bewegenden Tröpfchen schwierig werden. In diesem Fall kann man das Bild auf einem Fotofilm, einem Videoband oder einer Disc (mit Hilfe von Computersoftware) aufzeichnen.

13.4.1.5 Messung der Tröpfchengröße mittels optischer Mikroskopie

Das Lichtmikroskop kann zur Beobachtung von dispergierten Tröpfchen und Flocken verwendet werden. Die Tröpfchengrößenbestimmung kann mit manuellen, halbautomatischen oder automatischen Bildanalyseverfahren durchgeführt werden. Bei der manuellen Methode (die mühsam ist) wird das Mikroskop mit mindestens 10x und 43x achromatischen oder apochromatischen Objektiven mit hoher numerischer Apertur (10x, 15x und 20x), einem mechanischen XY-Tisch, einem Objektmikrometer und einer Lichtquelle ausgestattet. Die direkte Messung der Tröpfchengröße wird durch eine lineare Skala oder eine Kugel- und Kreisrasterung im Okular unterstützt. Die lineare Skala ist vor allem für kugelförmige Tröpfchen mit einer relativ engen Tröpfchengrößenverteilung nützlich. Die Globus- und Kreisraster werden verwendet, um die projizierte Tropfenfläche mit einer Reihe von Kreisen im Okularraster zu vergleichen. Die Größe der kugelförmigen Tröpfchen kann durch den Durchmesser ausgedrückt werden. Eine der Schwierigkeiten bei der Bewertung von Emulsionen durch optische Mikroskopie ist die Quantifizierung der Daten. Die Anzahl der Tröpfchen in mindestens sechs verschiedenen Größenbereichen muss gezählt werden, um eine Verteilung zu erhalten. Dieses Problem kann durch den Einsatz einer automatischen Bildanalyse, die auch Hinweise auf die Flockengröße und ihre Morphologie geben kann, gemildert werden.

13.4.2 Elektronenmikroskopie

Bei der Elektronenmikroskopie wird die Probe mit einem Elektronenstrahl beleuchtet. Die Elektronen verhalten sich wie geladene Teilchen, die durch ringförmige elektrostatische oder elektromagnetische Felder, die den Elektronenstrahl umgeben, fokussiert werden können. Aufgrund der sehr kurzen Wellenlänge der Elektronen übertrifft das Auflösungsvermögen eines Elektronenmikroskops das eines Lichtmikroskops um das 200-fache. Die Auflösung hängt von der Beschleunigungsspannung ab, die die Wellenlänge des Elektronenstrahls bestimmt. Mit intensiven Strahlen können Vergrößerungen von bis zu 200.000 erreicht werden, was jedoch die Probe beschädigen kann. Meistens wird die Beschleunigungsspannung unter 100-200 kV gehalten und die maximale Vergrößerung liegt unter 100.000. Der Hauptvorteil der Elektronenmikroskopie ist die hohe Auflösung, die ausreicht, um Details aufzulösen, die nur durch einen Bruchteil eines Nanometers getrennt sind. Ein weiterer wichtiger Vorteil der Elektronenmikroskopie ist die größere Schärfentiefe, die in der Regel etwa 10 μm oder etwa das Zehnfache der Schärfentiefe eines Lichtmikroskops beträgt. Dennoch hat die Elektronenmikroskopie auch einige Nachteile, wie z. B. die aufwendige Probenvorbereitung, die schwierige Auswahl des betrachteten Bereichs und die Interpretation der Daten. Der größte Nachteil der Elektronenmikroskopie ist das potenzielle Risiko, die Probe zu verändern oder zu beschädigen, was zu Artefakten und einer möglichen Aggregation der Tröpfchen während der Probenvorbereitung führen kann. Die Emulsion muss eingefroren werden und die Entfernung des Dispersionsmediums kann die Verteilung der Tröpfchen verändern. Wenn die Tröpfchen keinen Strom leiten, muss die Probe mit einer leitenden Schicht wie Gold, Kohlenstoff oder Platin beschichtet werden, um eine negative Aufladung durch den Elektronenstrahl zu vermeiden. Es werden hauptsächlich zwei Arten von Elektronenmikroskopen verwendet: Transmissions- und Rasterelektronenmikroskope.

13.4.2.1 Transmissionselektronenmikroskopie (TEM)

Bei der TEM wird ein Bild der Probe auf einem Fluoreszenzschirm angezeigt, und das Bild kann auf einer fotografischen Platte oder einem Film aufgezeichnet werden. Mit dem TEM können Tröpfchen im Bereich von 0,001 – 5 μm untersucht werden. Die Probe wird auf eine Formvar-Folie (Polyvinylformal) aufgebracht, die auf einem Gitter ruht, um eine Aufladung der einfachen Probe zu verhindern. Die Probe wird in der Regel als Replikat betrachtet, das mit einem elektronentransparenten Material (wie Gold oder Graphit) beschichtet wird. Die Vorbereitung der Probe für das TEM kann den Zustand der Emulsion verändern und zur Aggregation führen. Es wurden Gefrierbruchtechniken entwickelt, um einige der Veränderungen der Probe während der Probenvorbereitung zu vermeiden. Die Gefrierfrakturierung ermöglicht es, die Emulsion ohne Verdünnung zu untersuchen, und es können Replikate von wasserhaltigen Emulsionen hergestellt werden. Um die Bildung von Eiskristallen zu vermeiden, ist eine hohe Abkühlungsrate erforderlich.

13.4.2.2 Rasterelektronenmikroskopie (REM)

Mit dem REM (engl.: scanning electron microscope; SEM) kann die Topografie der Tröpfchen dargestellt werden, indem ein sehr eng fokussierter Strahl über die Tröpfchenoberfläche gescannt wird. Der Elektronenstrahl wird normal oder schräg auf die Oberfläche gerichtet. Die zurückgestreuten oder sekundären Elektronen werden in einem Rastermuster erfasst und auf einem Bildschirm angezeigt. Das von den Sekundärelektronen gelieferte Bild weist gute dreidimensionale Details auf. Die rückgestreuten Elektronen, die vom einfallenden Elektronenstrahl reflektiert werden, zeigen Bereiche mit hoher Elektronendichte an. Die meisten REM-Geräte sind mit beiden Arten von Detektoren ausgestattet. Das Auflösungsvermögen des REM hängt von der Energie des Elektronenstrahls ab, die 30 kV nicht übersteigt, so dass das Auflösungsvermögen geringer ist als das des TEM. Ein sehr wichtiger Vorteil des REM ist die Elementaranalyse durch energiedispersive Röntgenanalyse (EDX). Wenn der auf die

Probe auftreffende Elektronenstrahl genügend Energie hat, um die Atome auf der Oberfläche anzuregen, sendet die Probe Röntgenstrahlung aus. Die für die Röntgenemission erforderliche Energie ist charakteristisch für ein bestimmtes Element, und da die Emission mit der Anzahl der vorhandenen Atome zusammenhängt, ist eine quantitative Bestimmung möglich.

13.4.3 Konfokale Laser-Scanning-Mikroskopie (CLSM)

CLSM ist eine sehr nützliche Technik zur Identifizierung von Emulsionen. Dabei wird eine variable Lochblende oder ein Spalt mit variabler Breite verwendet, um nur die Fokusebene mit der Spitze eines Laserlichtkegels zu beleuchten. Unscharfe Objekte sind dunkel und beeinträchtigen nicht den Kontrast des Bildes. Infolge der extremen Tiefenunterscheidung (optischer Schnitt) wird die Auflösung erheblich verbessert (bis zu 40 % im Vergleich zur optischen Mikroskopie). Bei der CLSM-Technik werden die Bilder durch Laserabtastung aufgenommen, oder es wird eine Computersoftware verwendet, um unscharfe Details vom scharfen Bild zu subtrahieren. Die Bilder werden gespeichert, während die Probe durch die Fokusebene bewegt wird, und zwar in Elementen mit einer Größe von nur 50 nm. Es können dreidimensionale Bilder erstellt werden, um die Form der Tröpfchen zu zeigen.

13.5 Streuungstechniken

Dies sind bei weitem die nützlichsten Methoden zur Charakterisierung von Emulsionen, und im Prinzip können sie quantitative Informationen über die Tröpfchengrößenverteilung, Flockengröße und -form liefern. Die einzige Einschränkung dieser Methoden besteht darin, dass ausreichend verdünnte Proben verwendet werden müssen, um Interferenzen wie Mehrfachstreuung auszuschließen, was die Interpretation der Ergebnisse erschwert. In letzter Zeit wurden jedoch Rückstreumethoden entwickelt, die eine Messung der Probe ohne Verdünnung ermöglichen. Im Prinzip kann jede elektromagnetische Strahlung wie Licht, Röntgenstrahlen oder Neutronen verwendet werden, aber in den meisten Industrielabors wird nur die Lichtstreuung angewandt (unter Verwendung von Lasern).

13.5.1 Lichtstreuungstechniken

Diese können in folgende Klassen eingeteilt werden [6]:
(1) Zeitgemittelte Lichtstreuung. Statische oder elastische Streuung.
(2) Trübungsmessungen, die mit einem einfachen Spektralphotometer durchgeführt werden können.

(3) Lichtbeugungsmethode.

(4) Dynamische (quasi-elastische) Lichtstreuung, die gewöhnlich als Photonenkorrelationsspektroskopie bezeichnet wird. Es handelt sich hierbei um ein schnelles Verfahren, das sich sehr gut für die Messung von Partikeln oder Tröpfchen im Submikronbereich (Nanogrößenbereich) eignet.

(5) Rückstreuungstechniken, die für die Messung konzentrierter Proben geeignet sind. Die Anwendung einer dieser Methoden hängt von den benötigten Informationen und der Verfügbarkeit des Instruments ab.

Zeitgemittelte Lichtstreuung

Bei dieser Methode wird die Dispersion, die ausreichend verdünnt ist, um Mehrfachstreuung zu vermeiden, mit einem kollimierten Lichtstrahl (in der Regel einem Laser) beleuchtet, und die zeitlich gemittelte Intensität des gestreuten Lichts wird als Funktion des Streuwinkels θ gemessen. Die statische Lichtstreuung wird als elastische Streuung bezeichnet. Es können drei Regime unterschieden werden:

Rayleigh-Regime (R < λ/20)

λ ist die Wellenlänge des einfallenden Lichts. Die Streuintensität ist durch die folgende Gleichung gegeben:

$$I(Q) = [\text{Instrumentenkonstante}][\text{Materialkonstante}]NV_p^2 , \tag{13.11}$$

mit Q als Streuvektor, der von der Wellenlänge des verwendeten Lichts λ abhängt und gegeben ist durch:

$$Q = \left(\frac{4\pi n}{\lambda}\right)\sin\left(\frac{\theta}{2}\right) , \tag{13.12}$$

wobei n der Brechungsindex des Mediums ist.

Die Materialkonstante hängt von der Differenz zwischen dem Brechungsindex des Tröpfchens und dem des Mediums ab. N ist die Anzahl der Tröpfchen und V_p ist das Volumen jedes Tröpfchens. Unter der Annahme, dass die Tröpfchen kugelförmig sind, kann man die durchschnittliche Größe mit Gleichung (13.11) berechnen.

Die Rayleigh-Gleichung zeigt zwei wichtige Zusammenhänge auf: (1) Die Intensität des gestreuten Lichts steigt mit dem Quadrat des Tröpfchenvolumens und folglich mit der sechsten Potenz des Radius R. Daher kann die Streuung an größeren Tröpfchen die Streuung an kleineren Tröpfchen dominieren. (2) Die Streuintensität ist umgekehrt proportional zu λ^4. Eine Verringerung der Wellenlänge erhöht daher die Streuintensität erheblich.

Rayleigh-Gans-Debye-Regime (RGD; $\lambda/20 < R < \lambda$)

Das RGD-Regime ist komplizierter als das Rayleigh-Regime, und das Streumuster ist nicht mehr symmetrisch um die Linie, die dem 90°-Winkel entspricht, sondern bevorzugt Vorwärtsstreuung ($\theta < 90°$) oder Rückwärtsstreuung ($180° > \theta > 90°$). Da die Vorwärtsstreuung mit zunehmender Tröpfchengröße zunimmt, kann das Verhältnis $I_{45°}/I_{135°}$ die Tröpfchengröße angeben.

Mie-Regime ($R > \lambda$)

Das Streuverhalten ist komplexer als beim RGD-Regime, und die Intensität weist Maxima und Minima bei verschiedenen Streuwinkeln auf, die von der Tröpfchengröße und dem Brechungsindex abhängen. Die Mie-Theorie für Lichtstreuung kann verwendet werden, um die Tröpfchengrößenverteilung mithilfe numerischer Lösungen zu ermitteln. Man kann auch Informationen über die Tropfenform erhalten.

13.5.2 Messungen der Trübung

Die Trübung (Totallichtstreuung) kann zur Messung der Tröpfchengröße, der Ausflockung und der Tröpfchenaufrahmung/Sedimentation verwendet werden. Diese Technik ist einfach und leicht anzuwenden; es kann ein Einstrahl- oder Zweistrahl-Spektralphotometer oder ein Nephelometer verwendet werden.

Für nicht absorbierende Tröpfchen ist die Trübung τ gegeben durch:

$$\tau = (1/L)\ln(I_0/I)\,, \tag{13.13}$$

dabei ist L die Weglänge, I_0 die Intensität des einfallenden Strahls und I die Intensität des durchgelassenen Strahls.

Bei der Messung der Tröpfchengröße wird davon ausgegangen, dass die Lichtstreuung an einem Tröpfchen singulär und unabhängig von anderen Teilchen ist. Jede Mehrfachstreuung erschwert die Analyse. Nach der Mie-Theorie hängt die Trübung mit der Tröpfchenzahl N und ihrem Querschnitt πr^2 (wobei r der Tröpfchenradius ist) zusammen durch:

$$\tau = Q\pi r^2 N, \tag{13.14}$$

wobei Q der Gesamtkoeffizient der Mie-Streuung ist. Q hängt vom Parameter der Tröpfchengröße α (der vom Tröpfchendurchmesser und der Wellenlänge des einfallenden Lichts λ abhängt) und vom Verhältnis des Brechungsindexes der Tröpfchen und des Mediums m ab. Q hängt von α in einem oszillierenden Modus ab und weist eine Reihe von Maxima und Minima auf, deren Position von m abhängt. Für Tropfen mit $R < (1/20)\lambda$ und $\alpha < 1$ kann Q mit Hilfe der Rayleigh-Theorie errechnet werden. Für $R > \lambda$ nähert sich Q dem Wert 2, und zwischen diesen beiden Extremen wird die Mie-Theorie verwendet. Wenn die Tröpfchen nicht monodispers sind (was bei den meisten praktischen Systemen der Fall ist), muss die Größenverteilung der Tröpfchen berücksichtigt werden. Mit Hilfe dieser Analyse kann man die Tröpfchengrößenverteilung mit Hilfe numerischer Lösungen bestimmen.

13.5.3 Lichtbeugungstechniken

Dies ist ein schnelles und nicht-invasives Verfahren zur Bestimmung der Tröpfchengrößenverteilung im Bereich von 2 bis 300 μm mit guter Genauigkeit für die meisten praktischen Zwecke. Ein kollimierter und vertikal polarisierter Laserstrahl beleuchtet eine Tröpfchendispersion und erzeugt ein Beugungsmuster mit dem ungebeugten Strahl in der Mitte. Die Energieverteilung des gebeugten Lichts wird mit einem Detektor gemessen, der aus lichtempfindlichen Kreisen besteht, die durch Isolierkreise gleicher Breite getrennt sind. Der Winkel, den das gebeugte Licht bildet, nimmt mit abnehmender Partikelgröße zu. Die winkelabhängige Intensitätsverteilung wird durch Fourier-Optik in eine räumliche Intensitätsverteilung I(r) umgewandelt, die in eine Reihe von Photoströmen umgewandelt wird, und die Tröpfchengrößenverteilung wird mit Hilfe eines Computers berechnet. Es sind mehrere kommerzielle Geräte erhältlich, z. B. Malvern Mastersizer (Malvern, U.K.), Horriba (Japan) und Coulter LS Sizer (USA). Eine schematische Darstellung des Aufbaus eines solchen Geräts ist in Abb. 13.4 zu sehen.

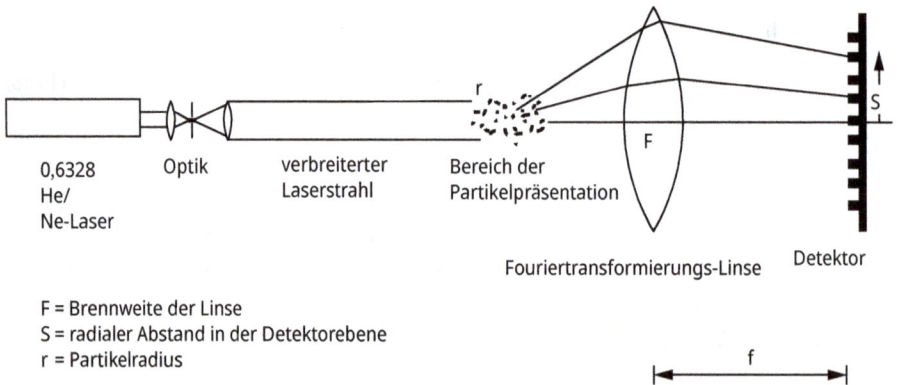

F = Brennweite der Linse
S = radialer Abstand in der Detektorebene
r = Partikelradius

Abb. 13.4: Schematische Darstellung eines Lichtbeugungssystems zur Partikelgrößenbestimmung.

Gemäß der Fraunhofer-Theorie (die vor über 100 Jahren von Fraunhofer eingeführt wurde) ist die spezielle Intensitätsverteilung gegeben durch:

$$I(r) = \int_{x_{min}}^{x_{max}} N_{tot} q_0(x) I(r, x) dx, \qquad (13.15)$$

dabei ist I(r, x) die radiale Intensitätsverteilung am Radius r für Tröpfchen der Größe x, N_{tot} ist die Gesamtzahl der Tröpfchen, und $q_0(x)$ beschreibt die Tröpfchengrößenverteilung.

Die radiale Intensitätsverteilung I(r, x) ist gegeben durch:

$$I(r, x) = I_0 \left(\frac{\pi x^2}{2f}\right)^2 \left(\frac{J_i(k)}{k}\right)^2, \tag{13.16}$$

mit k = $(\pi x r)/(\lambda f)$. Dabei ist r der Abstand zum Mittelpunkt der Scheibe, λ die Wellenlänge, f die Brennweite und J_i die Besselfunktion erster Ordnung.

Die Fraunhofer-Beugungstheorie gilt für Tröpfchen, deren Durchmesser deutlich größer ist als die Beleuchtungswellenlänge. Wie in Abb. 13.4 gezeigt, wird ein He/Ne-Laser mit λ = 632,8 nm für Tröpfchengrößen hauptsächlich im Bereich von 2 bis 120 µm verwendet. Im Allgemeinen sollte der Durchmesser des kugelförmigen Tropfens mindestens das Vierfache der Wellenlänge des Beleuchtungslichts betragen. Die Genauigkeit der durch Lichtbeugung bestimmten Tröpfchengrößenverteilung ist nicht sehr gut, wenn ein großer Anteil von Tröpfchen mit einem Durchmesser < 10 µm in der Emulsion vorhanden ist. Für kleine Tröpfchen (Durchmesser < 10 µm) ist die Mie-Theorie genauer, wenn die erforderlichen optischen Parameter, wie der Brechungsindex der Tröpfchen und des Mediums sowie das Lichtabsorptionsvermögen der dispergierten Tröpfchen, bekannt sind. Die meisten handelsüblichen Geräte kombinieren Lichtbeugung mit Vorwärtslichtstreuung, um eine vollständige Tropfengrößenverteilung zu erhalten, die einen breiten Größenbereich abdeckt.

Zur Veranschaulichung zeigt Abb. 13.5 das Ergebnis der Partikelgrößenbestimmung bei einer Sechs-Komponenten-Mischung aus Standard-Polystyrol-Dispersionen (unter Verwendung eines Mastersizers).

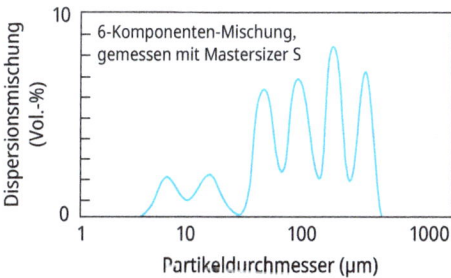

Abb. 13.5: Einzelmessung einer Mischung aus sechs Standarddispersionen mit dem Mastersizer.

Die meisten praktischen Emulsionen sind polydispers und erzeugen ein sehr komplexes Beugungsmuster. Die Beugungsmuster der einzelnen Tröpfchengrößen überschneiden sich mit den Beugungsmustern anderer Größen. Die Tröpfchen verschiedener Größen beugen das Licht in unterschiedlichen Winkeln, und die Energieverteilung wird zu einem sehr komplexen Muster. Die Hersteller von Lichtbeugungsinstrumenten (wie

Malvern, Coulters und Horriba) haben jedoch numerische Algorithmen entwickelt, die die Beugungsmuster mit der Tröpfchengrößenverteilung in Beziehung setzen.

Mehrere Faktoren können die Genauigkeit der Fraunhofer-Beugung beeinträchtigen:

(1) Tröpfchen, die kleiner sind als die untere Grenze der Fraunhofer-Theorie;

(2) nicht vorhandene „Geistertröpfchen" in der durch Fraunhofer-Beugung erhaltenen Tröpfchengrößenverteilung bei Systemen, die Tröpfchen mit einem hohen Anteil an kleinen Größen (unter 10 µm) enthalten;

(3) Computeralgorithmen, die dem Benutzer nicht bekannt sind und je nach Softwareversion des Herstellers variieren;

(4) die von der Zusammensetzung abhängigen optischen Eigenschaften der Tröpfchen und des Dispersionsmediums. Wenn die Dichte aller Tröpfchen nicht gleich ist, kann das Ergebnis ungenau sein.

13.5.4 Dynamische Lichtstreuung – Photonenkorrelationsspektroskopie (PCS)

Die dynamische Lichtstreuung (DLS) ist eine Methode zur Messung der zeitabhängigen Fluktuation der Streuintensität. Sie wird auch als quasi-elastische Lichtstreuung (QELS) oder Photonenkorrelationsspektroskopie (PCS) bezeichnet. Letzteres ist der am häufigsten verwendete Begriff zur Beschreibung des Prozesses, da die meisten dynamischen Streutechniken Autokorrelation verwenden. PCS ist eine Technik, die die Brownsche Bewegung zur Messung der Tröpfchengröße nutzt. Infolge der Brownschen Bewegung der dispergierten Tröpfchen unterliegt die Intensität des gestreuten Lichts Schwankungen, die mit der Geschwindigkeit der Tröpfchen zusammenhängen. Da sich größere Tröpfchen weniger schnell bewegen als kleinere, hängt das Muster der Intensitätsschwankungen (Intensität über der Zeit) von der Tröpfchengröße ab, wie in Abb. 13.6 dargestellt. Die Geschwindigkeit des Streuers wird gemessen, um den Diffusionskoeffizienten zu ermitteln.

In einem System, in dem die Brownsche Bewegung nicht durch Aufrahmung/Sedimentation oder Tropfen/Tropfen-Interaktion unterbrochen wird, ist die Bewegung der Tröpfchen zufällig. Daher ähneln die nach einem großen Zeitintervall beobachteten Intensitätsschwankungen nicht den anfangs beobachteten Schwankungen, sondern stellen eine zufällige Verteilung der Tröpfchen dar. Folglich sind die mit großer zeitlicher Verzögerung beobachteten Fluktuationen nicht mit dem anfänglichen Fluktuationsmuster korreliert. Ist der Zeitunterschied zwischen den Beobachtungen jedoch sehr klein (eine Nanosekunde oder eine Mikrosekunde), sind beide Positionen der Tröpfchen ähnlich und die Streuintensitäten korrelieren. Wird das Zeitintervall vergrößert, nimmt die Korrelation ab. Das Abklingen der Korrelation ist von der Partikelgröße abhängig. Je kleiner die Partikel sind, desto schneller ist der Zerfall.

Die Schwankungen im Streulicht werden von einem Photomultiplier erfasst und aufgezeichnet. Die Daten, die Informationen über die Tröpfchenbewegung enthalten, werden von einem digitalen Korrelator verarbeitet. Dieser vergleicht die In-

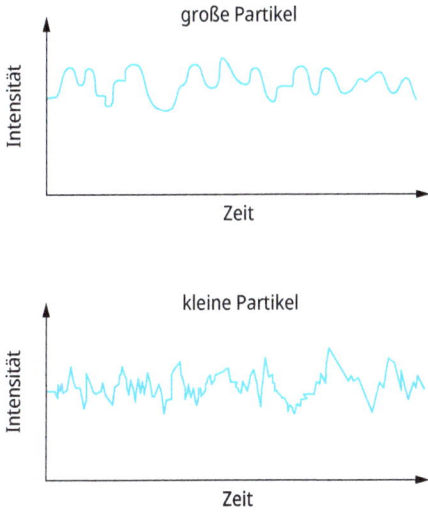

große Partikel

Intensität

Zeit

kleine Partikel

Intensität

Zeit

Abb. 13.6: Schematische Darstellung der Intensitätsschwankungen für große und kleine Partikel.

tensität des gestreuten Lichts zum Zeitpunkt t, I(t), mit der Intensität ein sehr kleines Zeitintervall τ später, $I(t + \tau)$. und konstruiert die Autokorrelationsfunktion zweiter Ordnung $G_2(\tau)$ der gestreuten Intensität:

$$G_2(\tau) = \langle I(t)I(t+\tau) \rangle. \tag{13.17}$$

Die experimentell gemessene Autokorrelationsfunktion der Intensität $G_2(\tau)$ hängt nur von dem Zeitintervall τ ab und ist unabhängig von t, dem Zeitpunkt des Beginns der Messung.

Eine PCS kann im Homodyn-Modus gemessen werden, bei dem nur Streulicht zum Detektor geleitet wird. Sie kann auch im Heterodyn-Modus gemessen werden, bei dem ein vom einfallenden Lichtstrahl aufgespaltener Referenzstrahl dem Streulicht überlagert wird. Der abgelenkte Lichtstrahl dient als Referenz für das Streulicht der einzelnen Partikel.

Im Homodyn-Modus kann $G_2(\tau)$ mit der normalisierten Autokorrelationsfunktion des Feldes $g_1(\tau)$ wie folgt in Beziehung gesetzt werden:

$$G_2(\tau) = A + Bg_1^2(\tau), \tag{13.18}$$

wobei A der Hintergrundterm ist, der als Basiswert bezeichnet wird, und B ist ein geräteabhängiger Faktor. Das Verhältnis B/A wird als Qualitätsfaktor der Messung oder als Signal/Rausch-Verhältnis betrachtet und manchmal als %-Wert ausgedrückt.

Die Autokorrelationsfunktion des Feldes $g_1(\tau)$ für eine monodisperse Emulsion fällt exponentiell mit τ ab:

$$g_1(\tau) = \exp(-\Gamma\tau), \tag{13.19}$$

wobei Γ die Abklingkonstante (s^{-1}) ist.

Setzt man Gleichung (13.19) in Gleichung (13.18) ein, so erhält man die gemessene Autokorrelationsfunktion:

$$G_2(\tau) = A + B \exp(-2\Gamma\tau). \tag{13.20}$$

Die Abklingkonstante Γ steht in linearem Zusammenhang mit dem Translationsdiffusionskoeffizienten D_T des Tropfens:

$$\Gamma = D_T q^2. \tag{13.21}$$

Der Modul q des Streuungsvektors ist gegeben durch:

$$q = \frac{4\pi n}{\lambda_0} \sin\left(\frac{\theta}{2}\right), \tag{13.22}$$

dabei ist n der Brechungsindex des Dispersionsmediums, θ der Streuungswinkel und λ_0 die Wellenlänge des einfallenden Lichts im Vakuum.

Die PCS bestimmt den Diffusionskoeffizienten, und der Tröpfchenradius R wird mit Hilfe der Stokes-Einstein-Gleichung ermittelt:

$$D = \frac{kT}{6\pi\eta R}, \tag{13.23}$$

wobei k die Boltzmann-Konstante ist, T die absolute Temperatur und η die Viskosität des Mediums.

Die Stokes-Einstein-Gleichung ist auf nicht wechselwirkende, kugelförmige und starre Kugeln beschränkt. Die Auswirkung der Tröpfchenwechselwirkung bei einer relativ geringen Tropfenkonzentration c kann berücksichtigt werden, indem der Diffusionskoeffizient zu einer Potenzreihe der Konzentration erweitert wird:

$$D = D_0(1 + k_D c), \tag{13.24}$$

dabei ist D_0 der Diffusionskoeffizient bei unendlicher Verdünnung und k_D der Virialkoeffizient, der sich auf die Tröpfchenwechselwirkung bezieht. D_0 kann durch Messung von D bei verschiedenen Tröpfchenzahlkonzentrationen und Extrapolation auf die Konzentration null ermittelt werden.

Bei polydispersen Emulsionen ist die Autokorrelationsfunktion erster Ordnung eine intensitätsgewichtete Summe der Autokorrelationsfunktionen der zur Streuung beitragenden Partikel:

$$g_1(\tau) = \int_0^\infty C(\Gamma) \exp(-\Gamma\tau) d\Gamma. \tag{13.25}$$

$C(\Gamma)$ stellt die Verteilung der Zerfallsraten dar.

Bei enger Tröpfchengrößenverteilung ist die Kumulantenanalyse in der Regel zufriedenstellend. Die Kumulantenmethode beruht auf der Annahme, dass $g_1(\tau)$ für monodisperse Emulsionen monoexponentiell ist. Daher ergibt der Logarithmus von $g_1(\tau)$ gegen τ eine gerade Linie mit einer Steigung gleich Γ:

$$\ln g_1(\tau) = 0,5\ln(B) - \Gamma\tau, \tag{13.26}$$

wobei B das Signal/Rausch-Verhältnis ist.

Die Kumulantenmethode erweitert die Laplace-Transformation um eine durchschnittliche Zerfallsrate:

$$\langle\Gamma\rangle = \int_0^\infty \Gamma C(\Gamma)d\Gamma. \tag{13.27}$$

Das Exponential in Gleichung (13.27) wird um einen durchschnittlichen und integrierten Term erweitert:

$$\ln g_1(\tau) = \langle\Gamma\rangle\tau + \left(\mu_2\tau^2\right)/2! - \left(\mu_3\tau^3\right)/3! + \cdots \tag{13.28}$$

Aus $\langle\Gamma\rangle$ wird ein durchschnittlicher Diffusionskoeffizient berechnet, und die Polydispersität (der so genannte Polydispersitätsindex) wird durch das relative zweite Moment $\mu_2/\langle\Gamma\rangle^2$ angegeben. Eine eingeschränkte Regelungsmethode (CONTIN) liefert mehrere numerische Lösungen für die Tröpfchengrößenverteilung und ist normalerweise in der Software der PCS-Maschine enthalten.

PCS ist eine schnelle, absolute, zerstörungsfreie und schnelle Methode zur Messung der Tröpfchengröße. Sie hat jedoch einige Einschränkungen. Der größte Nachteil ist die schlechte Auflösung der Tröpfchengrößenverteilung. Außerdem ist der Größenbereich, der genau gemessen werden kann, begrenzt (keine Aufrahmung/Sedimentation). Mehrere Geräte sind im Handel erhältlich, z. B. von Malvern, Brookhaven, Coulters usw.

13.5.5 Rückstreuungstechniken

Diese Methode basiert auf der Verwendung von Glasfasern, die manchmal auch als faseroptische dynamische Lichtstreuung (FODLS) bezeichnet wird, und ermöglicht Messungen bei hohen Tröpfchenkonzentrationen. Die FODLS verwenden entweder eine oder zwei optische Fasern. Alternativ können auch Faserbündel verwendet werden. Die Austrittsöffnung der optischen Faser (Optode) wird in die Probe eingetaucht, und das in derselben Faser gestreute Licht wird unter einem Streuwinkel von 180° (d. h. Rückstreuung) erfasst.

Die obige Technik eignet sich für Online-Messungen während der Herstellung einer Emulsion. Es sind mehrere kommerzielle Geräte erhältlich, z. B. von Lesentech (USA).

13.6 Messung der Aufrahmungs- oder Sedimentationsrate

Dies wurde schon in vorherigen Abschnitten diskutiert. Die Messung kann entweder mit dem Turbiscan oder mit Ultraschallmessgeräten erfolgen.

13.7 Messung der Flockungsrate

Zur Messung der Ausflockungsgeschwindigkeit von Emulsionen können zwei allgemeine Verfahren angewandt werden, die beide nur für verdünnte Systeme geeignet sind. Die erste Methode basiert auf der Messung der Lichtstreuung an den Partikeln. Für monodisperse Tröpfchen mit einem Radius von weniger als $\lambda/20$ (wobei λ die Wellenlänge des Lichts ist) kann man die Rayleigh-Gleichung anwenden, wodurch die Trübung τ_0 gegeben ist durch:

$$\tau_0 = A'n_0 V_1^2,\tag{13.29}$$

wobei A' eine optische Konstante ist (die mit dem Brechungsindex der Partikel und des Mediums sowie der Wellenlänge des Lichts zusammenhängt) und n_0 die Anzahl der Tröpfchen mit einem Volumen V_1 ist. Durch Kombination der Rayleigh-Theorie mit der Smoluchowski-Fuchs-Theorie der Flockungskinetik [7, 8] erhält man den folgenden Ausdruck für die Veränderung der Trübung mit der Zeit:

$$\tau = A'n_0 V_1^2 (1 + 2n_0 kt),\tag{13.30}$$

wobei k die Geschwindigkeitskonstante der Flockung ist.

Die zweite Methode zur Ermittlung der Flockungskonstante ist die direkte Tropfenzählung in Abhängigkeit von der Zeit. Zu diesem Zweck kann die optische Mikroskopie oder Bildanalyse verwendet werden, sofern die Tröpfchengröße innerhalb der Auflösungsgrenze des Mikroskops liegt. Alternativ kann die Tröpfchenzahl auch mit elektronischen Geräten wie dem Coulter-Zähler oder dem Durchfluss-Ultramikroskop bestimmt werden.

Die Flockungskonstante wird durch Auftragen von 1/n gegen t bestimmt, wobei n die Anzahl der Partikel nach der Zeit t ist, d. h.:

$$\left(\frac{1}{n}\right) = \left(\frac{1}{n_0}\right) + kt.\tag{13.31}$$

Die Geschwindigkeitskonstante k der langsamen Flockung wird in der Regel mit der schnellen Geschwindigkeitskonstante k_0 (der Smoluchowski-Rate) durch das Stabilitätsverhältnis W in Beziehung gesetzt:

$$W = \left(\frac{k}{k_0}\right). \tag{13.32}$$

Üblicherweise wird logW gegen logC aufgetragen (wobei C die Elektrolytkonzentration ist), um die kritische Koagulationskonzentration (CCC) zu erhalten, d. h. den Punkt, an dem logW = 0 ist.

Eine sehr nützliche Methode zur Messung der Flockung ist die optische Einzeltropfenmethode. Die in einer Flüssigkeit dispergierten Tröpfchen der Emulsion fließen durch eine schmale, gleichmäßig beleuchtete Zelle. Die Emulsion wird ausreichend verdünnt (mit Hilfe des kontinuierlichen Mediums), so dass die Tröpfchen einzeln durch die Zelle fließen. Ein Tröpfchen, das den Lichtstrahl der Zelle durchläuft, erzeugt einen optischen Impuls, der von einem Sensor erfasst wird. Wenn die Tröpfchengröße größer ist als die Wellenlänge des Lichts (> 0,5 µm), hängt die Peakhöhe von der projizierten Fläche des Tröpfchens ab. Ist die Tröpfchengröße kleiner als 0,5 µm, dominiert die Streuung die Reaktion. Für Tröpfchen > 1 µm wird ein Sensor zur Lichtverdunkelung (auch Blockierung oder Extinktion genannt) verwendet. Für Tröpfchen, die kleiner als 1 µm sind, ist ein Streulichtsensor empfindlicher.

Die obige Methode kann zur Bestimmung der Größenverteilung von Aggregatemulsionen verwendet werden. Die aggregierten Tröpfchen durchlaufen einzeln die beleuchtete Zone und erzeugen einen Impuls, der unter einem kleinen Winkel (< 3°) gesammelt wird. Bei ausreichend kleinen Winkeln ist die Impulshöhe proportional zum Quadrat der Anzahl der Monomereinheiten in einem Aggregat und unabhängig von der Aggregatform oder seiner Ausrichtung.

13.8 Messung der beginnenden Flockung

Dies kann bei sterisch stabilisierten Suspensionen geschehen, wenn das Medium für die Ketten zu einem θ-Lösungsmittel wird. Dies geschieht zum Beispiel beim Erhitzen einer wässrigen Emulsion, die mit Polyethylenoxid-Ketten (PEO) oder Polyvinylalkohol-Ketten stabilisiert ist. Oberhalb einer bestimmten Temperatur (der θ-Temperatur), die von der Elektrolytkonzentration abhängt, kommt es zur Ausflockung der Emulsion. Die Temperatur, bei der dies geschieht, wird als kritische Flockungstemperatur (CFT) bezeichnet.

Dieser Prozess der beginnenden Ausflockung kann durch Messung der Trübung der Emulsion in Abhängigkeit von der Temperatur verfolgt werden. Oberhalb der CFT steigt die Trübung der Emulsion sehr stark an.

Zu diesem Zweck befindet sich die Zelle des Spektralphotometers, mit der die Trübung gemessen wird, in einem Metallblock, der mit einem Temperaturprogrammiergerät verbunden ist (das einen kontrollierten Temperaturanstieg ermöglicht).

13.9 Messung der Ostwald-Reifung

Wie in Kapitel 10 erläutert, ist die Ostwald-Reifung das Ergebnis des Unterschieds in der Löslichkeit S zwischen kleinen und großen Tröpfchen. Die kleineren Tröpfchen haben eine größere Löslichkeit als die größeren Partikel. Die Auswirkung der Tröpfchengröße auf die Löslichkeit wird durch die Kelvin-Gleichung beschrieben [9]:

$$S(r) = S(\infty)\exp\left(\frac{2\gamma\, V_m}{rRT}\right),$$

(13.33)

wobei $S(r)$ die Löslichkeit eines Tröpfchens mit dem Radius r ist, $S(\infty)$ ist die Löslichkeit eines Tröpfchens mit unendlichem Radius, γ die Grenzflächenspannung Flüssigkeit/Flüssigkeit, V_m das molare Volumen der dispersen Phase (= M/ρ, wobei M das Molekulargewicht und ρ die Dichte der Tröpfchen ist), R ist die Gaskonstante und T die absolute Temperatur.

Für zwei Tröpfchen mit den Radien r_1 und r_2 gilt:

$$\frac{RT}{V_m}\ln\left(\frac{S_1}{S_2}\right) = 2\gamma\left(\frac{1}{r_1} - \frac{1}{r_2}\right).$$

(13.34)

Um ein Maß für die Geschwindigkeit des Kristallwachstums zu erhalten, wird die Tröpfchengrößenverteilung der Emulsion als Funktion der Zeit verfolgt, entweder mit einem Coulter-Zähler, einem Mastersizer oder einer optischen Scheibenzentrifuge. In der Regel wird der Kubus des durchschnittlichen Radius gegen die Zeit aufgetragen, was eine gerade Linie ergibt, aus der die Geschwindigkeit der Ostwald-Reifung bestimmt werden kann (die Steigung der linearen Kurve):

$$r^3 = \frac{8}{9}\left[\frac{S(\infty)\gamma\, V_m D}{\rho\, RT}\right]t.$$

(13.35)

D ist dabei der Diffusionskoeffizient der dispersen Phase in der kontinuierlichen Phase und ρ ist die Dichte der Tröpfchen.

13.10 Messung der Koaleszenzrate

Wie in Kapitel 11 erläutert, ist die Koaleszenz der Zusammenschluss von zwei oder mehr Tropfen zu einem größeren Tropfen. Die Koaleszenzgeschwindigkeit kann durch eine Geschwindigkeitsgleichung erster Ordnung [10, 11] ausgedrückt werden, wenn die Tropfen in einer Zeit ausgeflockt sind, die viel kürzer ist als die Zeitskala der Koaleszenz. Wenn K(s-1) die Koaleszenzgeschwindigkeitskonstante ist, dann gilt:

$$-\frac{dn}{dt} = Kn,$$

(13.36)

dabei ist n die Anzahl der Tröpfchen zum Zeitpunkt t.

Oder:

$$n = n_0 \exp(-Kt),\qquad\qquad(13.37)$$

mit n_0 als Anzahl der Tröpfchen bei $t = 0$.

Gleichung (13.37) zeigt, dass ein Diagramm von log(n) gegen t eine gerade Linie ergibt und die Steigung gleich K ist. Die Anzahl der Tröpfchen zu jedem Zeitpunkt in einer Emulsion kann mit einem Coulter-Zähler gemessen werden. Alternativ kann man den durchschnittlichen Durchmesser d der Tröpfchen in Abhängigkeit von der Zeit mit dem oben beschriebenen Mastersizer messen:

$$d = d_0 \exp(Kt).\qquad\qquad(13.38)$$

Auch hier ergibt die Darstellung von log(d) gegen die Zeit eine gerade Linie mit einer positiven Steigung, die gleich K ist.

13.11 Volumeneigenschaften von Emulsionen

Bei einer „strukturierten" Emulsion, die durch „kontrollierte" Flockung oder Zugabe von „Verdickungsmitteln" (z. B. Polysaccharide, Tone oder Oxide) erhalten wird, rahmen oder sedimentieren die „Flocken" mit einer Geschwindigkeit, die von ihrer Größe und der Porosität der aggregierten Struktur abhängt. Nach dieser anfänglichen Aufrahmung oder Sedimentation kommt es zu einer Verdichtung und Umstrukturierung der Flockenstruktur, ein Phänomen, das als Konsolidierung bezeichnet wird.

Normalerweise vergleicht man bei Rahm- oder Sedimentvolumenmessungen das Ausgangsvolumen V_0 (oder die Höhe H_0) mit dem letztendlich erreichten Wert V (oder H). Eine kolloidal stabile Emulsion ergibt eine „dicht gepackte" Struktur mit relativ kleinem Rahm- oder Sedimentvolumen. Eine schwach „ausgeflockte" oder „strukturierte" Emulsion ergibt einen offeneren Rahm oder ein offeneres Sediment und damit ein größeres Rahm- oder Sedimentvolumen. Durch Vergleich des relativen Sedimentvolumens V/V_0 oder der Höhe H/H_0 kann man also zwischen einer kolloidal stabilen und einer geflockten Emulsion unterscheiden.

Literatur

[1] Hunter, R. J., „Zeta Potential in Colloid Science: Principles and Application", Academic Press, London (1981).

[2] Gibbs, J. W., „Collected Works", Longman, New York, Vol. 1 (1928), p. 219.

[3] Rosen, M. J. und Kunjappu, J. T., „Surfactants and Interfacial Phenomena", John Wiley and Sons, New Jersey (2012).

[4] Fleer, G. J., Cohen-Stuart, M. A., Scheutjens, J. M. H. M., Cosgrove, T. und Vincent, B., „Polymers at Interfaces", Chapman and Hall, London (1993).

[5]   Robins, M. M. und Hibberd, D. J., „Emulsion Flocculation and Creaming", in „Modern Aspects of Emulsion Science", Binks, B. P. (Herausgeber), Royal Society of Chemistry, Cambridge (1998), Kapitel 4.

[6]   Kissa, E., „Dispersions, Characterization, Testing and Measurement", Marcel Dekker, New York (1999).

[7]   von Smoluchowski, M., Physik. Z., 17, 557, 585 (1916).

[8]   Fuchs, N., Z. Physik, 89, 736 (1936).

[9]   Thompson, W. (Lord Kelvin), Phil. Mag. 42, 448 (1871).

[10] Tadros, Th. F. und Vincent, B., in „Encyclopedia of Emulsion Technology", Becher, P. (Herausgeber), Marcel Dekker, N. Y. (1983).

[11] van den Tempel, M., Rec. Trav. Chim, **72**, 433, 442 (1953).

14 Industrielle Anwendungen von Emulsionen

14.1 Einleitung

Emulsionen werden in vielen industriellen Anwendungen eingesetzt, von denen die folgenden erwähnenswert sind: Lebensmittel (Emulsionen werden bei weitem am häufigsten in Systemen wie Mayonnaise, Salatcremes, Getränken usw. verwendet); Kosmetik- und Körperpflegeprodukte wie Handcremes, Lotionen, Sonnenschutzmittel, Haarsprays usw.; Arzneimittel; Agrochemikalien (für die Formulierung zahlreicher Herbizide, Insektizide, Pflanzenwachstumsregulatoren usw.); Walzöle und Schmiermittel usw. Im Folgenden werden einige dieser Anwendungen beschrieben.

14.2 Lebensmittel-Emulsionen

Viele Lebensmittelemulsionen sind kolloidale Systeme, die Tröpfchen verschiedener Art enthalten, die durch Tenside stabilisiert werden [1]. Die Grenzflächeneigenschaften dieser Tensidfilme sind sehr wichtig für die Formulierung solcher Systeme und die Erhaltung ihrer langfristigen physikalischen Stabilität. Natürlich vorkommende Tenside wie Lecithin aus Eigelb und verschiedene Milchproteine werden für die Herstellung vieler Lebensmittelemulsionen wie Mayonnaise, Salatcremes, Dressings, Desserts usw. verwendet. Später wurden polare Lipide wie Monoglyceride als Emulgatoren für Lebensmittel-Emulsionen eingeführt. In jüngerer Zeit wurden synthetische Tenside wie Sorbitanester und ihre Ethoxylate sowie Saccharoseester in Lebensmittelemulsionen verwendet. Ester von Monostearat oder Monooleat mit organischen Carbonsäuren, z. B. Zitronensäure, werden beispielsweise als Antispritzmittel in Margarine zum Frittieren verwendet. Die Tröpfchen können als einzelne Einheiten im Medium suspendiert bleiben, aber in den meisten Fällen kommt es zu einer Aggregation dieser Tröpfchen unter Bildung dreidimensionaler Strukturen, die allgemein als „Gele" bezeichnet werden. Diese Aggregationsstrukturen werden durch die Grenzflächeneigenschaften der Tensidfilme und die Wechselwirkungskräfte zwischen den Tröpfchen bestimmt, die durch die relativen Größen der anziehenden (Van-der-Waals-Kräfte) und abstoßenden Kräfte gesteuert werden. Letztere können je nach Zusammensetzung der Lebensmittelformulierung elektrostatischer oder sterischer Natur sein. Es liegt auf der Hand, dass die abstoßenden Wechselwirkungen durch die Art des in der Formulierung enthaltenen Tensids bestimmt werden. Solche Tenside können ionischer oder polarer Natur sein, oder sie können polymerer Natur sein. Letztere werden manchmal nicht nur zugesetzt, um die Wechselwirkung zwischen den Tröpfchen in der Lebensmittelformulierung zu steuern, sondern auch um die Konsistenz (Rheologie) des Systems zu kontrollieren. Viele Lebensmittelformulierungen enthalten Mischungen aus Tensiden (Emulgatoren) und Hydrokolloiden. Die Wechselwirkung zwischen dem Tensid und dem Polymermolekül

https://doi.org/10.1515/9783110798593-014

spielt eine wichtige Rolle für die Gesamtinteraktion zwischen den Tröpfchen sowie für die Volumenrheologie des gesamten Systems. Solche Wechselwirkungen sind komplex und erfordern grundlegende Untersuchungen ihrer kolloidalen Eigenschaften. Wie später noch erläutert wird, enthalten viele Lebensmittelemulsionen Proteine [2], die als Emulgatoren verwendet werden. Die Wechselwirkung zwischen Proteinen und Hydrokolloiden ist ebenfalls sehr wichtig für die Bestimmung der Grenzflächeneigenschaften und der Volumenrheologie des Systems. Darüber hinaus können die Proteine auch mit den im System vorhandenen Emulgatoren wechselwirken, und diese Wechselwirkung erfordert besondere Aufmerksamkeit. Tensidassoziationsstrukturen und Emulsionen spielen in der Lebensmittelindustrie eine wichtige Rolle [3].

14.2.1 Tenside in Lebensmittelqualität

Tenside in Lebensmittelqualität sind im Allgemeinen nicht wasserlöslich, können aber in wässrigen Medien flüssigkristalline Assoziationsstrukturen bilden [1]. Es lassen sich drei wesentliche flüssigkristalline Strukturen unterscheiden, nämlich die lamellare Phase, die hexagonale Phase und die kubische Phase. Abbildung 14.1 zeigt ein Modell des kristallinen Zustands eines Tensids, das eine lamellare Phase bildet (Abb. 14.1a).

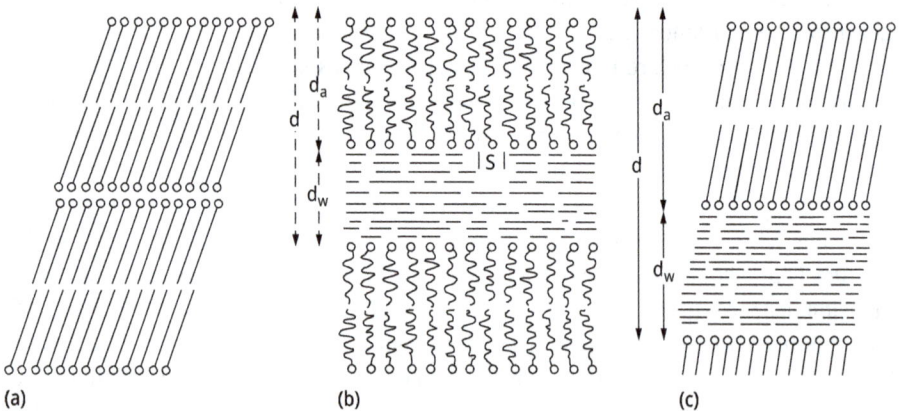

(a) (b) (c)

Abb. 14.1: Schematische Darstellung von lamellaren Flüssigkristallstrukturen.

Wenn es in Wasser oberhalb seiner Krafft-Temperatur (T_c)dispergiert wird, entsteht eine lamellare Mesophase (Abb. 14.1b) mit einer Dicke d_a der Doppelschicht und einer Dicke d_w der Wasserschicht. Die lamellare Schichtdicke d ist einfach $d_a + d_w$. Diese Dicken können mit Hilfe der Röntgenbeugung unter kleinem Winkel bestimmt werden. Die Oberfläche pro Tensidmolekül wird mit S bezeichnet. Die lamellare Mesophase kann mit Wasser verdünnt werden und hat ein nahezu unbegrenztes Quellvermögen, sofern die Lipiddoppelschichten geladene Moleküle enthalten und die Wasserphase eine geringe Ionenkonzentration aufweist [4]. Diese verdünnten lamellaren Phasen können Liposomen (multilamellare Vesikel) bilden, die kugelförmige Aggregate mit internen lamellaren Strukturen sind [5]. Unter dem Polarisationsmikroskop zeigen die lamellaren Strukturen eine „ölschlierenartige" Textur.

Wenn die Tensidlösung, die die lamellare Phase enthält, unter die Krafft-Temperatur des Tensids abgekühlt wird, bildet sich eine Gelphase, wie in Abb. 14.1c schematisch dargestellt. Die kristalline Struktur der Doppelschicht ähnelt nun derjenigen des reinen Tensids, und die wässrige Schicht mit der Dicke d_w ist die kontinuierliche Phase des Gels.

Die hexagonale Mesophasenstruktur ist periodisch in zwei Dimensionen und existiert in zwei Modifikationen, hexagonal I und hexagonal II. Die Struktur der Hexagonal-I-Phase besteht aus zylindrischen Aggregaten von Tensidmolekülen, wobei die polaren Kopfgruppen auf die äußere (kontinuierliche) Wasserphase ausgerichtet sind und die Kohlenwasserstoffketten der Tenside den Kern der Zylinder ausfüllen. Diese Strukturen zeigen unter dem Polarisationsmikroskop eine fächerartige oder eckige Textur. Die Hexagonal-II-Phase besteht aus zylindrischen Wasseraggregaten in einem kontinuierlichen Medium aus Tensidmolekülen, wobei die polaren Kopfgruppen zur Wasserphase hin ausgerichtet sind und die Kohlenwasserstoffketten den Außenbereich zwischen den Wasserzylindern ausfüllen. Diese Phase zeigt unter dem Polarisationsmikroskop die gleiche Winkelstruktur wie die Hexagonal-I-Phase. Während die Hexagonal-I-Phase mit Wasser verdünnt werden kann, um mizellare (kugelförmige) Lösungen herzustellen, hat die Hexagonal-II-Phase eine begrenzte Quellfähigkeit (normalerweise nicht mehr als 40 % Wasser in den zylindrischen Aggregaten).

Die viskose isotrope kubische Phase, die in drei Dimensionen periodisch ist, wird mit Monoglycerid-Wasser-Systemen bei Kettenlängen über C_{14} erzeugt. Es wurde gezeigt, dass diese isotrope Phase aus einer bikontinuierlichen Struktur besteht, die eine lamellare Doppelschicht enthält, die zwei Wasserkanalsysteme trennt [6, 7]. Die kubische Phase verhält sich wie eine sehr viskose Flüssigphase, die bis zu ≈ 40 % Wasser aufnehmen kann.

Von den oben genannten flüssigkristallinen Strukturen ist die lamellare Phase die wichtigste für Lebensmittelanwendungen. Wie wir später sehen werden, sind diese lamellaren Strukturen sehr gute Stabilisatoren für Lebensmittel-Emulsionen. Darüber hinaus können sie mit Wasser verdünnt werden und bilden Liposomendispersionen, die leicht zu handhaben sind (pumpfähige Flüssigkeiten), und sie interagieren mit wasserlöslichen Komponenten wie Amylose in Stärkepartikeln. Die hexagonalen und kubischen Phasen hingegen bereiten bei der Lebensmittelverarbeitung aufgrund ihrer hohen Viskosität Probleme (viskose Partikel können Filter verstopfen).

Das Phasendiagramm des Systems aus reinem Sojalecithin und Wasser ist in Abb. 14.2 dargestellt. Der für Emulsionen auf der Grundlage dieses Tensids relevante Wasserüberschussbereich besteht aus einer Dispersion der lamellaren flüssigkristallinen Phase in Form von Liposomen.

Ein typisches ternäres Phasendiagramm von Sojabohnenöl (Triglycerid), Sonnenblumenöl-Monoglycerid und Wasser bei 25 °C [8] ist in Abb. 14.3 dargestellt. Es zeigt

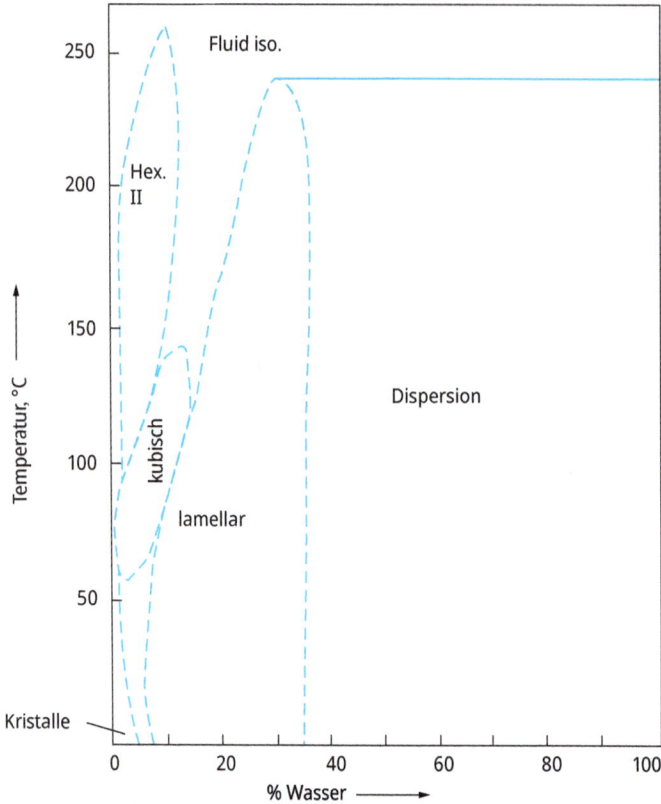

Abb. 14.2: Binäres Phasendiagramm eines Systems aus Sojalecithin und Wasser.

deutlich die LC-Phase und die inverse mizellare L_2-Phase. Diese inverse mizellare Phase ist für die Bildung von Wasser-in-Öl-Emulsionen von Bedeutung. Die Grenzflächenspannung zwischen der mizellaren L_2-Phase und Wasser beträgt etwa 1 bis 2 mNm^{-1} und die zwischen der L_2-Phase und Wasser ist sogar noch geringer. Es wird vorgeschlagen, dass die L_2-Phase während der Emulgierung einen Grenzflächenfilm bildet, und die Tröpfchengrößenverteilung dürfte dann hauptsächlich mit den Grenzflächen- und rheologischen Eigenschaften der L_2-Phase zusammenhängen.

Die Bildung eines monomolekularen Films des Emulgators an der Öl/Wasser-Grenzfläche (O/W) ist ein entscheidender Faktor im Emulgierprozess. Experimentell ist es einfacher, Lipidmonoschichten an der Luft/Wasser-Grenzfläche (A/W) zu untersuchen als an der O/W-Grenzfläche. Seit Kurzem sind jedoch auch Untersuchungen an der O/W-Grenzfläche mit Hilfe von Tropfenprofiltechniken möglich. Die Ergebnisse zeigten ähnliche Trends wie an der A/W-Grenzfläche.

Die Ergebnisse zeigen einen steilen Anstieg des Oberflächendrucks bei einer kritischen Tensidkonzentration ($\approx 10^{-6}$ mol dm^{-3}); diese Konzentration entspricht der höchsten Monomerkonzentration in der Gesamtlösung. Oberhalb von 10^{-6} mol dm^{-3} beginnen

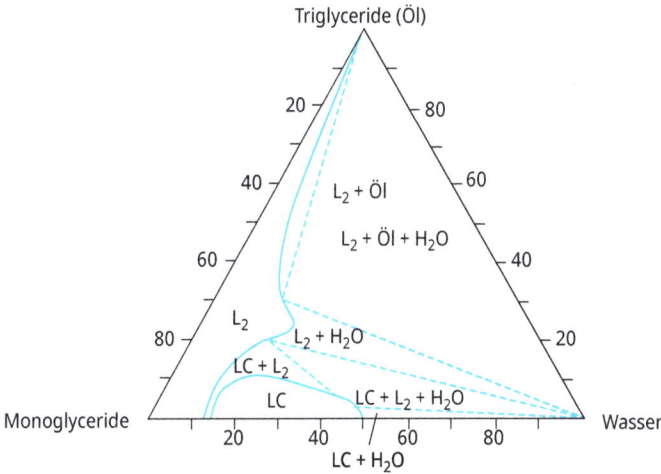

Abb. 14.3: Ternäres Phasendiagramm eines Systems aus Sojabohnenöl, Sonnenblumenöl und Wasser.

die Lipidmonomere zu assoziieren. Oberflächendruckmessungen an der Luft/Wasser-Grenzfläche zeigten, dass die Lipidmoleküle beginnen, sich zu einer kubischen Struktur zu verbinden. Monoglyceride gesättigter Fettsäuren assoziieren und bilden bei niedrigen Konzentrationen eine lamellare flüssigkristalline Phase oder eine Gelphase. Diese kondensierten Schichten bilden sich an der Öl/Wasser-Grenzfläche bei und oberhalb der kritischen Temperatur T_c, der Temperatur, die für die Emulgierung verwendet wird. Diese flüssigkristallinen Phasen spielen eine wichtige Rolle bei der Stabilisierung der Emulsion. Es müssen genügend polare Lipide vorhanden sein, um einen stabilisierenden Film an der O/W-Grenzfläche zu bilden, und dies ist erst möglich, wenn die maximale Monomerkonzentration in der Masse überschritten ist.

Hydrophile Emulgatoren, die in der Masse mizellare Lösungen bilden, weisen ein anderes Monolayer-Verhalten auf. Die Grenzflächenspannung γ nimmt linear mit der logarithmischen Konzentration ab, bis die kritische Mizellbildungskonzentration erreicht ist. Danach bleibt γ bei weiterem Anstieg der Tensidkonzentration praktisch konstant. Die meisten Tenside, die in Lebensmittelemulsionen verwendet werden, bilden jedoch keine mizellaren Lösungen.

Ein Maximum an Emulsionsstabilität wird erreicht, wenn drei Phasen im Gleichgewicht sind, und es wurde daher vorgeschlagen, dass die lamellare flüssigkristalline Phase die Emulsion stabilisiert, indem sie einen Film an der O/W-Grenzfläche bildet. Dieser Film bildet eine Barriere gegen die Koaleszenz. Dies wird in Abb. 14.4 veranschaulicht, die zeigt, dass die lamellare flüssigkristalline Phase eine hydrophobe Oberfläche gegenüber dem Öl und eine hydrophile Oberfläche gegenüber dem Wasser aufweist. Diese Mehrfachschichten bewirken eine erhebliche Verringerung des Anziehungspotenzials und erzeugen außerdem einen viskoelastischen Film mit einer viel

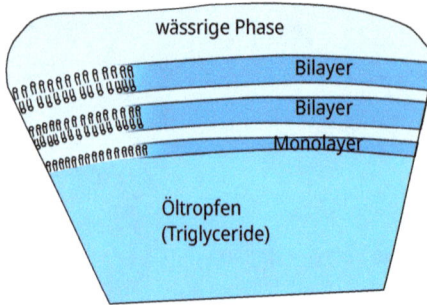

Abb. 14.4: Schematische Darstellung der lamellaren Flüssigkristallstruktur an der Öl/Wasser-Grenzfläche.

höheren Viskosität als die des Öltröpfchens. Mit anderen Worten, die Mehrfachschichten bilden eine Art „mechanische Barriere" gegen die Koaleszenz.

Die rheologischen Eigenschaften von Monoschichten binärer Tensidmischungen wurden mit der Emulsionsstabilität und den strukturellen Eigenschaften der lamellaren flüssigkristallinen Phasen in Verbindung gebracht, die von dem Tensid in Wasser gebildet werden. Es wurde vermutet, dass die an der O/W-Grenzfläche adsorbierten Emulgatormoleküle die gleiche Kohlenwasserstoffkettenstruktur annehmen wie in der bimolekularen Lipidschicht lamellarer Mesophasen. An der O/W-Grenzfläche können auch andere flüssigkristalline Phasen als die lamellare Phase auftreten. An der Dodecan/Wasser-Grenzfläche mit einem Natriumsulfonat-Tensid wurden Schwankungen der Grenzflächenspannung beobachtet, die auf die Bildung einer flüssigkristallinen Phase vom hexagonalen Typ an der Grenzfläche zurückgeführt wurden. Die verbesserte Emulsionsstabilität bei Vorhandensein von Lipid-Multilayern an der Grenzfläche hängt mit dem verringerten Anziehungspotenzial zusammen. Darüber hinaus ist die Viskosität der Multilayer deutlich höher als die der Ölphase. Auch die lamellare flüssigkristalline Phase führt zu einer Abstoßungskraft, die gewöhnlich als Hydratationskraft bezeichnet wird.

Eine weitere wichtige Abstoßungskraft, die auftritt, wenn der Tensidfilm geladene Moleküle enthält, z. B. beim Zusatz von Natriumstearat zu Lecithin, ist die Doppelschichtabstoßung, die von diesen ionogenen Gruppen ausgeht. Eine offensichtliche Folge des Vorhandenseins geladener Ketten ist der größere Abstand zwischen den Tensid-Doppelschichten.

Der Übergang zwischen der lamellaren flüssigkristallinen Phase und der Gelphase kann zur Stabilisierung der Emulsion genutzt werden, sofern die eigentliche Gelphase stabil ist. Wird zunächst eine wässrige Dispersion des Emulgators hergestellt und dann unter Kühlung emulgiert, bildet sich eine Emulsion, bei der die Gelphase die O/W-Grenzfläche bildet. Eine solche Emulsion hat eine wesentlich höhere Stabilität als die mit der lamellaren Phase an der O/W-Grenzfläche hergestellte. Dies ist wahrscheinlich auf die höhere mechanische Stabilität der kristallinen Lipiddoppelschichten im Vergleich zu Doppelschichten mit flüssiger Kettenkonformation zurückzuführen.

Eine weitere abstoßende Kraft zwischen den Lipiddoppelschichten in Wasser ist die Hydratationskraft, eine Kraft mit kurzer Reichweite und exponentiellem Abfall. Sie hängt mit der Abstoßung zwischen Dipolen und induzierten Dipolen zusammen. Es liegt auf der Hand, dass die Hydratationskraft die Koaleszenz von Emulsionströpfchen mit einer mehrschichtigen Struktur, wie in Abb. 14.4 schematisch dargestellt, eher verhindert.

Proteine werden auch als Emulgatoren in vielen Lebensmittelemulsionen verwendet. Ein Protein ist eine lineare Kette von Aminosäuren, die eine dreidimensionale Form annimmt, die durch die Primärsequenz der Aminosäuren in der Kette bestimmt wird. Die Seitenketten der Aminosäuren spielen eine wichtige Rolle bei der Steuerung der Art und Weise, wie sich das Protein in Lösung faltet. Die hydrophoben (unpolaren) Seitenketten vermeiden eine Wechselwirkung mit Wasser, während die hydrophilen (polaren) Seitenketten eine solche Wechselwirkung suchen. Das Ergebnis ist eine gefaltete kugelförmige Struktur mit den hydrophoben Seitenketten im Inneren und den hydrophilen Seitenketten außen [9]. Die endgültige Form des Proteins (Helix, planar oder „random coil") ist das Ergebnis vieler Wechselwirkungen, die ein empfindliches Gleichgewicht bilden [10, 11]. Es wurden drei Ebenen der strukturellen Organisation vorgeschlagen: (1) Primärstruktur, die sich auf die Aminosäuresequenz bezieht; (2) Sekundärstruktur, die die regelmäßige Anordnung des Polypeptidrückgrats bezeichnet; (3) Tertiärstruktur als dreidimensionale Organisation der globulären Proteine. Es kann auch eine quartäre Struktur unterschieden werden, die aus der Anordnung von Aggregaten der globulären Proteine besteht.

Da Proteine als Emulgatoren für Öl-in-Wasser-Emulsionen verwendet werden, ist es wichtig, ihre Grenzflächeneigenschaften zu verstehen, insbesondere die strukturellen Veränderungen, die bei der Adsorption auftreten können. Die Eigenschaften von Proteinadsorptionsschichten unterscheiden sich erheblich von denen einfacher Tensidmoleküle. Erstens kann es zu einer Oberflächendenaturierung des Proteinmoleküls kommen, was zu einer Entfaltung des Moleküls führt, zumindest bei niedrigem Oberflächendruck. Zweitens ist die partielle molare Oberfläche von Proteinen groß und kann je nach den Bedingungen für die Adsorption variieren. Die Anzahl der Konfigurationen des Proteinmoleküls an der Grenzfläche übersteigt diejenige in der Gesamtlösung, was zu einem erheblichen Anstieg der Nichtidealität der Oberflächenentropie führt. Daher kann man die thermodynamische Analyse, z. B. die Langmuir-Adsorptionsisotherme, nicht auf die Proteinadsorption anwenden. Die Frage der Reversibilität bzw. Irreversibilität der Proteinadsorption an der Flüssigkeitsgrenzfläche ist nach wie vor sehr umstritten. Aus diesem Grund wird die Proteinadsorption in der Regel mit statistischen mechanischen Modellen beschrieben. Auch die von de Gennes [12] vorgeschlagenen Skalierungstheorien könnten zur Anwendung kommen.

Eine der wichtigsten Untersuchungen von Proteinoberflächenschichten ist die Messung ihrer rheologischen Eigenschaften an der Grenzfläche (z. B. ihr viskoelastisches Verhalten). Zur Untersuchung der rheologischen Eigenschaften von Proteinschichten können verschiedene Techniken angewandt werden, z. B. Messungen mit konstanter

Spannung oder Spannungsrelaxation. Bei sehr niedrigen Proteinkonzentrationen zeigt die Grenzflächenschicht unabhängig von pH-Wert und Ionenstärke ein Newtonsches Verhalten. Bei höheren Proteinkonzentrationen nimmt das Ausmaß der Oberflächenbedeckung zu und die Grenzflächenschichten zeigen ein viskoelastisches Verhalten, das Merkmale von festkörperähnlichen Phasen erkennen lässt. Oberhalb einer kritischen Proteinkonzentration werden Protein/Protein-Wechselwirkungen signifikant, was zur Bildung einer „zweidimensionalen" Struktur führt. Die Dynamik der Bildung von Proteinschichten an der Flüssig/flüssig-Grenzfläche sollte im Detail betrachtet werden, wenn man die Proteinmoleküle als Stabilisatoren für Emulsionen einsetzt. Mehrere kinetische Prozesse müssen berücksichtigt werden: Solubilisierung unpolarer Moleküle, die zur Bildung von Assoziationen in der wässrigen Phase führen; Diffusion gelöster Stoffe aus der Hauptlösung zur Grenzfläche; Adsorption der Moleküle an der Grenzfläche; Orientierung der Moleküle an der Flüssig/flüssig-Grenzfläche; Bildung von Aggregationsstrukturen usw.

Wenn ein Protein als Emulgator verwendet wird, kann es je nach den beteiligten Wechselwirkungskräften verschiedene Konformationen annehmen. Das Protein kann an der Öl/Wasser-Grenzfläche eine gefaltete oder ungefaltete Konformation annehmen. Darüber hinaus kann das Proteinmolekül in unterschiedlichem Maße in die Lipidphase eindringen. Es können auch mehrere Schichten von Proteinen vorhanden sein. Das Proteinmolekül kann eine Brücke von einer Tropfengrenzfläche zu einer anderen bilden. Die tatsächliche Struktur der Protein-Grenzschicht kann komplex sein und einige oder alle der oben genannten Möglichkeiten kombinieren. Aus diesen Gründen bleibt die Messung von Proteinkonformationen an verschiedenen Grenzflächen eine schwierige Aufgabe, selbst wenn verschiedene Techniken wie UV-, IR- und NMR-Spektroskopie sowie Zirkulardichroismus eingesetzt werden [13]. An einer Öl/Wasser-Grenzfläche wird in der Regel davon ausgegangen, dass das Proteinmolekül eine gewisse Entfaltung erfährt, was die Verringerung der Grenzflächenspannung bei der Proteinadsorption erklärt. Wie bereits erwähnt, können mehrere Schichten von Proteinmolekülen gebildet werden, und man sollte sowohl die intermolekularen Wechselwirkungen als auch die Wechselwirkung mit der Lipidphase (Öl) berücksichtigen. Proteine wirken in ähnlicher Weise wie polymere Stabilisatoren (sterische Stabilisierung). Allerdings können die Moleküle mit kompakter Struktur ausfallen und kleine Partikel bilden, die sich an der Öl/Wasser-Grenzfläche ansammeln. Diese Partikel stabilisieren die Emulsionen (manchmal auch als Pickering-Emulsionen bezeichnet) durch einen anderen Mechanismus. Infolge der teilweisen Benetzung der Partikel durch das Wasser und das Öl bleiben sie an der Grenzfläche. Die Gleichgewichtslage an der Grenzfläche sorgt für die Stabilität, da ihre Verschiebung in die dispergierte Phase (während der Koaleszenz) zu einer Erhöhung der Benetzungsenergie führt.

Aus den obigen Ausführungen geht hervor, dass Proteine je nach ihrem Zustand an der Grenzfläche durch unterschiedliche Mechanismen als Stabilisatoren für Emulsionen wirken. Wenn sich die Proteinmoleküle entfalten und Schleifen und Schwänze bilden, bieten sie eine ähnliche Stabilisierung wie synthetische Makromoleküle. Bilden die

Proteinmoleküle hingegen kugelförmige Strukturen, können sie eine mechanische Barriere bilden, die ein Zusammenwachsen verhindert. Schließlich sorgen ausgefällte Proteinpartikel, die sich an der Öl/Wasser-Grenzfläche befinden, für Stabilität, da sich die Benetzungsenergie bei ihrer Verschiebung ungünstig erhöht. Es ist klar, dass in allen Fällen das rheologische Verhalten des Films eine wichtige Rolle für die Stabilität der Emulsionen spielt.

Proteine und Polysaccharide sind fast in allen Lebensmittelemulsionen enthalten [14]. Die Proteine werden als Emulsions- und Schaumstabilisatoren verwendet, während die Polysaccharide als Verdickungsmittel und auch zur Wasserbindung dienen. Sowohl Proteine als auch Polysaccharide tragen durch ihr Aggregations- und Gelierverhalten zu den strukturellen und texturellen Eigenschaften vieler Lebensmittelemulsionen bei. Zwischen Proteinen und Polysacchariden können verschiedene Wechselwirkungen unterschieden werden, die von abstoßenden bis zu anziehenden Wechselwirkungen reichen. Die abstoßenden Wechselwirkungen können sich aus Volumeneffekten und/oder elektrostatischen Wechselwirkungen ergeben. Diese abstoßenden Wechselwirkungen sind in der Regel schwach, außer bei sehr geringer Ionenstärke (erweiterte Doppelschichten) oder bei anionischen Polysacchariden bei pH-Werten über dem isoelektrischen Punkt des Proteins (negativ geladene Moleküle). Die anziehende Wechselwirkung kann schwach oder stark und entweder spezifisch oder unspezifisch sein. Eine kovalente Bindung zwischen Protein und Polysaccharid stellt eine spezifische starke Wechselwirkung dar. Eine unspezifische Protein-Polysaccharid-Wechselwirkung kann durch ionische, dipolare, hydrophobe oder wasserstoffbindende Wechselwirkungen zwischen Gruppen auf den Biopolymeren entstehen. Eine starke anziehende Wechselwirkung kann zwischen einem positiv geladenen Protein (bei einem pH-Wert unter seinem isoelektrischen Punkt) und einem anionischen Polysaccharid auftreten. In einem bestimmten System kann die Protein/Polysaccharid-Wechselwirkung von abstoßend zu anziehend wechseln, wenn sich die Temperatur oder die Lösungsmittelbedingungen (z. B. pH-Wert und Ionenstärke) ändern.

Wässrige Lösungen von Proteinen und Polysacchariden können bei endlichen Konzentrationen eine Phasentrennung aufweisen. Es lassen sich zwei Arten von Verhalten erkennen, nämlich Koazervation und Inkompatibilität. Bei der Koazervation von Komplexen kommt es zu einer spontanen Trennung in eine lösungsmittelreiche und eine lösungsmittelarme Phase. Letztere enthält den Protein/Polysaccharid-Komplex, der durch eine unspezifische attraktive Protein/Polysaccharid-Wechselwirkung, z. B. eine entgegengesetzte Ladung, verursacht wird. Die Inkompatibilität wird durch die spontane Trennung in zwei lösungsmittelreiche Phasen verursacht, von denen die eine überwiegend aus Protein und die andere überwiegend aus Polysaccharid besteht. Je nach den Wechselwirkungen kann ein aus einer Mischung zweier Biopolymere gebildetes Gel ein gekoppeltes Netzwerk, ein interpenetrierendes Netzwerk oder ein phasengetrenntes Netzwerk enthalten. In Lebensmittelemulsionen sind die beiden wichtigsten proteinhaltigen Geliersysteme Gelatine und Kaseinmizellen. Ein Beispiel für eine kovalente Protein/Polysaccharid-Wechselwirkung ist diejenige, die entsteht, wenn Gelatine mit Propylenglycolalginat unter leicht alkalischen Bedingungen reagiert. Nicht kovalente unspezifische Wechselwirkungen treten in Mischgelen aus Gelatine mit Natriumalginat oder Pektin mit niedrigem Methoxidgehalt auf. In Lebensmittelemulsionen, die Proteine und Polysaccharide enthalten, kann jede der genannten Wechselwirkungen in der wässrigen Phase des Systems stattfinden. Dies führt zu spezifischen Strukturen mit erwünschten rheologischen Eigenschaften und erhöhter Stabilität. Die Art der Protein/Polysaccharid-Wechselwirkung beeinflusst das Oberflächenverhalten der Biopolymere und die Aggregationseigenschaften der dispergierten Tröpfchen.

Ein Beispiel für schwache Protein/Polysaccharid-Wechselwirkungen ist eine Mischung aus Milchprotein (Natriumcaseinat) und einem Hydrokolloid wie Xanthangummi. Natriumcaseinat fungiert als Emulgator, und Xanthangummi (mit einem Molekulargewicht von etwa 2×10^6 Dalton) wird häufig als Verdickungsmittel und als synergistisches Geliermittel (mit Johannisbrotkernmehl) verwendet. In Lösung zeigt Xanthangummi ein pseudoplastisches Verhalten, das über einen weiten Bereich von Temperatur, pH-Wert und Ionenstärke beibehalten wird. Xanthangummi in Konzentrationen von mehr als 0,1 % verhindert das Aufrahmen von Emulsionstropfen, indem es ein gelartiges Netzwerk mit hoher Restviskosität bildet. Bei niedrigeren Xanthan-Konzentrationen (< 0,1 %) wird die Aufrahmung durch Ausflockung verstärkt. Andere Hydrokolloide wie Carboxymethylcellulose (mit einem geringeren Molekulargewicht als Xanthangummi) sind weniger wirksam bei der Verringerung der Schaumbildung von Emulsionen.

Kovalente Protein/Polysaccharid-Konjugate werden manchmal verwendet, um Ausflockung und Phasentrennung zu vermeiden, die bei schwachen unspezifischen Protein/Polysaccharid-Wechselwirkungen auftreten. Beispiele für solche Konjugate sind Globulin-Dextran oder Rinderserumalbumin-Dextran. Diese Konjugate erzeugen Emulsionen mit kleineren Tröpfchen und einer engeren Größenverteilung und stabilisieren die Emulsion gegen Aufrahmung und Koaleszenz.

Einer der wichtigsten Aspekte von Polymer/Tensid-Systemen ist ihre Fähigkeit, Stabilität und Rheologie über einen weiten Bereich der Zusammensetzung zu steuern [14]. Tensidmoleküle, die sich an eine Polymerkette binden, tun dies im Allgemeinen in Clustern, die den in Abwesenheit des Polymers gebildeten Mizellen sehr ähnlich sind [15]. Wenn das Polymer weniger polar ist oder hydrophobe Regionen oder Stellen enthält, besteht ein enger Kontakt zwischen den Mizellen und der Polymerkette. In einer solchen Situation ist der Kontakt zwischen einer Tensidmizelle und zwei Polymersegmenten günstig. Die beiden Segmente können sich in derselben Polymerkette oder in zwei verschiedenen Ketten befinden, je nach der Konzentration des Polymers. In einer verdünnten Lösung können sich die beiden Segmente in derselben Polymerkette befinden, während in konzentrierteren Lösungen die beiden Segmente in zwei Polymerketten mit erheblicher Kettenüberlappung liegen können. Die Vernetzung von zwei oder mehr Polymerketten kann zur Bildung von Netzwerken und zu dramatischen rheologischen Auswirkungen führen.

Die Wechselwirkung zwischen Tensid und Polymer kann je nach Art des Polymers auf unterschiedliche Weise behandelt werden. Ein nützlicher Ansatz besteht darin, die Bindung eines Tensids an eine Polymerkette als einen kooperativen Prozess zu betrachten. Der Beginn der Bindung ist gut definiert und kann durch eine kritische Assoziationskonzentration (CAC) charakterisiert werden. Letztere nimmt mit zunehmender Länge der Alkylkette des Tensids ab. Dies deutet auf einen Einfluss des Polymers auf die Mizellisierung des Tensids hin. Es wird angenommen, dass das Polymer die Mizelle durch kurz- oder langreichweitige (elektrostatische) Wechselwirkung stabilisiert. Die Hauptantriebskraft für die Selbstorganisation von Tensiden in Polymer/Tensid-Gemischen ist im Allgemeinen die hydrophobe Wechselwirkung zwischen den Alkylketten der Tensidmoleküle. Ionische Tenside interagieren häufig in erheblichem Maße sowohl mit nichtionischen als auch mit ionischen Polymeren. Dies ist auf den ungünstigen Beitrag elektrostatischer Effekte zur Mizellenbildung und deren teilweise Beseitigung durch Ladungsneutralisierung oder Verringerung der Ladungsdichte zurückzuführen. Für nichtionische Tenside ist die Bildung von Mizellen in Gegenwart eines Polymers wenig vorteilhaft, weshalb die Wechselwirkung zwischen nichtionischen Tensiden und Polymeren relativ schwach ist. Enthält die Polymerkette jedoch hydrophobe Segmente oder Gruppen, z. B. bei Blockcopolymeren, ist die hydrophobe Polymer/Tensid-Wechselwirkung erheblich.

Bei hydrophob modifizierten Polymeren (z. B. hydrophob modifizierte Hydroxyethylcellulose oder Polyethylenoxid) kann die Wechselwirkung zwischen den Tensidmizellen und den hydrophoben Ketten des Polymers zur Bildung von Querverbindungen, d. h. zur Gelbildung, führen. Dies ist in Abb. 14.5 schematisch dargestellt. Bei hohen Tensidkonzentrationen gibt es jedoch mehr Mizellen, die mit den einzelnen Polymerketten in Wechselwirkung treten können, und die Vernetzungen werden aufgebrochen.

Die oben genannten Wechselwirkungen zeigen sich in der Veränderung der Viskosität mit der Tensidkonzentration. Zunächst steigt die Viskosität mit zunehmender Tensidkonzentration an, erreicht ein Maximum und nimmt dann mit einer weiteren Erhöhung der Tensidkonzentration ab. Das Maximum steht im Einklang mit der Bildung von Vernetzungen und die anschließende Abnahme deutet auf die Zerstörung dieser Vernetzungen hin (siehe Abb. 14.5).

14.2.2 Assoziationsstrukturen von Tensiden, Mikroemulsionen und Emulsionen in Lebensmitteln

Ein typisches Phasendiagramm eines ternären Systems aus Wasser, ionischem Tensid und langkettigem Alkohol (Co-Tensid) ist in Abb. 14.6 dargestellt. Die wässrige mizellare Lösung, A, löst einen Teil des Alkohols (kugelförmige normale Mizellen), während die Alkohollösung große Mengen an Wasser löst und inverse Mizellen, B, bildet. Diese lamellaren Strukturen und ihr Gleichgewicht mit der wässrigen mizellaren Lö-

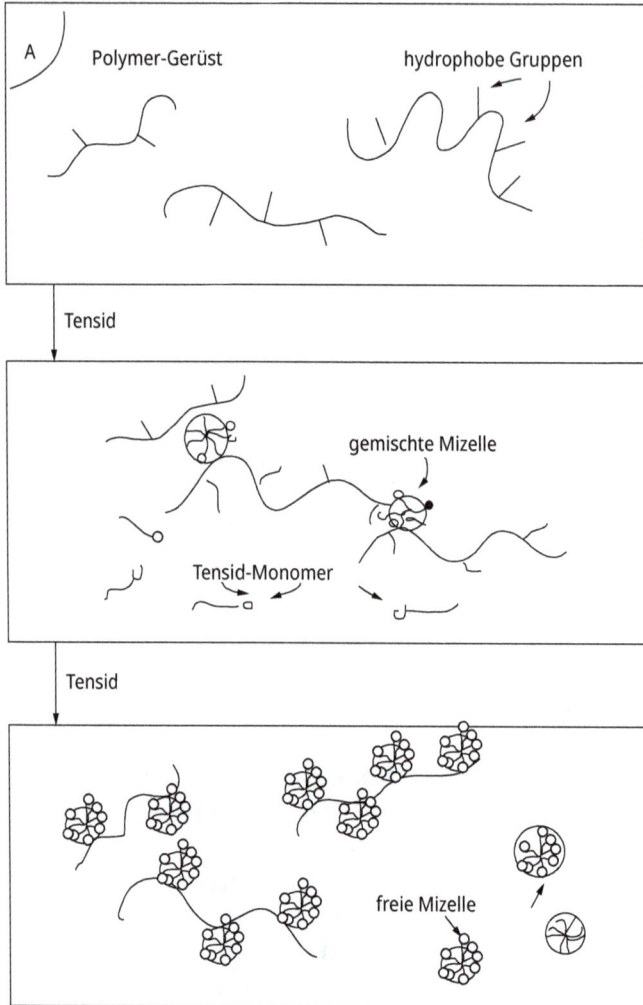

Abb. 14.5: Schematische Darstellung der Wechselwirkung zwischen hydrophob modifizierten Polymerketten und Tensidmizellen.

sung (A) und der inversen mizellaren Lösung (B) sind die wesentlichen Elemente sowohl der Mikroemulsion als auch der Emulsionsstabilität [3].

Mikroemulsionen sind thermodynamisch stabil und bilden sich spontan (Primärtröpfchen mit einer Größe von wenigen Nanometern), während Makroemulsionen thermodynamisch nicht stabil sind, da die freie Energie an der Grenzfläche positiv ist und in der gesamten freien Energie dominiert. Dieser Unterschied kann auf die unterschiedliche Biegeenergie der beiden Systeme zurückgeführt werden [3]. Bei Mikroemulsionen, die sehr kleine Tröpfchen enthalten, ist die Biegeenergie (negativer Beitrag) mit der Streckungsenergie (positiver Beitrag) vergleichbar, so dass die gesamte freie Ober-

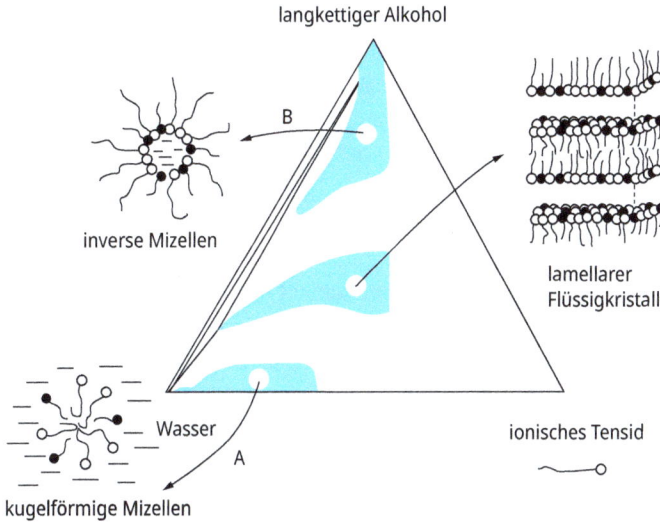

Abb. 14.6: Ternäres Phasendiagramm von Wasser, einem anionischen Tensid und einem langkettigen Alkohol (Co-Tensid).

flächenenergie äußerst gering ist ($\approx 10^{-3}$ mNm^{-1}). Bei Makroemulsionen hingegen ist die Biegeenergie vernachlässigbar (geringe Krümmung der großen Emulsionstropfen) und daher dominiert die Streckungsenergie die gesamte freie Oberflächenenergie, die nun groß und positiv ist (einige mNm^{-1}). Die Mikroemulsion kann mit den in Abb. 14.6 dargestellten mizellaren Lösungen A und B verglichen werden. Eine W/O-Mikroemulsion entsteht durch Zugabe eines Kohlenwasserstoffs zur inversen mizellaren Lösung B, während eine O/W-Mikroemulsion von der wässrigen mizellaren Lösung A ausgeht. Diese Mikroemulsionsbereiche befinden sich im Gleichgewicht mit der lamellaren flüssigkristallinen Struktur. Um den Mikroemulsionsbereich zu maximieren, muss die lamellare Phase destabilisiert werden, z. B. durch Zugabe eines relativ kurzkettigen Alkohols wie Pentanol. Im Gegensatz dazu ist bei einer Makroemulsion mit ihrem großen Radius die parallele Packung von Tensid und Co-Tensid optimal, weshalb das Co-Tensid eine ähnliche Kettenlänge wie das Tensid haben sollte.

Aus der obigen Erörterung geht hervor, dass eine Tensid/Co-Tensid-Kombination für eine Mikroemulsion wenig geeignet ist, um diese zu stabilisieren. Dies ist ein Nachteil, wenn eine Mehrfachemulsion vom W/O/W-Typ formuliert werden soll, bei der das W/O-System eine Mikroemulsion ist. Dieses Problem wurde von Larsson [13] gelöst, der eine Tensidkombination zur Stabilisierung der Mikroemulsion und ein Polymer zur Stabilisierung der Emulsion verwendete.

Die Formulierung von Lebensmittelsystemen als Mikroemulsionen ist nicht einfach, da die Zugabe von Triglyceriden zu inversen mizellaren Systemen zu einem Phasenübergang in eine lamellare flüssigkristalline Phase führt. Letztere muss auf andere Weise destabilisiert werden als durch Zugabe von Co-Tensiden, die normalerweise toxisch sind. Ein alternativer Ansatz zur Destabilisierung der lamellaren Phase ist die Verwendung eines Hydrotrops, von denen eine Reihe in Lebensmitteln zugelassen sind.

Wie bereits erwähnt, sind lamellare Flüssigkristallstrukturen ideal für die Stabilisierung von Makroemulsionen in Lebensmittelsystemen. An der Grenzfläche dienen die Flüssigkristalle als viskose Barriere, die die Energie der Ausflockung aufnimmt und ableitet [16]. Dies wird in Abb. 14.7 veranschaulicht, die den Koaleszenzprozess eines mit einem lamellaren Flüssigkristall bedeckten Tropfens zeigt. Er besteht aus zwei Phasen; zunächst werden die Flüssigkristallschichten paarweise abgetragen, und der letzte Schritt ist die Auflösung der letzten Doppelschicht der Struktur.

Die Auslösung des Flockungsprozesses führt zu sehr geringen Energieänderungen, und es wird von einer guten Stabilität ausgegangen, solange der Flüssigkristall adsorbiert bleibt. Diese Adsorption ist das Ergebnis seiner Struktur. An der Grenzfläche endet die letzte Schicht zur wässrigen Phase hin mit der polaren Gruppe, während die Schicht zum Öl hin mit der Methylschicht abschließt. Auf diese Weise zeigt die freie Energie an der Grenzfläche ein Minimum.

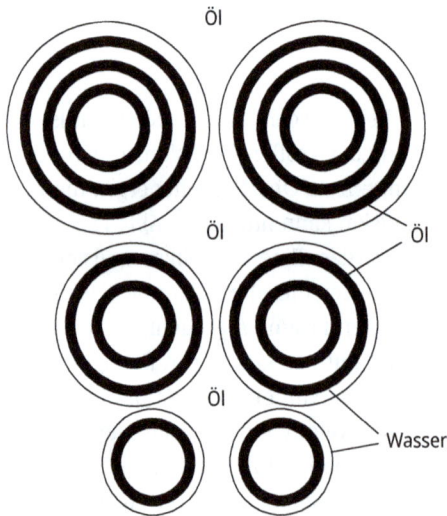

Abb. 14.7: Schematische Darstellung von Emulsionen, die flüssigkristalline Strukturen enthalten.

14.3 Emulsionen in Kosmetika und Körperpflegeformulierungen

Es lassen sich einige Arten kosmetischer Formulierungen unterscheiden: Lotionen, Handcremes (kosmetische Emulsionen), Nanoemulsionen, Mehrfachemulsionen, Liposomen, Shampoos und Haarspülungen, Sonnenschutzmittel und Farbkosmetika. Die verwendeten Inhaltsstoffe müssen sicher sein und dürfen keine Schäden an den Organen verursachen, mit denen sie in Berührung kommen.

Kosmetische Mittel und Körperpflegeprodukte sollen in der Regel einen funktionellen Nutzen bieten und das psychische Wohlbefinden der Verbraucher steigern, indem sie ästhetisch ansprechend sind. So werden viele kosmetische Formulierungen verwendet, um Haare, Haut usw. zu reinigen und einen angenehmen Geruch zu verleihen, die Haut geschmeidig zu machen, Feuchtigkeit zu spenden, vor Sonnenbrand zu schützen usw. In vielen Fällen sind kosmetische Formulierungen so konzipiert, dass sie eine schützende, okklusive Oberflächenschicht bilden, die entweder das Eindringen unerwünschter Fremdstoffe verhindert oder den Wasserverlust der Haut mindert [17, 18]. Um für den Verbraucher attraktiv zu sein, müssen kosmetische Formulierungen strenge ästhetische Anforderungen erfüllen, z. B. in Bezug auf Textur, Konsistenz, angenehme Farbe und Duft, einfache Anwendung usw. Dies führt in den meisten Fällen zu komplexen Systemen, die aus mehreren Komponenten wie Öl, Wasser, Tensiden, Farbstoffen, Duftstoffen, Konservierungsmitteln, Vitaminen usw. bestehen. In den letzten Jahren wurden beträchtliche Anstrengungen unternommen, um neuartige kosmetische Formulierungen einzuführen, die für den Kunden sehr vorteilhaft sind, wie z. B. Sonnenschutzmittel, Liposomen und andere Inhaltsstoffe, die die Haut gesund erhalten und vor Austrocknung, Reizung usw. schützen können. Da kosmetische Mittel mit verschiedenen Organen und Geweben des menschlichen Körpers in Berührung kommen, ist die medizinische Unbedenklichkeit der Inhaltsstoffe, die in diesen Formulierungen verwendet werden, ein wichtiger Gesichtspunkt bei der Auswahl. Viele der kosmetischen Präparate verbleiben nach dem Auftragen für unbestimmte Zeit auf der Haut, weshalb die verwendeten Inhaltsstoffe keine Allergien, Sensibilisierungen oder Reizungen hervorrufen dürfen. Die verwendeten Inhaltsstoffe müssen frei von Verunreinigungen sein, die toxische Wirkungen haben.

Eines der Hauptinteressengebiete im Bereich kosmetischer Formulierungen ist ihre Wechselwirkung mit der Haut [19]. Dabei handelt es sich zweifellos um ein Grenzflächenphänomen, das Benetzung, Ausbreitung und Adhäsion umfasst. Die oberste Schicht der Haut, die die menschliche Barriere gegen Wasserverlust darstellt, ist das Stratum corneum, das den Körper vor chemischen und biologischen Angriffen schützt [20]. Diese Schicht ist sehr dünn, etwa 30 μm, und besteht zu etwa 10 Gew.-% aus Lipiden, die in Doppelschichtstrukturen (flüssigkristallin) organisiert sind und bei hohem Wassergehalt weich und transparent sind [21, 22].

Um die oben genannten Kriterien zu erfüllen, werden verschiedene Systeme als Emulsionen formuliert, z. B. Öl-in-Wasser-Emulsionen (O/W), Wasser-in-Öl-Emulsionen (W/O), Nanoemulsionen und Mehrfachemulsionen. Die meisten dieser Emulsionen enthalten Strukturen der „Selbstorganisation", z. B. Mizellen (kugelförmig, stäbchenförmig, lamellar), flüssigkristalline Phasen (hexagonal, kubisch oder lamellar), Liposomen (multilamellare Doppelschichten) oder Vesikel (einzelne Doppelschichten). Sie enthalten auch "Verdickungsmittel" (Polymere oder partikuläre Dispersionen), um ihre Rheologie zu steuern.

Wie bereits erwähnt, müssen die in kosmetischen Formulierungen verwendeten Tenside völlig frei von Allergenen, Sensibilisatoren und Reizstoffen sein. Um die medizinischen Risiken so gering wie möglich zu halten, verwenden die Formulierer von

Kosmetika in der Regel polymere Tenside, die weniger wahrscheinlich die Hornschicht durchqueren und daher weniger wahrscheinlich Schäden verursachen.

In kosmetischen Systemen werden herkömmliche Tenside vom anionischen, kationischen, amphoteren und nichtionischen Typ verwendet. Neben den synthetischen Tensiden, die bei der Herstellung von kosmetischen Systemen wie Emulsionen, Cremes, Suspensionen usw. verwendet werden, wurden verschiedene andere natürlich vorkommende Stoffe eingeführt, und in den letzten Jahren ist ein Trend zu beobachten, solche natürlichen Produkte in größerem Umfang zu verwenden, da man davon ausgeht, dass sie in der Anwendung sicherer sind. Polymere Tenside der Typen A-B, A-B-A und BAn werden ebenfalls in vielen kosmetischen Formulierungen verwendet. Die makromolekularen Tenside haben erhebliche Vorteile für die Verwendung in kosmetischen Inhaltsstoffen. Die am häufigsten verwendeten Materialien sind die ABA-Blockcopolymere, wobei es sich bei A um Polyethylenoxid und bei B um Polypropylenoxid handelt (Pluronics). Im Allgemeinen haben polymere Tenside ein viel geringeres Toxizitäts-, Sensibilisierungs- und Reizungspotenzial, sofern sie nicht mit Spuren der Ausgangsmonomere verunreinigt sind. Wie im Abschnitt über Emulsionen erörtert wird, bieten diese Moleküle eine größere Stabilität und können in einigen Fällen zur Einstellung der Viskosität der kosmetischen Formulierung verwendet werden.

In den letzten Jahren ist ein großer Trend hin zur Verwendung von Silikonölen in vielen kosmetischen Formulierungen zu verzeichnen. Insbesondere flüchtige Silikonöle werden in vielen kosmetischen Emulsionen verwendet, da sie ein angenehmes, trockenes Gefühl auf der Haut vermitteln. Diese flüchtigen Silikone verdunsten ohne unangenehme Kühleffekte und ohne Rückstände zu hinterlassen. Aufgrund ihrer geringen Oberflächenenergie tragen Silikone dazu bei, dass sich die verschiedenen Wirkstoffe auf der Oberfläche von Haaren und Haut verteilen. Die chemische Struktur der in kosmetischen Zubereitungen verwendeten Silikonverbindungen variiert je nach Anwendung. Die Grundgerüste können verschiedene „funktionelle" Gruppen tragen, z. B. Carboxyl, Amin, Sulfhydryl usw. [23]. Während die meisten Silikonöle mit herkömmlichen Kohlenwasserstoff-Tensiden emulgiert werden können, ist in den letzten Jahren ein Trend zur Verwendung von Silikon-Tensiden für die Emulsionsherstellung zu verzeichnen [24].

Wie bereits erwähnt, müssen kosmetische Emulsionen eine Reihe von Anforderungen erfüllen. Beispielsweise sollten solche Systeme einen funktionellen Nutzen wie die Reinigung (z. B. von Haaren, Haut usw.) bieten, eine Schutzbarriere gegen den Wasserverlust der Haut bilden und in einigen Fällen schädliches UV-Licht abschirmen (in diesem Fall wird der Emulsion ein Sonnenschutzmittel wie Titandioxid zugesetzt). Diese Systeme sollten auch einen angenehmen Geruch verbreiten und die Haut geschmeidig machen. In kosmetischen Anwendungen werden sowohl Öl-in-Wasser-Emulsionen (O/W) als auch Wasser-in-Öl-Emulsionen (W/O) verwendet. Die wichtigsten physikalisch-chemischen Eigenschaften, die bei kosmetischen Emulsionen kontrolliert werden müssen, sind ihre Stabilität bei der Lagerung sowie ihre Rheologie, die die Verteilbarkeit und das Hautgefühl steuert. Die Lebensdauer der meisten Kosmetik- und Körperpflegeartikel ist relativ kurz

(3 bis 5 Jahre). Aus diesem Grund sind beschleunigte Lagertests erforderlich, um die Stabilität und die Veränderung der Rheologie im Laufe der Zeit vorherzusagen. Diese beschleunigten Tests stellen eine Herausforderung für den Formulierungschemiker dar.

Wie bereits erwähnt, sollte das Hauptkriterium für jeden kosmetischen Inhaltsstoff die medizinische Unbedenklichkeit sein (frei von Allergenen, sensibilisierenden und reizenden Stoffen sowie Verunreinigungen mit systemischen toxischen Wirkungen). Diese Inhaltsstoffe sollten für die Herstellung stabiler Emulsionen geeignet sein, die den funktionellen Nutzen und die ästhetischen Eigenschaften liefern können. Die Hauptzusammensetzung einer Emulsion besteht aus der Wasser- und Ölphase und dem Emulgator. Mehrere wasserlösliche Inhaltsstoffe können in der wässrigen Phase und öllösliche Inhaltsstoffe in der Ölphase enthalten sein. So kann die Wasserphase funktionelle Stoffe wie Proteine, Vitamine, Mineralien und viele natürliche oder synthetische wasserlösliche Polymere enthalten. Die Ölphase kann Duftstoffe und/oder Pigmente (z. B. in Make-up) enthalten. Die Ölphase kann ein Gemisch aus verschiedenen Mineral- oder Pflanzenölen sein. Beispiele für in kosmetischen Emulsionen verwendete Öle sind Linolin und seine Derivate, Paraffin und Silikonöle. Die Ölphase bildet eine Barriere gegen den Wasserverlust der Haut.

Der Prozess der Emulsionsbildung wird durch die Eigenschaften der Grenzfläche bestimmt, insbesondere durch die Grenzflächenspannung, die von der Konzentration und der Art des Emulgators abhängt. Dies wurde in Kapitel 2 ausführlich beschrieben. Zur Herstellung von O/W- oder W/O-Emulsionen und ihrer anschließenden Stabilisierung werden verschiedene Emulgatoren, meist nichtionische oder polymere, verwendet. Bei W/O-Emulsionen liegt der Bereich des hydrophil-lipophilen Gleichgewichts (HLB) des Emulgators im Bereich von 3 bis 6, während dieser Bereich bei O/W-Emulsionen 8 bis 18 beträgt, wie in Kapitel 7 beschrieben.

Kosmetische Emulsionen werden in der Regel als Hautcremes bezeichnet, die je nach ihrer funktionellen Anwendung klassifiziert werden können. Für die Herstellung von kosmetischen Emulsionen ist es notwendig, den Prozess zu kontrollieren, der die Tröpfchengrößenverteilung bestimmt, da diese die Rheologie der resultierenden Emulsion kontrolliert. In der Regel beginnt man mit der Herstellung der Emulsion im Labormaßstab (in der Größenordnung von 1 bis 2 Litern), der dann auf eine Pilotanlage und den Produktionsmaßstab ausgeweitet werden muss. In jeder Phase müssen die verschiedenen Prozessparameter kontrolliert werden, die optimiert werden müssen, um die gewünschte Wirkung zu erzielen. Es ist notwendig, die Prozessvariablen vom Labor über die Pilotanlage bis hin zum Produktionsmaßstab in Beziehung zu setzen, und dies erfordert ein umfassendes Verständnis der Emulsionsbildung, die durch die Grenzflächeneigenschaften des Tensidfilms gesteuert wird. Zwei Hauptfaktoren sollten berücksichtigt werden, nämlich die Mischbedingungen und die Auswahl der Produktionsanlagen. Für eine ordnungsgemäße Vermischung ist eine ausreichende Bewegung erforderlich, die eine turbulente Strömung erzeugt, um die Flüssigkeit (disperse Phase) in kleine Tröpfchen aufzubrechen. Verschiedene Parameter wie Durchflussmenge und Turbulenz, Art der Rührwerke, Viskosität der inneren und äußeren Phasen und die Grenzflächeneigenschaften wie Oberflächenspannung, Oberflächenelastizität und Viskosität sollten kontrolliert werden. Die Auswahl der Produktionsanlagen hängt von den Eigenschaften der zu erzeugenden Emulsion ab. Für Emulsionen mit niedriger und mittlerer Viskosität werden normalerweise Propeller- und Turbinenrührwerke verwendet. Für Emulsionen mit hoher Viskosität sind Rührwerke erforderlich, die die Wände des Behälters abstreifen können. Sehr hohe Schergeschwindigkeiten lassen sich durch den Einsatz von Ultraschall, Kolloidmühlen und Homogenisatoren erzeugen. Es ist wichtig, eine zu starke Erwärmung der Emulsion während der Zubereitung zu vermeiden, da dies zu unerwünschten Effekten wie Ausflockung und Koaleszenz führen kann.

Welche rheologischen Eigenschaften eine kosmetische Emulsion haben muss, hängt von der Sichtweise des Verbrauchers ab, die sehr subjektiv ist. Die Wirksamkeit und die ästhetischen Eigenschaften einer kosmetischen Emulsion werden jedoch durch ihre Rheologie beeinflusst. Bei feuchtigkeitsspendenden Cremes beispielsweise ist es wichtig, dass sie schnell dispergiert werden und sich ein kontinuierlicher Ölschutzfilm auf der Hautoberfläche ablagert. Dies erfordert ein scherverdünnendes System (siehe unten).

Zur Charakterisierung der Rheologie einer kosmetischen Emulsion müssen mehrere Techniken kombiniert werden, nämlich stationäre, dynamische (oszillatorische) und konstante Spannungsmessungen [25–27]. Eine kurze Beschreibung dieser Techniken wird im Folgenden gegeben.

Bei stationären Messungen wird die Beziehung zwischen Schubspannung (τ) und Schergeschwindigkeit (γ) mit einem Rotationsviskosimeter gemessen. Je nach Konsistenz der Emulsion kann ein konzentrischer Zylinder oder ein Kegel mit Platte verwendet werden. Die meisten kosmetischen Emulsionen sind nicht-Newtonsch, in der Regel pseudoplastisch, wie in Abb. 14.8 dargestellt. In diesem Fall nimmt die Viskosität mit der angewandten Schergeschwindigkeit ab (scherverdünnendes Verhalten), aber bei sehr niedrigen Schergeschwindigkeiten erreicht die Viskosität einen hohen Grenzwert (gewöhnlich als Restviskosität oder Null-Scherviskosität bezeichnet).

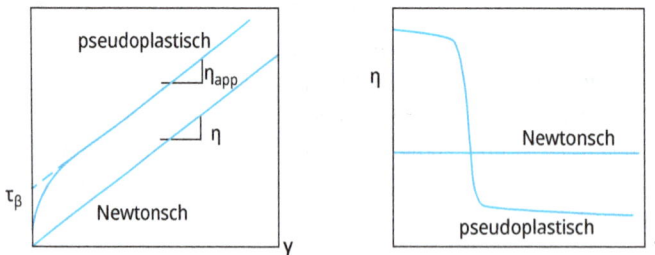

Abb. 14.8: Schematische Darstellung der Newtonschen und nicht-Newtonschen (pseudoplastischen) Strömung.

Für die oben beschriebene pseudoplastische Strömung kann man ein Potenzgesetz-Fluidmodell, ein Bingham-Modell [27] oder ein Casson-Modell [28] anwenden. Diese Modelle werden jeweils durch die folgenden Gleichungen dargestellt:

$$\tau = \eta_{app}\gamma^n \tag{14.1}$$

$$\tau = \tau_\beta + \eta_{app}\gamma \tag{14.2}$$

$$\tau^{1/2} = \tau_c^{1/2} + \eta_c^{1/2}\gamma^{1/2}, \tag{14.3}$$

wobei n die Potenz der Scherrate ist, die bei einem scherverdünnenden System kleiner als 1 ist (n wird manchmal als Konsistenzindex bezeichnet), τ_β die (extrapolierte) Bingham-Fließgrenze ist, η die Steigung des linearen Teils der τ-γ-Kurve ist, die gewöhnlich als plastische oder scheinbare Viskosität bezeichnet wird, τ_c die Casson-Fließgrenze ist, und η_c die Casson-Viskosität ist.

Bei dynamischen (Oszillator-)Messungen wird eine sinusförmige Dehnung mit der Frequenz ν in Hz oder ω in rad s^{-1} (ω = 2πν) auf einen Napf (eines konzentrischen Zylinders) oder eine Platte (eines Kegels und einer Platte) aufgebracht und gleichzeitig die Spannung am Lot oder am Kegel gemessen, die mit einer Drehmomentstange verbunden sind. Die Winkelverschiebung der Schale oder der Platte wird mit einem Messwertaufnehmer gemessen. Bei einem viskoelastischen System, wie z. B. einer kosmetischen Emulsion, schwingt die Spannung mit der gleichen Frequenz wie die Dehnung, jedoch phasenverschoben [23]. Dies wird in Abb. 14.9 veranschaulicht, die die Sinuswellen von Spannung und Dehnung für ein viskoelastisches System zeigt. Aus der zeitlichen Verschiebung zwischen den Sinuswellen von Spannung und Dehnung, Δt, wird die Phasenwinkelverschiebung δ berechnet:

$$\delta = \Delta t\omega. \tag{14.4}$$

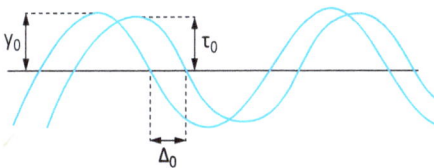

Abb. 14.9: Schematische Darstellung von Spannungs- und Dehnungssinuswellen für ein viskoelastisches System.

Der komplexe Modul, G*, wird aus den Spannungs- und Dehnungsamplituden (τ_0 bzw. γ_0) berechnet, d. h:

$$G^* = \frac{\tau_0}{\gamma_0}. \tag{14.5}$$

Der Speichermodul, G', der ein Maß für die elastische Komponente ist, wird durch den folgenden Ausdruck gegeben:

$$G' = |G^*|\cos\delta. \tag{14.6}$$

Der Verlustmodul, G'', der ein Maß für die viskose Komponente ist, wird durch den folgenden Ausdruck gegeben:

$$G'' = |G^*|\sin\delta, \tag{14.7}$$

und

$$|G^*| = G' + iG'', \tag{14.8}$$

wobei i gleich $(-1)^{1/2}$ ist.

Die dynamische Viskosität, η', wird durch den folgenden Ausdruck gegeben:

$$\eta' = \frac{G''}{\omega}. \tag{14.9}$$

Bei dynamischen Messungen führt man zwei getrennte Versuche durch. Zunächst werden die viskoelastischen Parameter als Funktion der Dehnungsamplitude bei konstanter Frequenz gemessen, um den linearen viskoelastischen Bereich zu bestimmen, in dem G^*, G' und G'' unabhängig von der Dehnungsamplitude sind. Dies wird in Abb. 14.10 veranschaulicht, die die Veränderung von G^*, G' und G'' mit γ_0 zeigt. Es ist zu erkennen, dass die viskoelastischen Parameter bis zu einem kritischen Dehnungswert (γ_{cr}) konstant bleiben, oberhalb dessen G^* und G' zu sinken beginnen und G'' mit einer weiteren Zunahme der Dehnungsamplitude zuzunehmen beginnt. Die meisten kosmetischen Emulsionen zeigen bis zu nennenswerten Dehnungen (> 10 %) eine lineare viskoelastische Reaktion, was auf einen Strukturaufbau im System („Gelbildung") hinweist. Zeigt das System einen kurzen linearen Bereich (d. h. eine niedrige γ_{cr}), so deutet dies auf das Fehlen einer „kohärenten" Gelstruktur hin (in vielen Fällen ist dies ein Hinweis auf eine starke Ausflockung im System).

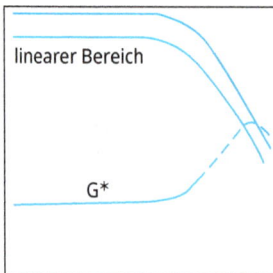

Abb. 14.10: Schematische Darstellung der Veränderung von G^*, G' und G'' mit der Dehnungsamplitude (bei einer festen Frequenz).

Sobald der lineare viskoelastische Bereich festgelegt ist, werden Messungen der viskoelastischen Parameter bei Dehnungsamplituden innerhalb des linearen Bereichs als Funktion der Frequenz durchgeführt. Dies ist schematisch in Abb. 14.11 dargestellt,

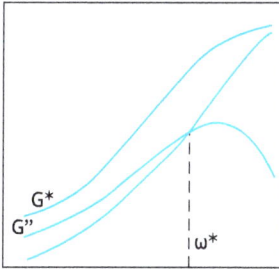

Abb. 14.11: Schematische Darstellung der Variation von G*, G′ und G″ mit ω für ein viskoelastisches System.

die die Variation von G*, G′ und G″ mit ν oder ω darstellt. Es zeigt sich, dass unterhalb einer charakteristischen Frequenz, ν^* oder ω^*, G″ > G′ ist. In diesem niederfrequenten Bereich (lange Zeitskala) kann das System Energie als viskose Strömung dissipieren. Oberhalb von ν^* oder ω^* ist G′ > G″, da das System in diesem Hochfrequenzbereich (kurze Zeitskala) in der Lage ist, Energie elastisch zu speichern. Bei einer ausreichend hohen Frequenz tendiert G″ gegen null und G′ nähert sich G* stark an und ist kaum noch von der Frequenz abhängig. Die Relaxationszeit des Systems kann aus der charakteristischen Frequenz (dem Kreuzungspunkt) berechnet werden, bei der G′ = G″ ist, d. h.:

$$t^* = \frac{1}{\omega^*}. \tag{14.10}$$

Viele kosmetische Emulsionen verhalten sich wie halbfeste Stoffe mit langem t^*. Sie zeigen nur eine elastische Reaktion innerhalb des praktischen Bereichs, d. h. G′ ≫ G″, und es besteht eine geringe Abhängigkeit von der Frequenz. Das Verhalten vieler Emulsionscremes ähnelt also dem vieler elastischer Gele. Dies ist nicht überraschend, da in den meisten kosmetischen Emulsionssystemen der Volumenanteil der dispersen Phase recht hoch ist (in der Regel > 0,5) und in vielen Systemen der kontinuierlichen Phase ein polymeres Verdickungsmittel zugesetzt wird, um die Emulsion gegen Aufrahmen (oder Sedimentation) zu stabilisieren und die richtige Konsistenz für die Anwendung herzustellen.

Bei Kriechmessungen (konstante Spannung) [25] wird eine Spannung τ auf das System ausgeübt, und die Verformung γ oder die Nachgiebigkeit J = γ/τ wird als Funktion der Zeit verfolgt. Ein typisches Beispiel für eine Kriechkurve ist in Abb. 14.12 dargestellt.

Bei t = 0, d. h. unmittelbar nach dem Aufbringen der Spannung, zeigt das System eine schnelle elastische Reaktion, die durch eine momentane Nachgiebigkeit J_0 gekennzeichnet ist, die proportional zum momentanen Modul G_0 ist. Bei t = 0 ist offensichtlich die gesamte Energie im System elastisch gespeichert. Bei t > 0 nimmt die Nachgiebigkeit langsam zu, da die Bindungen zwar gebrochen und neu gebildet werden, aber mit unterschiedlicher Geschwindigkeit. Diese verzögerte Reaktion ist der gemischt viskoelastische Bereich. Bei ausreichend großen Zeitskalen, die vom System abhängen, kann bei einer konstanten Scherrate ein stationärer Zustand erreicht werden. In diesem Bereich nimmt

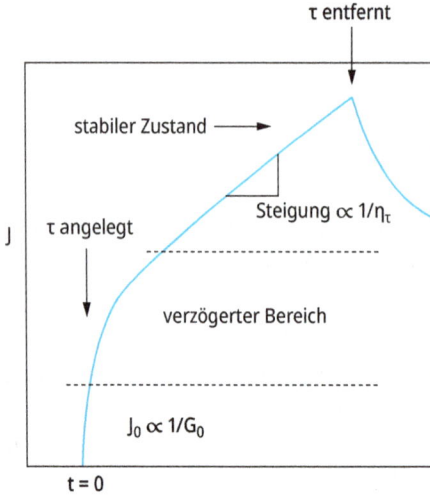

Abb. 14.12: Typische Kriechkurve für ein viskoelastisches System.

J linear mit der Zeit zu, und die Steigung der Geraden ergibt die Viskosität η_τ bei der angelegten Spannung. Wird die Spannung entfernt, nimmt J nach Erreichen des Fließgleichgewichts ab und die Verformung kehrt das Vorzeichen um, aber nur der elastische Teil wird wiederhergestellt. Durch die Erstellung von Kriechkurven bei verschiedenen Spannungen (ausgehend von sehr niedrigen Werten in Abhängigkeit von der Empfindlichkeit des Geräts) kann die Viskosität der Emulsion bei verschiedenen Spannungen ermittelt werden. Ein Diagramm von η_τ gegen τ zeigt das in Abb. 14.13 dargestellte typische Verhalten. Unterhalb einer kritischen Spannung, τ_β, zeigt das System einen Newtonschen Bereich mit einer sehr hohen Viskosität, die gewöhnlich als Restviskosität (oder Null-Scher-Viskosität) bezeichnet wird. Oberhalb von τ_β zeigt die Emulsion einen scherverdünnenden Bereich und schließlich einen weiteren Newtonschen Bereich mit einer Viskosität, die viel niedriger als $\eta_{(0)}$ ist. Die Restviskosität gibt Aufschluss über die Stabilität der Emulsion bei der Lagerung. Je höher der Wert von $\eta_{(0)}$ ist, desto geringer ist die Aufrahmung oder Sedimentation der Emulsion. Die Hochspannungsviskosität gibt Aufschluss über die Anwendbarkeit der Emulsion, z. B. ihre Ausbreitung und Filmbildung. Die kritische Spannung τ_β ist ein Maß für die wahre Fließgrenze des Systems, die ein wichtiger Parameter sowohl für die Anwendung als auch für die langfristige physikalische Stabilität der kosmetischen Emulsion ist.

Aus den obigen Ausführungen wird deutlich, dass rheologische Messungen von kosmetischen Emulsionen sehr wertvoll sind, um die langfristige physikalische Stabilität des Systems sowie seine Anwendung zu bestimmen. Dieses Thema hat in den letzten Jahren bei vielen Kosmetikherstellern großes Interesse geweckt. Abgesehen von seinem Wert für die oben erwähnte Bewertung besteht eine der wichtigsten Überlegungen darin, die rheologischen Parameter mit der Wahrnehmung des Produkts durch den Verbraucher in Verbindung zu bringen. Dies erfordert eine sorgfältige Messung der ver-

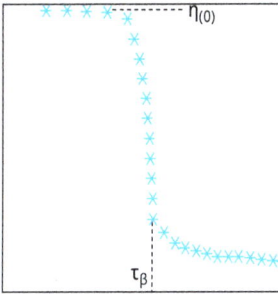

Abb. 14.13: Veränderung der Viskosität mit der angelegten Spannung für eine kosmetische Emulsion.

schiedenen rheologischen Parameter für eine Reihe von kosmetischen Produkten und die Verknüpfung dieser Parameter mit der Wahrnehmung von Expertengremien, die die Konsistenz des Produkts, sein Hautgefühl, seine Verteilbarkeit, seine Haftfähigkeit usw. bewerten. Es wird behauptet, dass die rheologischen Eigenschaften einer Emulsionscreme die endgültige Dicke der Ölschicht, die feuchtigkeitsspendende Wirkung und die ästhetischen Eigenschaften wie Klebrigkeit, Steifheit und Öligkeit (Texturprofil) bestimmen. Psychophysikalische Modelle können angewandt werden, um die Rheologie mit der Verbraucherwahrnehmung zu korrelieren, und es kann ein neuer Zweig der „Psychorheologie" eingeführt werden.

14.4 Emulsionen in der Pharmazie

Mehrere pharmazeutische Produkte werden als Emulsionen formuliert [25]: (1) Parenterale Emulsionssysteme, z. B. parenterale Nahrungsemulsionen, Lipidemulsionen als Arzneimittelträger. (2) Perfluorchemische Emulsionen als Ersatz für künstliches Blut. (3) Emulsionen als Vehikel für Impfstoffe. (4) Topische Formulierungen, z. B. zur Behandlung bestimmter Hautkrankheiten (Dermatitis). Für die Herstellung eines der oben genannten Systeme muss der Formulierungschemiker ein optimales Emulgatorsystem auswählen, das für die Herstellung der Emulsion und die Aufrechterhaltung ihrer langfristigen physikalischen Stabilität geeignet ist. Das Öl, das als Arzneimittelträger verwendet werden kann, muss ungiftig sein, z. B. Pflanzenöle (Sojabohnen und Saflor), synthetische Glyceride (einschließlich simulierter menschlicher Fette) oder Acetoglyceride. Das gewählte Emulgatorsystem sollte sicher sein (keine unerwünschten toxischen Wirkungen haben) und von den zuständigen Behörden zugelassen sein. Beispiele für zugelassene Emulgatoren sind:
(1) Anionisch: Natriumcholat – Gallensalze
(2) Zwitterionisch: Lecithin (hauptsächlich Phosphatidylcholin, Phosphatidylethanolamin)
(3) Nichtionische Stoffe: Polyethylenglycolstearat – Polyoxyethylenmononsterat (Myrj), Sorbitanester (Spans) und ihre Ethoxylate (Tweens), Poloxamere (Polyoxyethylen-Polyoxypropylen-Blockcopolymere)

Für nichtionische Tenside, insbesondere solche vom Typ Ethoxylat, kann eine Auswahl auf der Grundlage des in Kapitel 7 beschriebenen Konzepts des hydrophil-lipophilen Gleichgewichts (HLB) getroffen werden. Ein eng verwandtes System basiert auf dem Konzept der Phaseninversionstemperatur (PIT), das ebenfalls in Kapitel 7 ausführlich beschrieben wird. Für die Herstellung von Makroemulsionen (mit Tröpfchengrößen im Bereich von 1 bis 5 µm), wie sie in vielen Cremes zur topischen Anwendung vorkommen, können Hochgeschwindigkeitsrührer wie Silverson oder Ultra-Turrax® verwendet werden. Für parenterale Emulsionen (z. B. Fettemulsionen und Anästhetika) sind jedoch wesentlich kleinere Partikelgrößen erforderlich, die in der Regel im Bereich von 200 bis 500 nm liegen (auch als Nanoemulsionen bezeichnet). Diese Systeme können mit Hochtemperatur- und/oder Hochdrucktechniken (unter Verwendung von Homogenisatoren wie dem Microfluidiser) hergestellt werden.

Die Rolle der Tenside bei der Emulsionsbildung ist von entscheidender Bedeutung und wurde in Kapitel 5 ausführlich beschrieben. Sie verringern die Grenzflächenspannung zwischen Öl und Wasser, γ_{OW} durch Adsorption an der Grenzfläche. Die Tröpfchengröße R ist direkt proportional zu γ_{OW}. Sie fördern auch die Verformung und das Aufbrechen der Tröpfchen, indem sie den Laplace-Druck p verringern:

$$p = \frac{2\gamma_{ow}}{R}. \tag{14.11}$$

Sie verhindern auch die Koaleszenz während der Emulgierung, indem sie eine tangentiale Spannung an der Grenzfläche erzeugen (Gibbs-Marangoni-Effekt), wie in Kapitel 5 beschrieben. Während der Emulgierung führt die Verformung der Tröpfchen zu einer Vergrößerung der Grenzfläche A, so dass die Tensidmoleküle einen Konzentrationsgradienten an der Grenzfläche aufweisen, der zu einer Grenzflächendilatation (Gibbs-Elastizität) ε führt:

$$\varepsilon = \frac{d\gamma}{d\ln A}. \tag{14.12}$$

Infolge dieses Grenzflächenspannungsgradienten diffundieren die Tensidmoleküle in die Bereiche mit höherem γ und nehmen Flüssigkeit mit (d. h. sie drängen Flüssigkeit zwischen die Tröpfchen), was eine Koaleszenz verhindert (Marangoni-Effekt).

Es lassen sich mehrere Zerfallsprozesse von Emulsionen beim Stehen unterscheiden, die in Kapitel 1 beschrieben wurden. Abgesehen vom Prozess des Aufrahmens oder der Sedimentation, die von der Schwerkraft bestimmt werden, werden alle anderen Zerfallsprozesse von den Wechselwirkungskräften (Energien) zwischen den Tropfen bestimmt. Diese Wechselwirkungsenergien wurden in Kapitel 3 ausführlich beschrieben.

Für die parenterale Ernährung werden Fettemulsionen verwendet, z. B. Intralipid, das aus 10 bis 20 % Sojabohnen, 1,2 % Eierlecithin und 2,5 % Glycerin besteht (38). Der Vorteil einer Fettemulsion ist, dass eine große Energiemenge in einem kleinen Volumen isotonischer Flüssigkeit über eine periphere Vene zugeführt werden kann. Das Hauptproblem bei diesen Fettemulsionen ist ihre Langzeitstabilität. Eine breite Palette nichtionischer Emulgatoren wurde als potenzielle Emulgatoren für intravenöses Fett untersucht. Die handelsüblichen Fettemulsionen, die in der parenteralen Ernährung eingesetzt werden, werden durch Eierlecithin stabilisiert. Eilecithin ist ein komplexes Gemisch von Phospholipiden mit folgender Zusammensetzung: Phosphatidylcholin (PC) 7,3 %, Lysophosphatidylcholin (LPC) 5,8 %, Phosphatidylethanolamin 15,0 %, Lysophosphatidylethanolamin (LPE) 2,1 %, Phosphatidylinositol (PI) 0,6 %, Sphingomyelin (SP) 2,5 %.

Bei der Entwicklung geeigneter Fettemulsionen wurden reines PC und PE verwendet, aber die Emulsion war wenig stabil. Dies ist auf die fehlende Bildung einer elektrischen oder mechanischen Barriere gegen Koaleszenz zurückzuführen. Die Zugabe von ionischen Lipiden wie Phosphatidsäure (PA) und Phosphatidylserin war für die Verbesserung der Stabilität der Emulsion unerlässlich.

Eine wesentliche Voraussetzung für Fettemulsionen ist eine kleine Partikelgröße (200 bis 500 nm), was den Einsatz von Hochdruckhomogenisatoren erforderlich macht. Es ist wichtig, die Emulsion bei verschiedenen Temperaturen zu lagern und jede Zunahme der Fettsäurezusammensetzung zu untersuchen, die Lipoprotein-Lipase-Reaktionen verursacht. Außerdem erhöhte sich mit zunehmender Tröpfchengröße die Toxizität der Emulsion. Der Zusatz von Arzneimitteln und Nährstoffen zu Fettemulsionen kann ebenfalls zu Instabilität und/oder Rissbildung in der Emulsion führen. Nach der Verabreichung von Fettemulsionen an den Körper werden diese rasch im Blutkreislauf verteilt und dann abgebaut.

Eine weitere Anwendung von Emulsionen in der Pharmazie sind die perfluorchemischen Emulsionen, die als Blutersatzmittel verwendet werden. Perfluorchemikalien haben die Fähigkeit, große Mengen an Sauerstoff zu lösen und können daher als Ersatz für rotes Blut verwendet werden. Es wurden mehrere Emulgatoren untersucht, und die beste Stabilität wurde mit den Blockcopolymeren von Polyethylenoxid-Polypropylenoxid (Poloxamers oder Pluronics, z. B. Pluronic F68) erzielt. Es lassen sich mehrere Vorteile von fluorchemischen Emulsionen anführen: gute Haltbarkeit, gute Stabilität bei chirurgischen Eingriffen, keine Probleme mit Blutgruppenunverträglichkeiten, leichte Zugänglichkeit und keine Probleme mit Hepatitis.

Die endgültige Emulsion sollte die folgenden Kriterien erfüllen: (a) geringe Toxizität; (b) keine nachteiligen Wechselwirkungen mit normalem Blut; (c) geringe Auswirkungen auf die Blutgerinnung; (d) zufriedenstellender Sauerstoff- und Kohlendioxidaustausch; (e) zufriedenstellende rheologische Eigenschaften; (f) zufriedenstellende Ausscheidung aus dem Körper.

Bislang wurde die Verwendung von Perfluorkohlenstoffemulsionen als Blutersatzmittel in Tierversuchen untersucht, obwohl ein Produkt aus Japan (Fluosol-DA), das Perfluordecalin enthält, am Menschen untersucht wurde. Die Formulierung einer geeigneten Perfluorkohlenstoff-Emulsion steckt noch in den Kinderschuhen, da Öle, die stabile Emulsionen bilden, nicht aus dem Körper ausgeschieden werden und die Wahl eines geeigneten Emulgators noch schwierig ist. Das am besten geeignete Emulgatorsystem basierte auf einer Mischung aus Lecithin und Poloxamer. Das bevorzugte Öl, Perfluordecalin, ergab anfänglich feine Tröpfchen, die jedoch bei der Lagerung durch einen Ostwald-Reifungsmechanismus an Größe zunahmen. Die Größe der Emulsionströpfchen kann einen deutlichen Einfluss auf die biologischen Ergebnisse haben. Fluosol-DA hat eine mittlere Teilchengröße im Bereich von 100 bis 200 nm. Es hat sich gezeigt, dass große Partikel toxische Wirkungen haben.

14.5 Emulsionen in Agrochemikalien

Viele Agrochemikalien werden als Öl-in-Wasser-Emulsionskonzentrate (O/W; EW) formuliert [29]. Diese Systeme bieten viele Vorteile gegenüber den traditionell verwendeten emulgierbaren Konzentraten (EC). Durch die Verwendung eines O/W-Systems kann die Ölmenge in der Formulierung reduziert werden, da in den meisten Fällen dem agrochemischen Öl (wenn dieses eine hohe Viskosität aufweist) vor der Emulgierung ein geringer Ölanteil zugesetzt wird. In einigen Fällen, wenn das agrochemische Öl eine niedrige bis mittlere Viskosität hat, kann man den Wirkstoff direkt in Wasser emulgieren. Bei vielen Agrochemikalien mit niedrigem Schmelzpunkt, die sich nicht für die Herstellung eines Suspensionskonzentrats eignen, kann man den Wirkstoff in einem geeigneten Öl auflösen und die Öllösung dann in Wasser emulgieren. EWs, die auf wässriger Basis hergestellt werden, stellen eine geringere Gefahr für den Anwender dar, da sie weniger Hautreizungen verursachen. Außerdem sind EWs in den meisten Fällen weniger phytotoxisch für Pflanzen im Vergleich zu ECs. Die O/W-Emulsion ist für die Einarbeitung wasserlöslicher Hilfsstoffe (meist Tenside) geeignet. EWs können im Vergleich zu ECs auch kostengünstiger sein, da zur Herstellung der Emulsion eine geringere Tensidkonzentration verwendet wird und außerdem ein großer Teil des Öls durch Wasser ersetzt wird. Der einzige Nachteil von EWs im Vergleich zu ECs ist die Notwendigkeit, Hochgeschwindigkeitsrührer und/oder Homogenisatoren zu verwenden, um die erforderliche Tröpfchengrößenverteilung zu erreichen. Darüber hinaus müssen EWs kontrolliert und ihre physikalische Stabilität aufrechterhalten werden. Wie in Kapitel 2 erörtert, sind EWs nur kinetisch stabil, und man muss die Abbauprozesse kontrollieren, die bei der Lagerung auftreten, wie z. B. Aufrahmung oder Sedimentation, Ausflockung, Ostwald-Reifung, Koaleszenz und Phaseninversion. Die verschiedenen Methoden, die zur Verringerung von Aufrahmung/Sedimentation, Flockung, Ostwald-Reifung, Koaleszenz und Phaseninversion angewandt werden können, wurden in den Kapiteln 8 bis 12 ausführlich beschrieben.

14.6 Walzöl und Schmierstoffemulsionen

Walzölemulsionen werden bei der Verarbeitung von Bandstahl eingesetzt, wobei die Banddicke dadurch um einen Faktor von etwa 4 auf eine Enddicke zwischen 0,45 und 3 mm reduziert wird [30]. Die Bandgeschwindigkeiten liegen in der Größenordnung von 600 bis 1000 m min^{-1}. Walzölemulsionen müssen zwei Hauptaufgaben erfüllen, nämlich die Wärme abführen und für eine ausreichende Schmierung sorgen, damit der Bandstahl bei solch hohen Geschwindigkeiten eine gleichmäßige Oberflächenstruktur erhält. Der Schmierfilm auf der Stahloberfläche würde die meisten nachfolgenden Bearbeitungsschritte, z. B. Schweißen, Galvanisieren oder Phosphatieren, stören. Walzölemulsionen enthalten daher nur eine geringe Ölkonzentration, die von 1,5 % für das erste Walzgerüst bis zu 0,5 % für das vierte Gerüst reicht. In Anbetracht des großen Stahldurchsatzes sind die verwendeten Emulsionsmengen enorm. Im Durchschnitt werden zwischen 4 und 5 m^3 min^{-1} pro Walzgerüst verbraucht, was einer Verbrauchsmenge von 0,2 kg t^{-1} Walzstahl entspricht. Die Schmierungsemulsion durchläuft einen Kreislauf; am Gerüst wird frische Walzölemulsion aufgetragen. Ein Teil des Wassers verdunstet im Walzspalt, und die Emulsion und das Öl bilden einen Schmierfilm auf der Stahloberfläche. Die restliche Emulsion wird abgeleitet. Die ablaufende Emulsion, deren Zusammensetzung sich nun von der der ursprünglichen Emulsion unterscheidet, wird gereinigt, der Wasser- und Ölgehalt wird wiederhergestellt und die Emulsion wird in den Kreislauf zurückgeführt. Die Hauptbestandteile von Kaltwalzschmierstoffen sind Mineralöle und Rizinusöl. Synthetische Esteröle haben sich aufgrund ihrer besseren Hydrolysebeständigkeit und Temperaturstabilität gegenüber natürlichen Triglyceriden als überlegen erwiesen. Zur Emulgierung werden häufig Mischungen von Alkylethoxylaten eingesetzt, und in einigen Fällen werden auch Schutzkolloide zur sterischen Stabilisierung zugesetzt. Entscheidend für das Walzergebnis ist, dass der Emulgator die optimale Zusammensetzung aufweist. Die Entwicklung von Emulgatoren mit kontrollierter Teilchengröße brachte einen Durchbruch in der Kaltwalztechnologie, da sie die Herstellung stabiler Emulsionen mit großen Tropfen und enger Größenverteilung im Walzprozess ermöglichte.

Die Probleme der Wärmeableitung und der Schmierung sind bei vielen Tätigkeiten in der metallverarbeitenden Industrie anzutreffen. Kühlschmierstoffe werden z. B. bei Bohr- und Schneidarbeiten benötigt, um sicherzustellen, dass die Wärme schnell genug abgeführt wird, um das Werkstück vor thermischen Schäden zu schützen. Außerdem führt der Kühlschmierstoffstrom Metallspäne aus der Bearbeitungszone ab und überzieht die frisch freigelegte Metalloberfläche mit einem schützenden Emulsionsfilm. Die verwendeten Schmierstoffemulsionen sind vom O/W-Typ, mit einem mehr oder weniger hohen Ölanteil. Sowohl Nano- als auch Mikroemulsionen werden ebenfalls als Schmiersysteme eingesetzt.

Literatur

[1] Krog, N. J. und Riisom, T. H., in "Encyclopedia of Emulsion Tecnology", Becher, P. (Herausgeber), Marcel Dekker, N. Y., Vol. 2, p. 321–365 (1985).
[2] Jaynes, E. N., in „Encyclopedia of Emulsion Technology", Becher, P. (Herausgeber), Marcel Dekker, N. Y., Vol. 2, p. 367–384 (1985).

[3]   Friberg, S. E. und Kayali, I. in „Microemulsions and Emulsions in Food", El-Nokaly, M. und Cornell, D. (Herausgeber), ACS Symposium Series, **448**, 7 (1991).

[4]   Luzzati, V., in „Biological Membranes", Chapman, D. (Herausgeber), Academic Press, N. Y., S. 71 (1968).

[5]   Krog, N. und Borup, A. P., J. Sci. Food Agric, **24**, 691 (1973).

[6]   Lindblom, G., Larsson, K., Johansson, L., Fontell, K. und Forsen, S., J. Amer. Chem. Soc., **101**, 5465 (1979).

[7]   Larsson, K., Fontell, K. und Krog, N., Chem. Phys. Lipids, **27**, 321 (1980).

[8]   Pilman, E., Tonberg, E. und Larsson, K., J. Dispersion Sci. Technol., **3**, 335 (1982).

[9]   Mierovitch, H. und Scheraga, H. A., Macromolecules, **13**, 1406 (1980).

[10] Tanford, C., Adv. Protein Chem., **24**, 1 (1970).

[11] Mobius, D. und Miller, R. (Herausgeber), „Proteins at Liquid Interfaces", Elsevier, Amsterdam (1998).

[12] de Gennes, P. G., „Scaling Concepts in Polymer Physics", Cornell University Press, Ithaca, New York (1979).

[13] Larsson, K., J. Dispersion Sci. Technol., **1**, 267 (1980).

[14] Dickinson, E. und Walstra, P. (Herausgeber), „Food Colloids and Polymers: Stability and Mechanical Properties", Royal Society of Chemistry Publication (1993).

[15] Goddard, E. D. und Ananthapadmanabhan, K. P. (Herausgeber), „Polymer-Surfactant Interaction", CRC Press, Boca Raton (1992).

[16] Jansson, P. O. und Friberg, S. E., Mol. Cryst. Liq. Cryst., **34**, 75 (1976).

[17] Breuer, M. M., in „Encyclopedia of Emulsion Technology, Becher, P. (Herausgeber), Marcel Dekker, N. Y. (1985), Vol. 2, Kapitel 7.

[18] Harry, S., „Cosmeticology", Wilkinson, J. B. und Moore, R. J. (Herausgeber), Chemical Publishing, N. Y. (1981).

[19] Friberg, S. E., J. Soc. Cosmet. Chem., **41**, 155 (1990).

[20] Kligman, A. M., in „Biology of the Stratum Corneum in Epidermis", Montagna, W. (Herausgeber), Academic Press, N. Y., p. 421–446 (1964).

[21] Elias, P. M., Brown, B. E., Fritsch, P. T., Gorke, R. J., Goay, G. M. und White, R. J., J. Invest. Dermatol, **73**, 339 (1979).

[22] Friberg, S. E. und Osborne, D. W., J. Disp. Sci. Technol., **6**, 485 (1985).

[23] Vick, S. C., Cosmet. Chem. Spec., 36 (1984).

[24] Starch, M. S., Drug Cosmet. Ind., **134**, 38 (1984).

[25] Tadros, Th. F., „Applied Surfactants", Wiley-VCH, Deutschland (2005).

[26] Wahrlow, R. W., „Rheological Techniques", Ellis Horwood Ltd., John Wiley and Sons, N. Y. (1980).

[27] Tadros, Th. F., „Rheology of Dispersions", Wiley-VCH, Deutschland (2010).

[28] Casson, N., in „Rheology of Disperse Systems", Hill, C. C. (Herausgeber), Pergamon Press, Oxford, p. 84 (1959).

[29] Tadros, Th. F., „Colloids in Agrochemicals", Wiley-VCH, Deutschland (2009).

[30] Forster, Th. und von Rybinski, W., „Applications of Emulsions" in „Modern Aspects of Emulsion Science", Binks, B. P. (Herausgeber), The Royal Society of Chemistry, Cambridge (1998), Kapitel 12.

Register

https://doi.org/10.1515/9783110798593-015

www.ingramcontent.com/pod-product-compliance
Lightning Source LLC
Chambersburg PA
CBHW061403210326
41598CB00035B/6081